高等职业教育系列教材
国家精品课程配套教材
国家级精品资源共享课程配套教材
重庆市高校精品在线开放课程配套教材

FINANCE AND ECONOMICS

数据备份与恢复
第2版

主　编　何　欢
副主编　周　宝　徐振华　何远纲
参　编　高灵霞　冯维思　许中林
主　审　龚小勇

机械工业出版社
CHINA MACHINE PRESS

本书以常见的数据备份与恢复项目为例，精心组织、系统化设计了本书案例，以"任务工单"的方式实现"教、学、做"合一，将数据恢复真实工作过程中所需的知识和技能加工、转化为教学项目，每个教学项目都包含虚拟故障磁盘、任务工单、微课视频、大赛真题与综合练习，方便广大教师教学使用。

本书的主要内容包括：数据存储的基本原理、分区表恢复、FAT 文件系统数据恢复、exFAT 文件系统数据恢复、NTFS 文件系统数据恢复、文档修复等内容。

本书可作为职业本科和专科信息安全、大数据、云计算、计算机网络、计算机科学与技术、信息安全与管理等专业的理实一体化教材，也可作为数据安全、数据恢复、电子数据取证等专业领域的自学指导书。

本书配有微课视频，读者扫描书中二维码即可观看；还配有电子课件、大赛真题、课程标准、虚拟故障磁盘等丰富的教学资源，需要的教师可登录 www.cmpedu.com 免费注册，审核通过后下载，或联系编辑索取（微信：13261377872，电话：010-88379739）。

图书在版编目(CIP)数据

数据备份与恢复/何欢主编．—2 版．—北京：机械工业出版社，2022.11
（2024.8 重印）
高等职业教育系列教材
ISBN 978-7-111-71652-5

Ⅰ．①数… Ⅱ．①何… Ⅲ．①电子计算机-数据管理-高等职业教育-教材 Ⅳ．①TP309.3

中国版本图书馆 CIP 数据核字（2022）第 173084 号

机械工业出版社（北京市百万庄大街 22 号　邮政编码　100037）
策划编辑：王海霞　　责任编辑：王海霞　陈崇昱
责任校对：张艳霞　　责任印制：常天培
唐山楠萍印务有限公司印刷

2024 年 8 月第 2 版·第 5 次印刷
184mm×260mm·17 印张·463 千字
标准书号：ISBN 978-7-111-71652-5
定价：69.00 元

电话服务	网络服务
客服电话：010-88361066	机　工　官　网：www.cmpbook.com
010-88379833	机　工　官　博：weibo.com/cmp1952
010-68326294	金　书　网：www.golden-book.com
封底无防伪标均为盗版	机工教育服务网：www.cmpedu.com

Preface 前 言

  本书是国家级精品资源共享课程、国家精品课程、重庆市高校精品在线开放课程"数据备份与恢复"的配套教材。本书由重庆电子工程职业学院信息安全技术应用专业职业教育教师教育教学国家团队核心成员与北京中盈创信（北京）科技有限公司、重庆华人数据恢复中心、重庆东智科技有限公司等公司核心技术人员组成的项目团队共同编写。项目团队成员具有丰富的数据恢复实践经验，同时，也具有丰富的技能大赛指导经验。本书主编何欢教授指导学生先后获得全国职业院校技能大赛一等奖 5 项，是国家特级技师，先后获得国家教学成果一等奖与国家教学成果二等奖，是"数据备份与恢复"国家精品资源课程的主持人，牵头编制了重庆市"电子数据取证分析师"等 6 项新职业工种培训与考核鉴定标准。本书大量案例来自于数据安全企业的真实项目与工程实践，本书第 1 版自发行以来受到广大师生的一致好评，第 2 版将世界技能大赛"网络安全"赛项中数据安全模块、全国高职院校职业技能大赛"电子产品芯片级检测维修与数据恢复"赛项中数据恢复模块等赛项资源转化为教材案例资源，采用"任务工单"的模式实施项目化教学，高标准地打造了"纸质教材+任务工单+微课视频+虚拟故障仿真+大赛真题"的一体化、项目式、新形态、电子活页式教材。

  本书以常见的数据备份与恢复项目为例，以"任务工单"的方式实现"教、学、做"合一，将数据恢复真实工作过程中所需的知识和技能加工转化为教学项目，每个教学项目都包含虚拟故障磁盘、工单任务、微课与 PPT。教学项目包括：磁盘分区的恢复、FAT 文件系统数据恢复、NTFS 文件系统数据、exFAT 文件系统数据恢复、文档修复等内容。本书可作为职业本科和专科信息安全、大数据、云计算、计算机网络、计算机科学与技术、信息安全与管理等专业的理实一体化教材，也可作为数据安全、数据恢复、电子数据取证等专业领域的自学指导书。

  本书第 1 版自出版以来，读者在肯定该书的同时，也提出了一些宝贵的建议。在本书多次的印制过程中，我们也与时俱进，不断改进，特别是新版本更加注重基础知识的系统讲授。每个章节都以虚拟故障磁盘的形式为读者提供了可以实验的故障环境；结合"任务工单"，方便学生以"任务"为驱动开展实操练习，拓展了纸质教材的内涵，教材中的每个章节都配套微课、虚拟故障磁盘、工单任务、大赛真题，创新和丰富了新形态教材的形式和内容。

  本次改版在形式和内容上进行了更新和提升，全面贯彻党的教育方针，落实立德树人根本任务，培养德智体美劳全面发展的社会主义建设者和接班人，更能体现"三教"改革精神。

  1）第 2 版更加注重讲述文件系统的基本存储原理，新增任务工单、大赛仿真、虚拟故障磁盘等教学资源，将近两届世界技能大赛"网络安全"赛项中数据安全模块的案例完善融入教材案例。

2）本书采用了知识点微课讲解和任务工单的形式来辅助教学，使用"纸质教材+电子活页"模式，增加了丰富的数字资源。

3）本书为每个章节都配备了任务工单，以项目为载体，以工作过程为导向，以职业素养和职业能力培养为重点，按照技术应用从易到难，教学内容从简单到复杂、从局部到整体，职业能力不断提升的原则来优化教材内容。

4）本书将遵守数据安全的法律法规意识、数据恢复的职业道德、精益求精的工匠精神，激发学生的爱国热情，引导学生树立正确的世界观、人生观和价值观，使之成为德、智、体、美、劳全面发展的社会主义建设者和接班人。

5）本书配有48个微课视频，提供全套的电子课件、大赛真题、课程标准、虚拟故障磁盘等丰富的教学资源，同时在中国大学MOOC平台、爱课程网都建有配套的"数据备份与恢复"课程学习资源，结合本书资源，可开展线上与线下相结合的教学活动。

由于编者水平有限，书中难免有不妥之处，敬请广大读者批评指正。

编者

目 录 Contents

前言

项目 1　磁盘分区及虚拟磁盘技术应用 ……………… 1

任务 1.1　存储介质识别 …………… 1
  1.1.1　电存储介质 ……………… 1
  1.1.2　磁存储介质 ……………… 2
  1.1.3　光存储介质 ……………… 3

任务 1.2　硬盘物理结构分析 ……… 3
  1.2.1　硬盘的外部结构 ………… 3
  1.2.2　硬盘的内部结构 ………… 5

任务 1.3　硬盘逻辑结构分析 ……… 7
  1.3.1　盘片 ……………………… 7
  1.3.2　磁道 ……………………… 7
  1.3.3　柱面 ……………………… 7
  1.3.4　扇区 ……………………… 8
  1.3.5　硬盘的寻址方式 ………… 9

任务 1.4　硬盘接口识别 …………… 9
  1.4.1　SATA 接口 ……………… 9
  1.4.2　SAS 接口 ……………… 10
  1.4.3　M.2 接口 ……………… 10

任务 1.5　硬盘性能指标分析 …… 10

任务 1.6　磁盘分区与虚拟磁盘
　　　　　实训 …………………… 11
  1.6.1　实训 1　磁盘分区 …… 11
  1.6.2　实训 2　虚拟磁盘的使用 … 13

1.7　综合练习 ………………………… 17
1.8　大赛真题 ………………………… 18

项目 2　磁盘分区数据恢复 ……………………………… 19

任务 2.1　计算机中数据的记录
　　　　　方法 …………………… 19
  2.1.1　数据的表示方法 ……… 19
  2.1.2　数据在计算机中的表示方法 … 21
  2.1.3　数据存储的字节序与位序 … 22

任务 2.2　数据恢复工具详解 …… 23
  2.2.1　WinHex "启动中心"对话框 … 23
  2.2.2　WinHex 主窗口介绍 … 25

任务 2.3　MBR 磁盘分区结构解析 … 34
  2.3.1　MBR 磁盘概述 ………… 34
  2.3.2　MBR 磁盘主分区表分析 … 34
  2.3.3　MBR 磁盘扩展分区表分析 … 37

任务 2.4　GPT 磁盘分区结构解析 … 40
  2.4.1　GPT 磁盘概述 ………… 40
  2.4.2　GPT 磁盘分区结构 …… 41
  2.4.3　GPT 磁盘分区保护 MBR … 41
  2.4.4　GPT 磁盘分区 GPT 头 … 41
  2.4.5　GPT 磁盘分区表 ……… 42

| 2.4.6 | GPT 磁盘分区区域 …………………… 44
| 2.4.7 | GPT 磁盘分区表备份 ………………… 44
| 2.4.8 | GPT 磁盘分区 GPT 头备份 …………… 44

任务 2.5 磁盘分区表恢复实训 ………… 45
   2.5.1 实训 1 手工修复 MBR 磁盘分区表 …………………………… 45
   2.5.2 实训 2 手工修复 EBR 分区表 …… 51
   2.5.3 实训 3 手工修复 GPT 磁盘分区表 …………………………… 55

2.6 综合练习 …………………………………… 58
2.7 大赛真题 …………………………………… 59

项目 3 FAT32 文件系统数据恢复 …………… 60

任务 3.1 文件系统概述 ………………… 60
任务 3.2 FAT32 文件系统结构 ………… 61
任务 3.3 FAT32 文件系统 DBR …………… 61
任务 3.4 FAT32 文件系统 FAT 表 ……… 63
任务 3.5 FAT32 文件系统目录项 ……… 64
任务 3.6 FAT32 文件系统数据恢复实训 …………………………………… 69
   3.6.1 实训 1 FAT32 文件系统手工重建 DBR …………………………… 70
   3.6.2 实训 2 FAT32 文件系统误删除恢复 …………………………… 75
   3.6.3 实训 3 FAT32 文件系统误格式化恢复 …………………………… 79
   3.6.4 实训 4 FAT32 文件系统目录丢失恢复 …………………………… 82

3.7 综合练习 …………………………………… 85
3.8 大赛真题 …………………………………… 86

项目 4 exFAT 文件系统数据恢复 …………… 87

任务 4.1 exFAT 文件系统结构 ………… 87
任务 4.2 exFAT 文件系统 DBR ………… 88
任务 4.3 exFAT 文件系统 FAT 表 ……… 89
任务 4.4 exFAT 文件系统簇位图文件 …………………………………… 90
任务 4.5 exFAT 文件大写字符文件 …………………………………… 91
任务 4.6 exFAT 文件系统目录项 ……… 91
任务 4.7 exFAT 文件系统数据恢复实训 …………………………………… 95
   4.7.1 实训 1 exFAT 文件系统手工重建 DBR …………………………… 95
   4.7.2 实训 2 exFAT 文件系统误删除数据恢复实例 ………………… 99
   4.7.3 实训 3 exFAT 文件系统格式化分析实例 ……………………… 103

4.8 综合练习 …………………………………… 106
4.9 大赛真题 …………………………………… 107

项目 5　NTFS 文件系统数据恢复 108

- 任务 5.1　NTFS 文件系统基本结构 108
- 任务 5.2　NTFS 文件系统引导扇区分析 109
- 任务 5.3　NTFS 文件系统元文件 $MFT 分析 111
  - 5.3.1　元文件$MFT 概述 111
  - 5.3.2　元文件$MFT 总体结构 111
- 任务 5.4　NTFS 文件系统文件记录分析 111
  - 5.4.1　文件记录的结构 111
  - 5.4.2　文件记录头的结构 112
  - 5.4.3　文件记录中属性的结构 113
- 任务 5.5　NTFS 文件系统属性分析 117
  - 5.5.1　10H 属性分析 117
  - 5.5.2　30H 属性分析 118
  - 5.5.3　80H 属性分析 120
  - 5.5.4　90H 属性分析 123
  - 5.5.5　A0H 属性分析 126
  - 5.5.6　B0H 属性分析 127
- 任务 5.6　NTFS 文件系统元文件分析 127
  - 5.6.1　$Root 分析 128
  - 5.6.2　$Bitmap 分析 129
- 任务 5.7　NTFS 的索引结构分析 130
- 任务 5.8　NTFS 文件系统数据恢复实训 133
  - 5.8.1　实训 1　NTFS 文件系统手工重建 DBR 案例 133
  - 5.8.2　实训 2　NTFS 文件系统误删除恢复实例 137
  - 5.8.3　实训 3　手工遍历 NTFS 的 B+树结构实例 141
- 5.9　综合练习 146
- 5.10　大赛真题 147

项目 6　常用文件修复 148

- 任务 6.1　JPG 图片文件修复 148
  - 6.1.1　JPG 图像文件概述 148
  - 6.1.2　JPG 图像文件段结构 149
  - 6.1.3　JPG 图像文件段类型 150
  - 6.1.4　JPG 图像显示不清楚修复案例 154
  - 6.1.5　JPG 图像文件结构损坏修复案例 156
- 任务 6.2　PNG 图片文件修复 158
  - 6.2.1　PNG 文件数据概述 158
  - 6.2.2　PNG 文件数据结构 159
  - 6.2.3　PNG 数据块类型 160
  - 6.2.4　PNG 数据块结构 160
  - 6.2.5　PNG 十六进制数据实例分析 163
  - 6.2.6　PNG 图像显示模糊修复案例 164
  - 6.2.7　PNG 图像显示不完整修复案例 166
  - 6.2.8　PNG 图像文件头损坏修复案例 169

任务 6.3　BMP 图片文件修复 ……… 171
6.3.1　BMP 文件数据结构 …………… 172
6.3.2　BMP 文件结构损坏修复案例 …… 174
6.3.3　BMP 图像显示不完整修复
案例 ………………………… 176

任务 6.4　ZIP 文件格式修复 ………… 178
6.4.1　压缩源文件数据区 …………… 178
6.4.2　压缩源文件目录区 …………… 179
6.4.3　压缩源文件目录结束 ………… 180
6.4.4　ZIP 压缩文件头损坏修复案例 …… 180
6.4.5　ZIP 压缩文件无法解压修复
案例 ………………………… 182

任务 6.5　复合文档修复 ……………… 185
6.5.1　复合文档概述 ………………… 185
6.5.2　复合文档头 …………………… 187
6.5.3　主扇区分配表和扇区分配表 …… 188
6.5.4　短流容器流 ………………… 190
6.5.5　短扇区分配表 ………………… 190
6.5.6　复合文档目录 ………………… 191
6.5.7　手工修复复合文档头 ………… 193
6.5.8　复合文档结构损坏修复案例 …… 198

任务 6.6　DOCX 文档修复实训 …… 200
6.7　综合练习 ……………………… 203
6.8　大赛真题 ……………………… 204

项目 1　磁盘分区及虚拟磁盘技术应用

学习目标

本项目主要介绍存储介质的种类、硬盘的物理结构、硬盘的逻辑结构、硬盘的接口类型、硬盘的性能指标以及虚拟磁盘的使用。通过本项目的学习,学生应对数据存储技术有一个初步的了解和认识,为掌握数据备份与恢复技能打下良好的基础。

知识目标
- 理解硬盘的存储原理
- 理解硬盘性能指标的意义
- 掌握磁盘接口类型
- 掌握硬盘的逻辑结构
- 掌握硬盘的寻址方式

技能目标
- 识别常见的存储介质
- 识别硬盘的组成部件
- 识别硬盘表面的标识
- 能够对磁盘进行初始化及分区
- 能够创建虚拟磁盘

素养目标
- 培养学生数据安全意识
- 培养学生掌握关键核心技术意识

任务 1.1　存储介质识别

根据使用的材料和存储原理的不同,存储介质可分为三大类:电存储介质、磁存储介质、光存储介质。

常见的数据存储介质

1.1.1　电存储介质

市面上常见的存储介质有 CF 卡、SD 卡、U 盘和 SSD。

CF(Compact Flash)卡是 1994 年由 SanDisk 公司最先推出的。CF 卡具有 PCMCIA-ATA 功能,并与之兼容;CF 卡重量只有 14 g,仅纸板火柴盒般大小(43 mm×36 mm×3.3 mm),是一种固态产品,也就是工作时没有运动部件。CF 卡采用闪存(flash)技术,是一种稳定的存储解决方案,不需要电池来维持其中存储的数据。对所保存的数据来说,CF 卡比传统的磁盘驱动器的安全性和保护性都更高;比传统的磁盘驱动器及Ⅲ型 PC 卡的可靠性高 5 到 10 倍,而且 CF 卡的用电量仅为小型磁盘驱动器的 5%。CF 卡使用 3.3~5 V 的电压工作（包括 3.3 V 或 5 V）。这些优异的表现使得大多数数码相机选择 CF 卡作为其首选存储介质。图 1-1 所示为 CF 卡。

SD 卡（Secure Digital Memory Card）是一种基于半导体快闪记忆器技术而开发出的记忆设备。SD 卡由日本松下、东芝及美国 SanDisk 公司于 1999 年 8 月共同开发研制。大小犹如一张邮票的 SD 记忆卡，重量只有 2 克，但却拥有高记忆容量、高数据传输率、极大的移动灵活性以及很好的安全性，而且它是一体化固体介质，没有任何移动部分，所以不用担心机械运动造成的损坏。SD 卡的结构能保证数字文件传送的安全性，也很容易重新格式化，所以有着广泛的应用领域，音乐、电影、新闻等多媒体文件都可以方便地保存到 SD 卡中。因此不少数码相机也开始支持 SD 卡。目前，市场上 SD 卡的品牌很多，诸如：SanDisk、KINGMAX、松下和 Kingston。SanDisk 生产的 SD 卡，是市面上最常见的，分为高速和低速 SD 卡。KINGMAX 生产的 SD 卡，采用了独特的一体化封装技术（PIP），使得造假者很难仿制，KINGMAX SD 卡最高传输速率为 10 MB/s，具有防水、防震、防压的三防设计，它可以满足野外拍摄的各种要求。松下作为 SD 卡标准的缔造者，其生产的 SD 卡在技术上可以说是市面上最好的 SD 卡之一。不过需要注意的是松下的 SD 卡多数没有保修，购买时一定要问清楚质保期限这个重要问题。在众多的闪存类产品中，Kingston SD 卡是体积最小的一种 SD 卡。图 1-2 所示为 SD 卡。

"U 盘"，最早源于朗科公司生产的一种新型电存储设备，名曰"优盘"，使用 USB 接口进行连接。其最大的特点就是：小巧便于携带、存储容量大、价格便宜。是移动存储设备之一。一般的 U 盘容量有 8G、16G、32G、64G 等。U 盘为 USB 接口，是 USB 设备。如果操作系统是 Windows 7/10 或是 macOS 系统的话，将 U 盘直接插到机箱前面板或后面的 USB 接口上，系统就会自动识别。图 1-3 所示为 U 盘。

SSD（固态硬盘）就是用固态电子存储芯片阵列制成的硬盘，固态硬盘在接口规范、定义、功能及使用方法上与普通硬盘相同，在产品外形和尺寸上也与普通硬盘一致。传输速度比普通硬盘快；图 1-4 所示为固态硬盘。

图 1-1　CF 卡　　图 1-2　SD 卡　　图 1-3　U 盘　　图 1-4　固态硬盘

1.1.2　磁存储介质

磁存储介质是计算机最早使用的存储介质之一，根据其外观的不同可分为磁带、磁盘等。图 1-5 所示为磁带，图 1-6 所示为磁盘。

磁带是所有存储介质中单位存储信息成本最低、容量最大、标准化程度最高的常用存储介质之一。它互换性好，且易于保存，近年来因为采用了具有高纠错能力的编码技术和即写即读的通道技术，磁带存储的可靠性和读写速度得到了大幅提高。

磁盘是目前最主要的磁存储介质类型，主要有三种：3.5 in

图 1-5　磁带

（英寸，1 in＝2.54 cm）台式计算机硬盘；2.5 in 笔记本硬盘；1.8 in 微型硬盘。其中 3.5 in 台式计算机硬盘，是 DIY 市场内最为广泛的硬盘产品，专门应用于台式计算机系统，是三种硬盘中尺寸最大、重量最大的一种。因为它是设计给台式计算机使用的，所以在防震方面并没有特殊的设计，一定程度上降低了数据的安全性，而且携带也不大方便，不过在价格和容量方面具备一定的优势。2.5 in 笔记本硬盘则是专门为笔记本计算机设计的，在防震方面也有专门的设计，抗震性能较好，尺寸、重量都较小，目前在移动硬盘领域中应用最多。1.8 in 微型硬盘，也是针对笔记本计算机设计的，抗震能力较强，而且尺寸、重量也是三者中最小的，但其价格还处于较高的层次，普及还比较困难，更适合特殊需求的用户，而且容量也比较小。

图 1-6　磁盘

1.1.3　光存储介质

光存储介质是将用于记录的材料薄层涂敷在基体上构成记录介质，如 CD、DVD 等，如图 1-7 所示。CD、DVD 等光存储介质，采用的存储方式与硬盘相同，都是以二进制数据的形式来存储信息。而要在这些光盘上存储数据，需要借助激光把计算机转换后的二进制数据用数据模式刻在扁平、具有反射能力的盘片上。而为了识别数据，光盘上定义激光刻出的小坑就代表二进制的"0"，而空白处则代表二进制的"1"。

光存储介质记录密度高、存储容量大。光盘存储系统用激光器作光源。由于激光的相干性好，可以聚焦为直径小于 0.001 mm 的小光斑。用这样的小光斑读写数据，可使光盘存储的数据面密度高达 $10^7 \sim 10^8$ bit/cm^2。一张 CD-ROM 光盘可存储 3 亿个汉字。

图 1-7　光盘

光盘采用非接触式读写，没有磨损，其可靠性高、寿命长，记录的信息不会因为反复读取而产生信息衰减。

任务 1.2　硬盘物理结构分析

计算机硬盘是一个集机、电、磁一体化的高精密系统，了解硬盘的物理和数据结构对于掌握硬盘的数据备份与恢复具有重要意义。

硬盘的物理结构

1.2.1　硬盘的外部结构

1. 硬盘接口

如图 1-8 所示，硬盘接口包括电源接口插座和数据接口插座两部分，其中电源接口插座与主机电源相连接，为硬盘正常工作提供电力保证。数据接口插座则是硬盘数据与主板控制芯片之间进行数据传输交换的通道，使用时，用一根数据电缆将其与主板 IDE 接口或与其他控制适配器的接口相连接，通常所说的 40 针、80 芯的接口电缆也就是指数据电缆，数据接口可以分成 IDE 接口和 SCSI 接口两大类型。

2. 控制电路板

如图 1-9 所示，硬盘的控制电路板大多采用贴片式焊接，它包括主轴调速电路、磁头驱动与伺服定位电路、读写电路、控制与接口电路等。在电路板上还有一块 ROM 芯片，里面固化的程序可以进行硬盘的初始化，执行加电和启动主轴电机，加电初始寻道、定位以及故障检测等。在电路板上还安装有容量不等的高速数据缓存芯片。

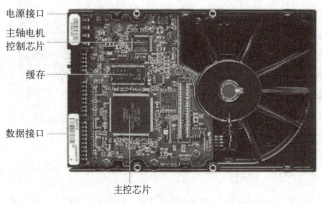

图 1-8　硬盘的接口

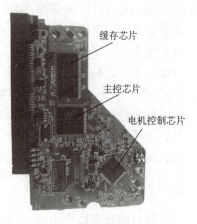

图 1-9　硬盘的控制电路板

硬盘控制电路大体可以分为如下几个部分：主控芯片、电机控制芯片、缓存芯片等。其中，主控芯片负责硬盘数据读写指令等工作。电机控制芯片用来控制主轴电机系统，主轴电机驱动盘片做高速旋转以摆动电机带动磁头对磁盘数据进行扫描读写。而缓存芯片是为了协调硬盘与主机在数据处理速度上的差异而设置的。缓存对磁盘性能所带来的作用是毋庸置疑的，在读取零碎文件数据时，大缓存能带来非常大的优势，这也是为什么在高端 SCSI 硬盘中早就结合 8MB 数据缓存。

3. 固定面板

图 1-10 是硬盘正面的面板，它与底板结合成一个密封的整体，保证了硬盘盘片和机构的稳定运行。在面板上面印着产品型号（MDL）、产品序列号（S/N）、产品生产日期等信息。除此，还有一个透气孔，它的作用就是使硬盘内部气压与大气气压保持一致。

面板上的 MDL 字符串（条码），表示设备产品型号，该硬盘的型号为 WD5000AAKX–001CA0，横线前面部分为主编号，后面部分为副编号。

主编号 WD5000AAKX 表示的含义如下。

1）WD 为西部数据（Western Digital）的产品标志，其后的 5000 为硬盘容量，即 5000×100 MB ＝ 500 GB。

图 1-10　硬盘的固定面板

2）第 7 个字符代表容量与尺寸，表示该硬盘大小为 3.5 in，容量单位为 GB。不同字符代表不同含义，详见表 1-1。

3）第 8 个字符表示产品类型，该硬盘为鱼子酱系列。不同字符代表不同含义，详见表 1-2。

表1-1 第7个字符中各字符代表的含义

字符	含 义
A	硬盘外形尺寸为3.5 in 规格，容量单位为GB
B	硬盘外形尺寸为2.5 in 规格，容量单位为GB
C	硬盘外形尺寸为1.0 in 规格，容量单位为GB
E	硬盘外形尺寸为3.5 in 规格，容量单位为TB

表1-2 第8个字符中各字符代表的含义

字符	含 义
A	Desktop/WD Caviar 鱼子酱系列
B	Enterprise/WD RE 系列
Y	Enterprise/WD RE4 系列

4）第9个字符代表缓存大小和转速，该硬盘转速为7200 r/min，缓存为16 MB。不同字符代表不同含义，详见表1-3。

5）第10个字符代表接口类型。不同字符代表不同含义，详见表1-4。

表1-3 第9个字符中各字符代表的含义

字符	含 义
A	5400 r/min，2 MB 缓存
B	7200 r/min，2 MB 缓存
C	节能型（自动调节转速），16 MB 缓存（绿盘）
D	节能型（自动调节转速），该系列最大缓存（绿盘）
F	10000 r/min，16 MB 缓存
G	10000 r/min，8 MB 缓存
J	7200 r/min，8 MB 缓存（蓝盘）
K	7200 r/min，16 MB 缓存（主流蓝盘）
L	7200 r/min，该系列最大缓存（黑盘）
V	5400 r/min，8 MB 缓存（笔记本硬盘）

表1-4 第10个字符中各字符代表的含义

字符	含 义
S	主流的SATA3.0接口
A	并口ATA/66
B	并口ATA/100
C	零插入力接口（30针的）的并口
D	ATA
E	并口ATA/133

副编号001CA0表示的含义如下。

1）前两位00，代表市场类型，00就代表面向消费级市场销售，不是00就代表是OEM产品，即给其他企业品牌代工生产，具体编号根据代工主体的不同而不同。比如HP是71，DELL是75。

2）第3位代表单碟的容量。

3）第4位代表同一系列的版本号，也就是第几代产品。

4）最后两位代表固件（Firmware）版本号，常见的就是A0和B0。

1.2.2 硬盘的内部结构

如图1-11所示，硬盘内部结构由磁头、盘片、主轴、电机及其他附件组成，其中磁头、盘片组件是构成硬盘的核心，包括有浮动磁头组件、磁头驱动机构、磁盘盘片、主轴驱动装置及前置读写控制电路几个部分。

1. 磁头组件

磁头是硬盘中最精密的部位之一，它由读写磁头、传动手臂、传动轴三部分组成，如图1-12所示，磁头是硬盘技术中最关键的一环，实际上是集成工艺制成的多个磁头的组合，启动后在高速旋转的磁盘表面移动，与盘片之间的间隙（飞高）只有 $0.1 \sim 0.3\,\mu m$，这样可以获得很好的数据传输率。现在转速为7200 r/min的硬盘飞高一般都低于 $0.3\,\mu m$，这有利于读取较大的高信噪比信号,提高数据传输率的可靠性。

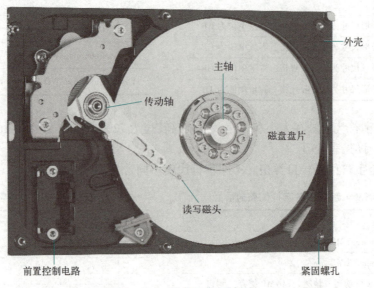

图 1-11　硬盘的内部结构

硬盘利用特定磁粒子的极性来记录数据,磁头在读取数据时,将磁粒子的不同极性转换成不同的电脉冲信号,再利用数据转换器将这些原始信号变成计算机可以使用的数据,写数据的操作正好与此相反。

2. 磁头驱动机构

硬盘的寻道是靠磁头径向移动实现的,而径向移动磁头则需要磁头驱动机构驱动才能实现。如图 1-13 所示,磁头驱动机构由电磁线圈电机、磁头驱动小车、防震动装置构成,高精度的轻型磁头驱动机构能够对磁头进行正确的驱动和定位,并能在很短的时间内精确定位系统指令所指定的磁道。

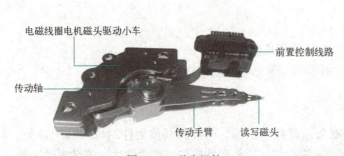

图 1-12　磁头组件

图 1-13　硬盘磁头及附属组件

3. 磁盘片

图 1-14 为硬盘盘片,盘片是硬盘存储数据的载体,现在硬盘盘片大多采用金属薄膜材料,这种金属薄膜较软盘的不连续颗粒载体具有更高的存储密度、高剩磁及高矫顽力等优点。另外,IBM 公司还将一种被称为"玻璃盘片"的材料作为盘片基质,玻璃盘片比普通盘片在运行时具有更好的稳定性。

4. 主轴组件

主轴组件包括主轴部件，如轴承和驱动电机等。随着硬盘容量的扩大和速度的提高，主轴电机的速度也在不断提升，有厂商开始采用精密机械工业的液态轴承（FDB）电机技术。采用 FDB 电机不仅可以使硬盘的工作噪声降低许多，而且可以增加硬盘的工作稳定性。

5. 前置控制电路

前置控制电路用于控制磁头感应的信号、主轴电机调速、磁头驱动和伺服定位等，由于磁头读取的信号微弱，将放大电路密封在腔体内可减少外来信号的干扰，提高操作指令的准确性。

图 1-14 硬盘盘片

任务 1.3 硬盘逻辑结构分析

要深入了解数据恢复的理论知识，还必须掌握硬盘的逻辑结构。在通过操作系统访问文件时，操作系统需要读取硬盘相应的位置来调用相应的文件，而这些文件的位置就是由盘片上相关的一些逻辑参数决定的。硬盘的盘片逻辑上分为磁道、扇区、柱面等。

硬盘的逻辑结构

1.3.1 盘片

硬盘的盘片一般用铝合金作基片，高速旋转的硬盘也有用玻璃作基片的。玻璃基片更容易达到其要求的平面度和光洁度，并且有很高的硬度。磁头传动装置是使磁头部件做径向移动的部件，通常有两种类型的传动装置。一种是齿条传动的步进电机传动装置；另一种是音圈电机传动装置。前者是固定推算的传动定位器，而后者则采用伺服反馈返回到正确的位置上。磁头传动装置使磁头部件以很小的等距离做径向移动，用以变换磁道。

硬盘的每一个盘片都有两个盘面（Side），即上、下盘面，一般每个盘面都会被利用上，即都装上磁头可以存储数据，成为有效盘片，也有极个别的硬盘其盘面数为单数。每一个这样的有效盘面都有一个盘面号，按顺序从上而下自"0"开始依次编号。在硬盘系统中，盘面号又叫磁头号，就是因为每一个有效盘面都有一个对应的读写磁头。硬盘的盘片组在 2~14 片不等；通常有 2~3 个盘片，故盘面号（磁头号）为 0~3 或 0~5。

1.3.2 磁道

磁道是盘面上以特殊形式磁化了的一些磁化区，磁盘在格式化时被划分成许多同心圆，如图 1-15 所示，这些同心圆轨迹叫作磁道（Track）。磁道从外向内自"0"开始顺序编号。硬盘的每一个盘面有 300~1024 个磁道，新式大容量硬盘每面的磁道数更多。

1.3.3 柱面

所有盘面上的同一磁道构成了一个圆柱，通常称为柱面（Cylinder），如图 1-16 所示，每一个圆柱上的磁头，自上而下从"0"开始编号。数据的读写是按柱面进行的，即磁头在读写数据时首先从同一柱面内的"0"磁头开始操作，依次向下在同一柱面的不同盘面即磁头进行操作，只有在同一柱面上所有的磁头全部读写完成后磁头才转向下一柱面，这是因为选磁头只须通过电子切换即可，而选柱面必须通过机械切换。所有的数据读写是按柱面来进行的，而不按盘面来进行的，一个磁道写满数据，就在同一柱面的下一个盘面来写，一个柱面写满后，才移向下一个柱面，从下一柱面的1扇区开始写数据，这样就提高了硬盘的读写效率。

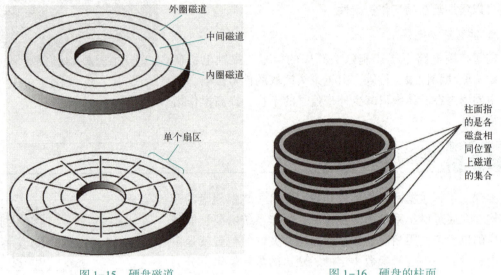

图 1–15　硬盘磁道　　　　　　　图 1–16　硬盘的柱面

1.3.4　扇区

操作系统是以扇区（Sector）的形式在硬盘上存储数据的，每一个扇区包括512字节的数据和一些其他信息。一个扇区主要有两个部分：即存储数据的地点标识符和存储数据的数据段，如图 1–17 所示。

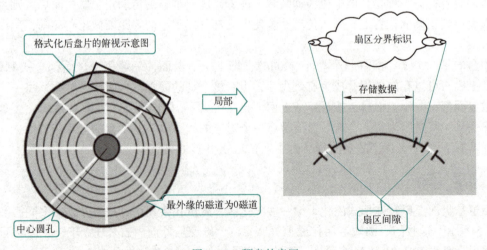

图 1–17　硬盘的扇区

标识符就是扇区头标，包括组成扇区三维地址的三个数字：扇区所在的磁头（或盘面）、磁道（或柱面号），以及扇区在磁道上的位置即扇区号。头标中还包括一个字段，其中有显示扇区是否能可靠存储数据，或者是否已发现某个故障因而不宜使用的标记。有些硬盘控制器在扇区头标中还记录有指示字，可在原扇区出错时指引磁盘转到替换扇区或磁道。最后，扇区头标以循环冗余校验（CRC）值作为结束，以供控制器检验扇区头标的读出情况，从而确保数据读写准确无误。扇区的第二个主要部分是存储数据的数据段，可分为数据和保护数据的纠错码（ECC）。

1.3.5 硬盘的寻址方式

硬盘是通过磁头、柱面和扇区进行寻址的。BIOS 中断 13H 的入口参数中，磁头寄存器占 8 位，其值为 0H~FEH，所以磁头号为 0~254。柱面地址是 10 位，所以柱面号为 0~1023，其低 8 位单独占用一个寄存器，高 2 位与扇区地址共用一个寄存器，占用共用寄存器中的高 2 位。扇区地址占用共用寄存器中的低 6 位，其值为 1H~3FH，所以扇区编号为 1~63。

硬盘的寻址方式

硬盘有两种寻址模式，一种就是 C/H/S（Cylinder/Head/Sector）寻址模式，也称为三维地址模式，这是硬盘最早采用的寻址模式。当时硬盘的容量还非常小，硬盘盘片的每一条磁道都具有相同的扇区数，由此产生了所谓的 3D 参数（DiskGeometry），即磁头数（Heads）、柱面数（Cylinders）、扇区数（Sectors），以及相应的寻址方式。

在以前的硬盘中，由于每个磁道的扇区数相等，所以外磁道的记录密度要远低于内磁道，因此会浪费很多磁盘空间。为了解决这一问题，进一步提高硬盘容量，人们改用等密度结构生产硬盘，也就是说，外圈磁道的扇区比内圈磁道多。采用这种结构后，硬盘不再具有实际的 3D 参数，寻址方式也改为线性寻址，即以扇区为单位进行寻址，这种寻址模式叫作 LBA，全称为 Logic Block Address，即逻辑块地址。

硬盘工作在 C/H/S 寻址模式时，扇区的三维物理地址与硬盘上的物理扇区一一对应，即通过三维物理地址可完全确定硬盘上的物理扇区。而在 LBA 方式下，系统把所有的物理扇区都按照某种方式或规则看作是一个线性编号的扇区，即从 0 开始到某个最大值排列，把 LBA 作为一个整体看待，而不是具体的 C/H/S 值。现在的硬盘控制器内部都会有一个地址译码器，由它负责将 C/H/S 参数转换成 LBA。

硬盘的容量计算

任务 1.4　硬盘接口识别

1.4.1　SATA 接口

作为目前应用最多的硬盘接口，SATA 3.0 接口最大的优势就是成熟。普通 2.5 in SSD 以及 HDD 硬盘都使用这种接口，理论传输带宽 6 Gbit/s，虽然比起新接口的 10 Gbit/s 甚至 32 Gbit/s 带宽差多了，但也足以满足普通 2.5 in SSD 的需求，500 MB/s 多的读写速度也够用，如图 1-18 所示为 SATA 接口。

图 1-18　SATA 接口

1.4.2 SAS 接口

SAS（Serial Attached SCSI）即串行连接 SCSI，是新一代的 SCSI 技术，和现在流行的 SATA 硬盘接口相同，都是采用串行技术以获得更高的传输速度，并通过缩短连接线来改善内部空间等。SAS 的接口技术可以向下兼容 SATA。具体来说，二者的兼容性主要体现在物理层和协议层的兼容。

1）在物理层，SAS 接口和 SATA 接口完全兼容，SATA 硬盘可以直接使用在 SAS 的环境中，从接口标准上而言，SATA 是 SAS 的一个子标准，因此 SAS 控制器可以直接操控 SATA 硬盘，但是 SAS 却不能直接使用在 SATA 的环境中，因为 SATA 控制器并不能对 SAS 硬盘进行控制。

2）在协议层，SAS 由 3 种类型协议组成，根据连接的不同设备使用相应的协议进行数据传输。其中，串行 SCSI 协议（SSP）用于传输 SCSI 命令；SCSI 管理协议（SMP）用于对连接设备的维护和管理；SATA 通道协议（STP）用于 SAS 和 SATA 之间数据的传输。因此在这 3 种协议的配合下，SAS 可以和 SATA 以及部分 SCSI 设备无缝结合。

1.4.3 M.2 接口

M.2 接口是 Intel 公司推出的一种新的接口规范，也就是我们以前经常提到的 NGFF，即 Next Generation Form Factor。M.2 的接口也有两种不同的规格，分别是 socket 2 和 socket 3，如图 1-19 和图 1-20 所示。

图 1-19　M.2_Socket 2 接口

图 1-20　M.2_Socket 3 接口

看似都是 M.2 接口，但其支持的协议不同，对其速度的影响可以说是千差万别，M.2 接口目前支持两种通道总线，socket 2 走的是 SATA 总线，采用的是 AHCI 协议；socket 3 走的是 PCI-E 总线，采用的是 NVME 协议。SATA 通道由于理论带宽的限制（6 Gbit/s），极限传输速度也只能到 600 MB/s，但 PCI-E 通道带宽可以达到 10 Gbit/s。

任务 1.5　硬盘性能指标分析

（1）主轴转速

硬盘的主轴转速是决定硬盘内部数据传输率的决定因素之一，它在很大程度上决定了硬盘的传输速度，同时也是区别硬盘档次的重要标志。目前 7200 r/min 的硬盘是主流产品，SCSI 硬盘的主轴转速已经高达 15000 r/min，当然其价格让普通用户难以接受。

硬盘的性能指标

（2）寻道时间

该指标是指磁头移动到数据所在磁道所用的时间，单位为毫秒（ms）。平均寻道时间则为磁头移动到正中间的磁道需要的时间。注意它与平均访问时间的差别。硬盘的平均寻道时间越短，则性能越高。现在使用的硬盘的平均寻道时间在 10 ms 以下。

（3）单碟容量

因为标准硬盘的碟片数是有限的，靠增加碟片来扩充容量是有限度的。只有提高每张碟片的容量才能从根本上解决这个问题。大容量硬盘采用 GMR 巨阻型磁头，这使磁碟的记录密度大大提高，硬盘的单碟容量也就相应提高了。

（4）潜伏期

该指标表示当磁头移动到数据所在的磁道后，等待所要的数据块继续转动（半圈或多些、少些）到磁头下的时间，其单位为毫秒（ms）。平均潜伏期就是盘片转半圈的时间。

（5）硬盘表面温度

该指标表示硬盘工作时产生的热量使硬盘密封壳温度上升的情况。硬盘工作时产生的温度过高将影响薄膜式磁头的数据读取灵敏度，因此硬盘工作表面温度较低的硬盘有更稳定的数据读、写性能。

（6）道至道时间

该指标表示磁头从一个磁道转移至另一磁道的时间，单位为毫秒（ms）。

（7）高速缓存

该指标指硬盘内部的高速存储器。大容量硬盘的高速缓存一般为 512 KB～2 MB，2 MB 缓存是目前 IDE 硬盘的主流。

（8）全程访问时间

该指标表示从磁头开始移动直到最后找到所需要的数据块所用的全部时间，单位为毫秒（ms）。而平均访问时间是指磁头找到指定数据的平均时间。通常是平均寻道时间和平均潜伏时间之和。

（9）最大内部数据传输率

该指标名称也叫持续数据传输率（sustained transfer rate），单位为 Mbit/s。它是指磁头至硬盘缓存间的最大数据传输率，一般取决于硬盘的盘片转速和盘片线密度（指同一磁道上的数据容量）。注意 Mbit/s 与 MB/s 含义的不同，前者是兆位/秒的意思，如果需要转换成 MB/s（兆字节/秒），就必须将 Mbit/s 数据除以 8（1 字节为 8 位）。例如某硬盘给出的最大内部数据传输率为 131 Mbit/s，但如果按 MB/s 计算就只有 16.37 MB/s。

（10）连续无故障时间（MTBF）

该指标是指硬盘从开始运行到出现故障的最长时间，单位为小时（h）。一般硬盘的 MTBF 至少在 30000 h 以上。

（11）外部数据传输率

外部数据传输率也称为突发数据传输率，它是指从硬盘缓冲区读取数据的速率。在广告或硬盘特性表中常以数据接口速率代替，单位为 MB/s，目前主流的硬盘已经全部采用 UltraDMA/66/100 技术，外部数据传输率可达 66 MB/s 或 100 MB/s。

任务 1.6　磁盘分区与虚拟磁盘实训

1.6.1　实训 1　磁盘分区

1. 实训目的

1）掌握划分分区大小的方法。

2）掌握格式化分区的方法。

2. 实训任务

【任务描述】 将一个未分配的磁盘进行分区操作，并格式化成 NTFS 文件系统。

3. 实训步骤

【任务分析】 要在硬盘中写入数据，必须对硬盘做低级格式化、分区、高级格式化这 3 个步骤。低级格式化是在硬盘的盘片上刻划磁道的过程，这个过程通常在出厂时已经由厂商完成。分区则是表明硬盘中数据存储的有效区域。只有确定了有效区域后，才能找到数据存储的空间地址。高级格式化是指在存储区域上设置某种"管理模式"，如现在常见的 FAT32 文件系统、NTFS 系统。当在计算机新加入一块硬盘，或者用硬盘盒扩展硬盘后，如果新增加的硬盘未被格式化过，可以通过计算机系统自带的磁盘管理工具对新增加的硬盘进行识别与格式化。同时已经格式化过的磁盘也可以通过系统自带的磁盘管理工具进行重新分区。

1）右击"此电脑"（或"计算机"），在弹出的快捷菜单中选择"管理"命令，打开"计算机管理"窗口，如图 1-21 所示。在左侧的列表窗格中选择"磁盘管理"。在新添加的磁盘上右击，然后选择"新建简单卷"命令，就可以弹出如图 1-22 所示的"新建简单卷向导"对话框。

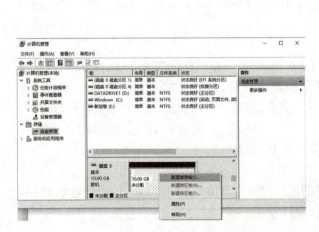

图 1-21 磁盘管理

图 1-22 "新建简单卷向导"对话框

2）单击"下一步"按钮，在"指定卷大小"界面中可以为分区选择大小（如图 1-23 所示）。分区大小的单位通常是 MB。接着在"正在完成新建简单卷向导"界面中会为分区分配卷标（如图 1-24 所示），这时的卷标只是在当前计算机系统中的显示，如果将这块硬盘转移到另外的系统可能会导致卷标的相应的更改。

3）确定了分区的大小及卷标后，就需要格式化分区。此处的格式化通常指的是高级格式化，即指定这个分区的文件系统的过程，如图 1-25 所示。完成所有的选择后，就可以看到如图 1-26 所示的界面。经过这些操作后，硬盘就可以正常使用了。

项目1 磁盘分区及虚拟磁盘技术应用

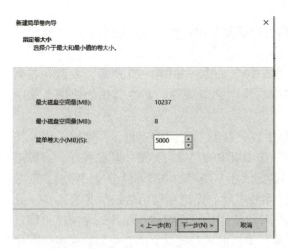

图1-23 选择分区大小

图1-24 为分区分配卷标

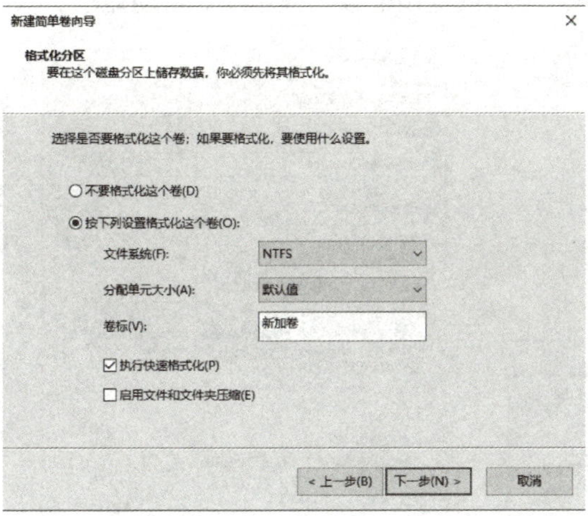

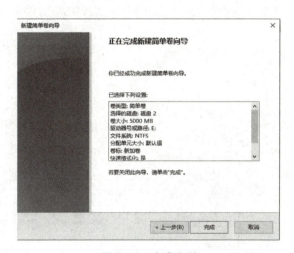

图1-25 高级格式化分区

图1-26 完成向导

1.6.2 实训2 虚拟磁盘的使用

1. 实训目的

1）掌握虚拟磁盘创建的方法。
2）掌握附加虚拟磁盘的方法。
3）掌握分离虚拟磁盘的方法。

2. 实训任务

【任务描述】在Windows 10系统中创建虚拟磁盘、附加虚拟磁盘、分离虚拟磁盘。

3. 实训步骤

【任务分析】虚拟硬盘文件是一个以.vhdx或者.vhd扩展名结尾的文件。虚拟硬盘可以用于存储文档、图片、视频等类型的文件,就好像计算机上有了像真实分区一样功能的分区。Windows 10直接可以创建VHD或VHDX格式的虚拟磁盘。

(1) 创建虚拟磁盘

1) 右击"此电脑"(或"计算机"),在弹出的快捷菜单中选择"管理"命令,打开"计算机管理"窗口,在左侧的窗格中选择"磁盘管理"。

2) 在顶部的菜单栏中选择"操作"→"创建 VHD"命令,如图 1-27 所示。或者在右侧的更多操作中选择"创建 VHD"。或在左侧窗格中右击"磁盘管理"后在弹出的快捷菜单中选择"创建 VHD"命令。

3) 在弹出的"创建和附加虚拟硬盘"对话框中设置好隐私空间的容量、存储格式以及类型,如图 1-28 所示。其中,选择"虚拟硬盘类型"选项组中的"动态扩展"单选按钮,虚拟磁盘的类型有"固定大小"与"动态扩展",其中"固定大小"类型的虚拟硬盘会使用在虚拟硬盘建立时指定容量的 VHD 或者 VHDX 文件,来提供存放空间。无论存储的数据数量有多少,此 VHD 或者 VHDX 文件的大小都保持一致。但是用户可以使用编辑虚拟硬盘向导来增减虚拟硬盘的大小,以增加 VHD 或者 VHDX 文件;"动态扩展"类型的虚拟硬盘文件会视需要来提供存放空间以存储数据。在虚拟硬盘刚建立时,VHD 或者 VHDX 文件还很小,但是它会随着硬盘中数据的增加而扩大,并且 VHD 或者 VHDX 文件不会随着虚拟硬盘中的数据被删除而自动缩小。

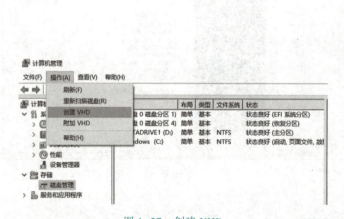

图 1-27 创建 VHD

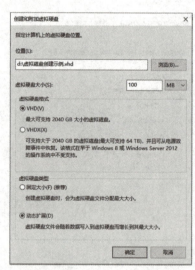

图 1-28 设置虚拟磁盘参数

4) 当创建完成后,右击新创建的虚拟硬盘,在弹出的快捷菜单中选择"初始化磁盘"命令,如图 1-29 所示。

5) 在弹出的"初始化磁盘"对话框中选择磁盘分区形式后,单击"确定"按钮即可,如图 1-30 所示。

6) 右击虚拟硬盘的空闲区域,在弹出的快捷菜单中选择"新建简单卷"命令,如图 1-31 所示。

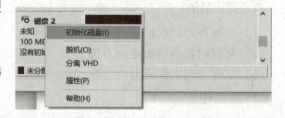

图 1-29 初始化磁盘

7) 在弹出的"新建简单卷向导"对话框中多次单击"下一步"按钮直到单击"完成"按钮即可,如图 1-32 所示。

8) 完成以上操作后,打开"此电脑"(或计算机)发现增加了一个分区 E,这时就可以在此分区上存储各种类型的文件,并且此虚拟磁盘与真实分区的使用相同。

项目1 磁盘分区及虚拟磁盘技术应用

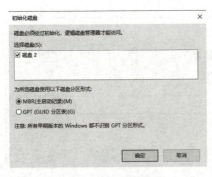

图1-30 初始化磁盘设置　　　　　　　图1-31 磁盘新建简单卷

（2）附加虚拟磁盘

创建虚拟磁盘还有一个优势，即可以作为移动硬盘使用。这里以"D:\虚拟磁盘创建示例.vhd"为例对虚拟硬盘的附加与分离进行讲解。下面实例进行虚拟磁盘的附加，操作步骤如下。

1）在"计算机管理"窗口，选中"磁盘管理"选项，单击鼠标右键，选择"附加VHD"命令，如图1-33所示。

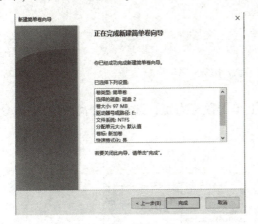

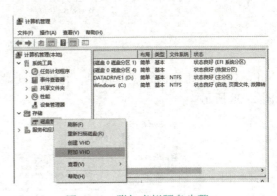

图1-32 新建简单卷向导　　　　　　　图1-33 附加虚拟硬盘步骤1

2）在"附加虚拟硬盘"对话框中，单击"浏览"按钮，如图1-34所示。

3）找到要附加的虚拟硬盘，选中它，单击"打开"按钮，如图1-35所示。

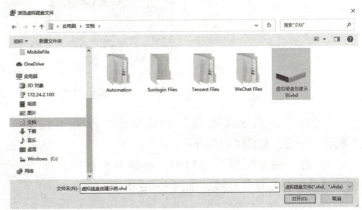

图1-34 附加虚拟硬盘步骤2　　　　　　图1-35 附加虚拟硬盘步骤3

4)在"附加虚拟硬盘"对话框中单击"确定"按钮,如图1-36所示,到此虚拟硬盘附加完成。

5)附加虚拟硬盘完成后可以在磁盘管理中查看,如图1-37所示,"磁盘1"正是示例附加的虚拟硬盘。

(3)分离虚拟硬盘

如果虚拟硬盘使用完毕,需要将其删除,则需要在"磁盘管理"中进行分离操作,操作步骤如下。

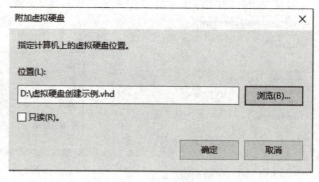

图1-36 附加虚拟硬盘步骤4

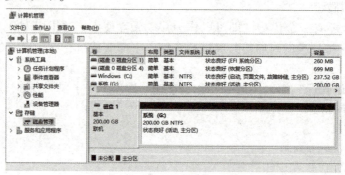

图1-37 附加虚拟硬盘步骤5

1)打开"计算机管理"窗口,在虚拟硬盘上单击鼠标右键,选择"分离VHD"命令,如图1-38所示。

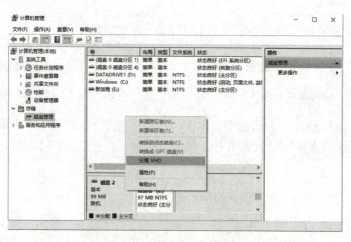

图1-38 虚拟硬盘分离步骤1

2)在"分离虚拟硬盘"对话框中,单击"确定"按钮,如图1-39所示。

3)在"磁盘管理"窗口中,虚拟硬盘彻底断开连接,分离操作完成,如图1-40所示。

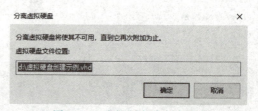

图1-39 虚拟硬盘分离步骤2

图 1-40　虚拟硬盘分离步骤 3

1.7 综合练习

一、填空题

1. 如果某硬盘的逻辑参数为 255 个磁头、1024 个柱面、63 个扇区/磁道，则此硬盘的容量参数约为_____。如果它的 LBA 参数为 330721968，则其容量约为_____。

2. 如果某硬盘有 1024 个柱面，255 个磁头，则第 2 柱 1 面 1 扇区是逻辑第_____扇区。

二、选择题

1. 按材料和存储原理不同，存储介质可分为（　　）类。
　　A. 3　　　　　　B. 4　　　　　　C. 5　　　　　　D. 2

2. 以下哪项不是电存储介质（　　）。
　　A. U 盘　　　　B. SD 卡　　　　C. 硬盘　　　　D. 固态盘

3. 以下哪项不是磁存储介质（　　）。
　　A. 硬盘　　　　B. 磁带　　　　C. 记忆棒　　　D. 软盘

4. 下列硬盘的尺寸中不是最主要类型的是（　　）。
　　A. 3.5 in　　　　B. 2.5 in　　　　C. 1.8 in　　　　D. 7.5 in

5. 以下各项中不是硬盘的接口的是（　　）。
　　A. IDE　　　　　B. SDE　　　　　C. SATA　　　　D. SAS

6. 图 1-41 中，所示存储介质为（　　）。
　　A. U 盘　　　　B. SD 卡　　　　C. TF 卡　　　　D. CF 卡

7. 图 1-42 中，所示存储介质为（　　）。
　　A. U 盘　　　　B. SD 卡　　　　C. TF 卡　　　　D. CF 卡

8. 图 1-43 中，所示存储介质为（　　）。

图 1-41　选择题第 6 题图　　　图 1-42　选择题第 7 题图　　　图 1-43　选择题第 8 题图

A. U 盘　　　　B. SD 卡　　　　C. TF 卡　　　　D. CF 卡
9. 硬盘的寻址方式有（　　）种。
   A. 1　　　　B. 2　　　　C. 3　　　　D. 4
10. 下列哪种接口是把控制器与盘体集成在一起的硬盘驱动器？（　　）
    A. SCSI　　　　B. SAS　　　　C. 光纤接口　　　　D. IDE

三、简答题

1. 解释什么是盘片、磁道、柱面、扇区？
2. C/H/S 与 LBA 地址的对应关系？
3. 虚拟机在数据恢复训练过程中有什么作用？
4. 磁盘电路板中，主控芯片有什么用途？
5. 磁盘电路板中，缓存芯片有什么用途？
6. 机械硬盘、移动硬盘、固态硬盘、U 盘各有什么优缺点？其对应的接口有哪些？

1.8　大赛真题

【任务描述】

某用户由于机械硬盘老化导致运行速度缓慢，于是购买了一块 500 GB 的新固态硬盘，将其正确安装并配置到计算机上，使用时发现资源管理器中没有该固态硬盘的分区信息，请帮助他完成以下操作，下面使用虚拟磁盘来模拟固态硬盘。

【任务要求】

1）在本地磁盘中创建一个大小为 500 GB 的动态虚拟磁盘，其磁盘的分区表格式为 MBR，将该磁盘划分为一个主分区、两个扩展分区，其大小分别为 100 GB、200 GB、200 GB。

2）将最后一个分区作为共享资源，并分配 everyone 用户权限。

项目 2　磁盘分区数据恢复

学习目标

本项目主要介绍计算机数据的记录方法、底层数据编辑工具的使用、MBR 磁盘分区结构解析、GPT 磁盘分区结构解析。通过对本项目的学习,学生能够使用底层编辑工具对损坏的 MBR 磁盘与 GPT 磁盘进行数据恢复并养成数据备份的良好习惯。

知识目标
- 掌握 MBR 磁盘分区表结构
- 掌握 EBR 分区表结构
- 掌握 GPT 磁盘分区表结构
- 掌握不同数制转换的方法
- 掌握数据存储的方法

技能目标
- 掌握 WinHex 磁盘编辑工具软件的使用
- 掌握手工修复 MBR 磁盘分区表的方法
- 掌握手工修复 EBR 分区表修复方法
- 掌握手工修复 GPT 磁盘分区表的方法
- 掌握修复误 GHOST 磁盘数据方法

素养目标
- 培养学生数据备份的安全意识
- 培养学生安全操作的能力
- 培养学生保守秘密的法治意识
- 培养学生掌握关键核心技术的意识

任务 2.1　计算机中数据的记录方法

2.1.1　数据的表示方法

数据是表示客观事物的、可以被记录的、能够被识别的各种符号,包括字符、符号、表格、声音、图形、图像等。简单来说,一切可以被计算机加工、处理的对象都可以被称为数据。数据可以在物理介质上记录或传输,并通过外围设备被计算机接收,经过处理而得到结果。在日常生活中,人们习惯用十进制计数,但是在实际应用中,还使用了其他的计数制,如二进制、八进制、十六进制等。计算机是由电子元器件组成的,因此,在计算机内部,一切信息的存储、处理与传送均采用二进制的形式。但是由于二进制数写起来很长,且很难记,为方便起见,人们在编写程序或书写指令时,通常采用八进制数或十六进制数。各种进制之间有着简单的对应关系，表 2-1 给出了四种常用计数制的对照表。

表 2-1 四种常用计数制的对照表

十进制	二进制	八进制	十六进制	十进制	二进制	八进制	十六进制
0	0	0	0	8	1000	10	8
1	1	1	1	9	1001	11	9
2	10	2	2	10	1010	12	A
3	11	3	3	11	1011	13	B
4	100	4	4	12	1100	14	C
5	101	5	5	13	1101	15	D
6	110	6	6	14	1110	16	E
7	111	7	7	15	1111	17	F

为了清晰和方便，常在数字后面加字母 B 表示二进制数；字母 O 表示八进制数；字母 H 表示十六进制数；加字母 D 或者不加表示十进制数。下面详细讲解一下各计数制的相互转换。

1. 二进制与十进制间的转换

将二进制数转换成十进制数，只需把二进制数写成按权展开成多项式和的形式，再计算此表达式的和即可。而十进制数转换为二进制数，采用"除 2 取余法"。即将十进制数除以 2，得到一个商和一个余数；再将商除以 2，又得到一个商和一个余数；以此类推，直到商等于 0 为止，每次得到的余数的倒排序，就是对应二进制数的各位数。

二进制与十进制间的相互转换

例：

① 将二进制数转换为十进制数：

$$10101B = 1\times2^4 + 0\times2^3 + 1\times2^2 + 0\times2^1 + 1\times2^0 = 21D$$

② 将十进制数 19 转换成二进制数：

十进制数余数

```
2 | 19
2 |  9  1
2 |  4  1
2 |  2  0
2 |  1  0
    0  1
```

19D = 1 0 0 1 1 B

2. 二进制与八进制间的转换

二进制数转换为八进制数，是将二进制数从右往左每 3 位一组，每一组转换为一位八进制数。将八进制数转换为二进制数，则是将每位八进制数用 3 位二进制数表示即可。

例：

① 将二进制数 10110110B 转换为八进制数。

$$\underline{1\ 0}\ \ \underline{1\ 1\ 0}\ \ \underline{1\ 1\ 0}$$
$$\ \ 2\ \ \ \ \ \ 6\ \ \ \ \ \ \ 6$$

即 10110110B = 266O。

② 将八进制数 734O 转换为二进制数。

$$7 \quad 3 \quad 4$$
$$111 \quad 011 \quad 100$$

即 734O = 111011100B。

3. 二进制与十六进制间的转换

将二进制数转换为十六进制数，是将二进制数的整数部分从右往左每四位一组，每一组为一位十六进制数。由于 2^4 = 16，所以每一位十六进制数要用 4 位二进制数来表示，也就是将每一位十六进制数表示成 4 位二进制数即可完成十六进制数转换为二进制数。

二进制与十六进制的相互转换

例：
① 将二进制数 10101011B 转换为十六进制数。

$$1010 \quad 1011$$
$$A \quad B$$

即 10101011B = ABH。

② 将十六进制数 3A5H 转换成二进制数。

$$3 \quad A \quad 5$$
$$11 \quad 1010 \quad 0101$$

即 3A5H = 1110100101B。

2.1.2 数据在计算机中的表示方法

计算机只能识别二进制，而在需要计算机处理的信息数据中，如无符号、有符号数等，这些数据如何表示才能让计算机区分出来，本小节讲解数值数据在计算机中的表示方法。

计算机中数据的单位分为位（bit）、字节（Byte）和字（Word）。

1. 位（bit）

计算机中最小的数据单位是二进制的一个数位，简称"位"（英文名称为 bit，读作比特）。计算机中最直接、最基本的操作就是对二进制数的操作。

2. 字节（Byte）

字节简写为 B，它是计算机中用来表示存储空间大小的基本单位。

位是计算机中最小的数据单位，那么字节就是计算机中的基本信息单位，一个字节表示 8 位二进制，作为一个 8 位的二进制，一个字节可以从 00000000 取值到 11111111。这些数可以代表 0~255 的无符号正数，也可以表示 –127~127 范围之内有符号的正、负数。在计算机中规定，对于有符号的数值表示，用数值二进制位的最高位表示符号位，最高位为 1 表示负数，为 0 表示正数，比如一个数值的二进制数为 10001000，用无符号的表示方法该数值为 136，用有符号的表示方法该数值为 –8。

3. 字（Word）

在计算机中作为一个整体被存取、传送、处理的二进制数字字符串叫作一个"字"或"单元"。每个字中二进制位数的长度称为字长。

一个字由若干字节组成，不同的计算机系统的字长是不同的，常见的有 8 位、16 位、32 位、64 位等，字长是计算机性能的一个重要指标。目前大部分计算机都是 64 位的。

在汇编语言程序中，字为 16 位二进制数，即 1 Word = 2 Byte = 16 bit；把 32 位二进制数，即两个字称为双字（Double Word）。

4. 机器数和真值

在学习原码、反码和补码之前，需要先了解机器数和真值的概念。

（1）机器数

一个数在计算机中的二进制表示形式叫作这个数的机器数。机器数是带符号的，在计算机中，用一个数的最高位存放符号，正数为 0，负数为 1。

比如，十进制中的数+3，计算机字长为 8 位，转换成二进制就是 00000011。如果是-3，就是 10000011。这里的 00000011 和 10000011 就是机器数。

（2）真值

因为第一位是符号位，所以机器数的形式值就不等于真正的数值。例如上面的有符号数 10000011，其最高位 1 代表负，其真正数值是-3，而不是形式值 131（10000011 转换成十进制等于 131）。所以，为区别起见，将带符号位的机器数对应的真正数值称为机器数的真值。

例：0000 0001 的真值 = +0000001 = +1，1000 0001 的真值 = -000 0001 = -1。

（3）原码

原码就是符号位加上真值的绝对值，即用第一位表示符号，其余位表示值。以 8 位二进制为例：

［+1］原 = 0000 0001

［-1］原 = 1000 0001

因为第一位是符号位，所以 8 位二进制数的取值范围就是：［1111 1111，0111 1111］即［-127，127］，原码是人脑最容易理解和计算的表示方式。

（4）反码

反码的表示方法是：正数的反码是其本身。负数的反码是在其原码的基础上，符号位不变，其余各个位取反。

［+1］=［00000001］原=［00000001］反

［-1］=［10000001］原=［11111110］反

可见如果一个反码表示的是负数，人脑无法直接看出来它的数值。通常要将其转换成原码再计算。

（5）补码

补码的表示方法是：正数的补码就是其本身。负数的补码是在其原码的基础上，符号位不变，其余各位取反，最后+1（即在反码的基础上+1）。

［+1］=［00000001］原=［00000001］反=［00000001］补

［-1］=［10000001］原=［11111110］反=［11111111］补

对于负数，补码的表示方式也是人脑无法直接看出其数值的。通常也需要转换成原码后再计算其数值，在 WinHex 的数据解释器中都是以补码的方式表示出来的。

2.1.3 数据存储的字节序与位序

在不同的计算机体系结构中，对于字节、字等的存储机制也有所不同。对于同一个数值，在不同的计算机体系中会以相反的顺序记录。对于十六进制数值 12345678H，在一种计算机架构下存储为 12345678H，而在另一种计算机架构下

数据存储的字节序与位序

会被存储为 78563412H。这就是按照不同的字节序进行存储而产生的不同结果。所以所谓的字节序指的就是长度跨越多个字节的数据的存放形式。

目前的存储器，基本上是以字节为访问的最小单元，当一个逻辑上的单元必须分割为物理上的若干单元时，就存在了"先放谁，后放谁"的问题，于是 Endian 的问题应运而生了。对于不同的存储方法，就有 Big-endian 和 Little-endian 两个描述。

Little-endian（小端模式）是一种小值的一端存储在前的顺序，也就是说，最低字节放在最低位，最高字节存放在最高位，反序排列。按照人们的习惯，文字以及数字都是按照从左往右的方式排列的，这也被认为是自然的存储字符和数字的方式。然而，Little-endian 却恰恰与人们的习惯相反。例如，按照习惯写一个十六进制数 23AB45CDH，把这个数值以 Little-endian 的方式表达出来则是 CD45AB23H。

Big-endian（大端模式）是一种大值的一端存储在前的顺序，也就是最高字节在地址的最低位，最低字节在地址的最高位，依次排序。Big-endian 的方式与人们书写习惯一致。例如，按照习惯写一个十六进制数 23AB45CDH，把这个数值以 Big-endian 的方式表达出来，也是 23AB45CDH。

字节序有 Big-endian 和 Little-endian 之分，然而一个字节是由 8 位构成的，CPU 存储一个字节的数据时其字节内的 8 个位之间的顺序是否也有 Big-endian 和 Little-endian 之分呢？例如，一个十六进制数 8BH，换算成二进制数为 10001011B，按照 Little-endian 的位序书写应该是 11010001B，按照 Big-endian 的位序书写则是 10001011B。实际上，现在的 CPU 程序几乎都是设计成 Big-endian 位序的，也就是说无论在 Big-endian 还是 Little-endian 字节顺序中，每一个字节中 8 位里面都是使用 Big-endian 来表达。

任务2.2　数据恢复工具详解

数据恢复工作中，应用最多的就是对存储介质底层数据的分析和编辑，这就需要有一款好的磁盘编辑工具。目前磁盘编辑器类的工具种类很多，如 DiskExplore、WinHex、DiskEdit 等，其中 WinHex 功能非常强大，是一款非常好用的磁盘编辑软件。本书以 WinHex 19 中文版为例来详细讲解一下 WinHex 的用法。

WinHex 常用工具使用

2.2.1　WinHex"启动中心"对话框

启动 WinHex 后首先弹出"启动中心"对话框，如图 2-1 所示。

在"启动中心"对话框中可以选择要打开的项目，包括"打开文件""打开磁盘""打开 RAM（内存）""打开文件夹"，也可以从"最近打开的数据"中选择所要打开的项目。对话框的右边是"案件/方案"和"脚本"选项。"案件/方案"为用户有选择地保留操作成果提供便利条件；"脚本"是一个批处理脚本的编辑系统，可以调用 WinHex 已经开发并集成的各种函数指令进行编辑工作。

在"启动中心"对话框的四个选项中，"打开磁盘"是数据恢复中最常用的一项，选择"打开磁盘"后出现如图 2-2 所示的对话框。

图 2-1 "启动中心"对话框

图 2-2 "选择磁盘"对话框

这里可以选择打开"逻辑驱动器",也可以选择打开"物理驱动器"。选择打开"物理驱动器"后弹出 WinHex 的主窗口界面,如图 2-3 所示。

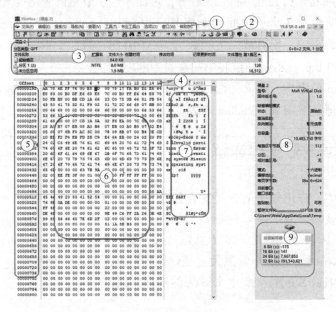

图 2-3 WinHex 主窗口

WinHex 主窗口中各个区域的定义如下。

① 菜单栏。

② 工具栏。

③ 目录浏览器。

④ 偏移量的横坐标。

⑤ 偏移量的纵坐标。

⑥ 十六进制数据编辑区。

⑦ 文本区。

⑧ 详细信息栏。

⑨ 数据解释器。

2.2.2　WinHex 主窗口介绍

1. 菜单栏介绍

WinHex 菜单栏中的大多数功能都集中在工具栏中，本书将在后文做详细讲解，这里就讲解几个比较重要而工具栏中没有的功能。

"查看"菜单中，几个比较重要的功能如图 2-4 所示。下面用小写字母 a～e 对应给一些重要的功能编号，并进行一一讲解。

a. 仅显示文本。当选择该功能时，WinHex 将隐藏主窗口十六进制的数据编辑区，而只显示文本区，如图 2-5 所示。该功能在执行查看和识别字符串、编辑、编码转换等操作时可以有效排除十六进制数值带来的干扰，而且一目了然。

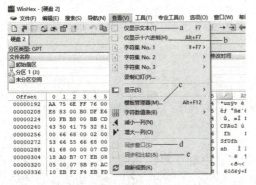

图 2-4　"查看"菜单

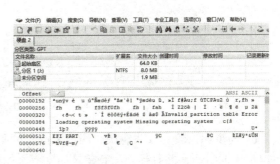

图 2-5　"仅显示文本"视图

b. 仅显示十六进制。当选中该功能时，WinHex 将隐藏主窗口的文本区，而只显示十六进制数据编辑区，如图 2-6 所示，在分析十六进制数值时选中该功能可以减少文本带来的干扰。

c. 模板管理器。这是 WinHex 中对数据恢复工作最有帮助的功能之一，其中提供了对分区表、文件系统中的 DBR、目录项、文件记录、超级块等重要结构的理解，非常好用。打开"模板管理器"后出现如图 2-7 所示的对话框。"模板管理器"中各个模板的使用方法将在本书的后续章节中详细讲解。

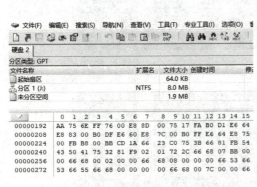

图 2-6　"仅显示十六进制"视图

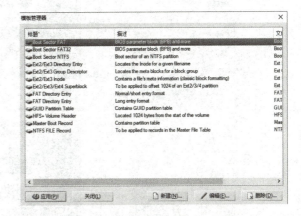

图 2-7　"模板管理器"视图

d. 同步窗口。该功能可以让多个窗口在主窗口中同时显示，如图 2-8 所示，选择"同步窗口"后，拖动某一窗口的滚动条，所有窗口都将同步滚动。

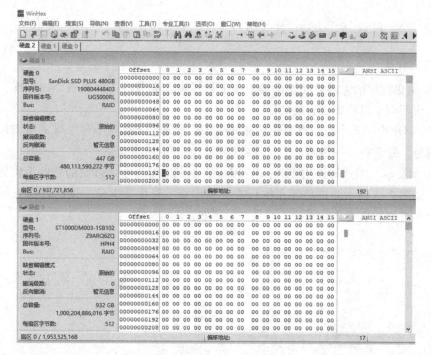

图 2-8 "同步窗口"视图

e. 同步和比较。该功能在"同步窗口"的基础之上增加了对比功能,可以让多个窗口在主窗口中同时显示并且标记出有差异的字节,如图 2-9 所示。"同步和比较"功能在对比分析时是非常有用的。

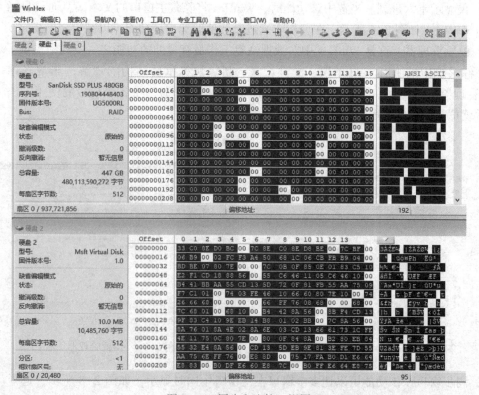

图 2-9 "同步和比较"视图

2. 工具栏介绍

WinHex 工具栏中排列的都是 WinHex 最常用的一些功能，这些功能也是 WinHex 的使用基础，下面用大写字母 A～R 对应给一些常用的功能编号，并进行一一讲解，如图 2-10 所示。

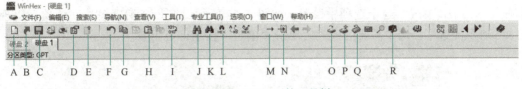

图 2-10　WinHex 的工具栏

A. "新建"。单击"新建"图标，出现"建立新文件"对话框，如图 2-11 所示。

对话框中提示输入要创建文件的大小，单位可以是"Bytes""KB""MB""GB"。如输入"512"，单击"确定"按钮，就创建了一个以"未命名"为文件名、大小为 512 字节的文件。此时就可以为这些字节赋予有意义的值，然后另存为文件。

B. "打开"。单击"打开"图标，出现一个"打开文件"对话框，如图 2-12 所示。

图 2-11　"建立新文件"对话框

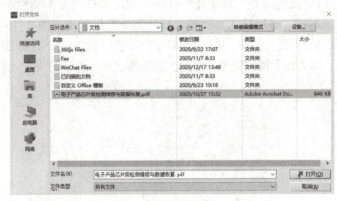

图 2-12　"打开文件"对话框

此时可以选择任意一个文件打开，然后单击右下角的"打开"按钮，便可以浏览该文件的十六进制编码。打开文件之后就可以进行修改、查找、替换等操作了。

需要注意的是，磁盘被打开后是按照扇区的结构显示的，各扇区之间存在分割线，而普通文件被打开后将不再按照扇区的结构进行显示，而是采用"页面"方式，这样就无法看到原本扇区的分割线。单个页面没有固定大小，如果打开的是一个原始磁盘镜像文件，按页面浏览就会让分析、定位扇区及解释文件系统等常规工作无法完成，这时就需要将此文件强制按照 512 字节/扇区进行处理，WinHex 的介质管理器就会将此文件视为一个标准磁盘，从而激活许多针对磁盘操作的特殊功能。该功能也可以通过菜单栏的"专业工具"→"将镜像文件转换为磁盘"选项实现，如图 2-13 所示。

C. 保存。在 WinHex 的默认编辑模式中，数

图 2-13　将镜像文件转换为磁盘

据修改后不是直接存盘，而是写入临时文件中，编辑好后如果需要存盘，单击"保存"图标即可。

WinHex 的编辑模式有三种，分别是只读模式、默认编辑模式、替换模式。在只读模式下不能修改只能查看；在替换模式下，所有的修改即时写入立即生效。编辑模式可以在菜单栏的"选项"→"编辑模式"这个选项中设置，如图 2-14 所示。打开"编辑模式"菜单后出现如图 2-15 所示的选框，选中需要的模式后单击"确定"按钮即可生效。

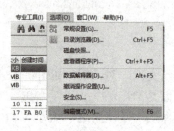
图 2-14 "编辑模式"菜单

图 2-15 编辑模式选框

D. 文件属性。该功能可以显示指定文件的基本属性，如文件字节大小、创建时间、最后写入时间、最后访问时间等，打开此功能后出现如图 2-16 所示的对话框。

E. 打开文件夹。这是 WinHex 的特色功能之一，可以对某一文件夹中某类型的文件进行批量展开，以方便后续的同步、对比、批量修改等工作。打开此功能后出现如图 2-17 所示的对话框。

图 2-16 "文件属性"对话框

图 2-17 "选择文件夹"对话框

F. 撤销。当我们做了某些错误的修改，想更正回来，就可以使用撤销功能，但是已经保存的修改就不能撤销了。

G. 复制扇区。该功能是最常用到的选项之一。在数据恢复工作中，往往需要选定一定的字节并复制到合适的地方。例如，需要把 3 号扇区的内容复制到 0 号扇区，可以先把 3 号扇区的全部字节选中，可以采用拖动鼠标的方式选中整个扇区的字节，也可以采用定义"选块开始"和"选块结尾"的方式选中整个扇区的字节，选中之后单击"复制扇区"图标，就可以把选中的信息存入剪贴板中，以备随后的操作使用这些信息了。

H. 写入剪贴板。这是将已经复制到剪贴板中的数据写入目标位置。例如，刚才把 3 号扇区的全部字节选中后，返回到 0 号扇区，光标指向该扇区的第一个字节处，单击"写入剪贴板"图标，就可以把 3 号扇区的信息写入到 0 号扇区了。

I. 修改数据。该功能可以改变数据的排列规律，打开此功能之后出现如图 2-18 所示的对话框。"修改数据"功能应用到了逻辑数学的许多知识。

J. 同步搜索。该功能可以实现多字符串的同时搜索，也就是说它可以同时完成多个搜索任务，打开此功能后的界面如图 2-19 所示。目前，同步搜索的对象仅限于文本，文本框用来输入字符串。这里对格式有一定要求，如果要进行多任务搜索，每个任务必须占用独立的一行。此外，还可以从外部导入文件来定义搜索内容。

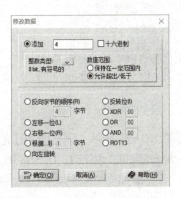

图 2-18　"修改数据"对话框

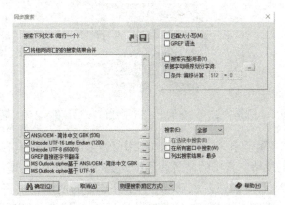

图 2-19　"同步搜索"对话框

K. 查找文本。该功能的主要作用就是搜索、定位操作对象中存在的特定字符串。很多文件系统中的特殊机构及大多数文件，如 Office 文档、数据库文件等，都是以某种字符串作为起始的，此时只要查找这些字符串就可以在字节的海洋中轻易找到想要的数据。打开"查找文本"出现如图 2-20 所示的对话框。

在对话框的最上方是一个文本框，用来输入想要搜索的字符。下方都是为搜索任务量身定做的各种条件，用户可以根据需求选择。其中搜索方向可以选择全部搜索，也可以选择向上或向下搜索，如图 2-21 所示。

图 2-20　"查找文本"对话框

图 2-21　搜索方向选择

用户在进行搜索时，"条件：偏移计算"这个设置非常重要。该条件设定得越精确，在搜索中的效率就越高。这个设置中有两个输入框需要填写，第一个输入框的含义是搜索单元包含的字节数（十进制），第二个输入框的含义是搜索的模板字符在搜索单元的起始偏移量。

L. 查找十六进制数值。这个功能与"查找文本"用法非常相似，打开后界面如图 2-22 所示。

M. 转到偏移量。这是一个用来定位的跳转工具，用法非常灵活，打开后界面如图 2-23 所示。在最上面的"新位置"文本框中填入想跳转的目标位置偏移值，这个值可以是十六进制，也可以是十进制，但是选择的进制应该跟主窗口的偏移所用的进制保持一致。另外，这个值的单位可以选择字节、字、双字。

图 2-22 "查找十六进制数值"对话框

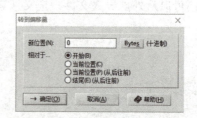

图 2-23 "转到偏移量"对话框

N. 跳至扇区。该功能的使用可谓是最多的,打开后界面如图 2-24 所示。该功能用于绝对扇区号的跳转。其中的"逻辑扇区"是指 LBA 地址的扇区号,"物理扇区"则指 C/H/S 地址。

O. 打开磁盘。该功能在 WinHex 中的使用也很多,打开后界面如图 2-25 所示。对话框中可以根据需求选择所需要编辑的逻辑磁盘或者物理磁盘。

图 2-24 跳至扇区

图 2-25 "选择磁盘"对话框

P. 磁盘克隆。该工具可以很方便地将一块硬盘或一个分区克隆到另一个硬盘或做成镜像文件,如图 2-26 所示。对话框中的"来源"和"目标"可以是硬盘、分区或者文件,应根据实际情况进行选择。克隆时还能够选择完整复制或者自定义扇区进行复制。另外,如果介质中有坏扇区,可以选择跳过的数目,还能定义坏扇区所对应的目标盘中填入的信息。

Q. 打开 RAM。该功能可查看内存使用情况,如图 2-27 所示。这是一个很强大的功能,它可以对计算机系统当前正在运行的进程进行查看和编辑。

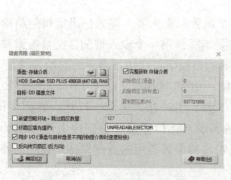

图 2-26 "磁盘克隆"对话框

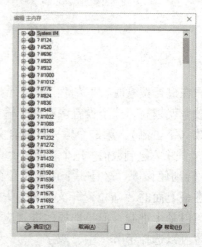

图 2-27 "编辑主内存"对话框

R. 进行磁盘快照。磁盘快照是指对整个文件系统做一次完整遍历，从而能够像资源管理器一样列出分区下的目录及文件。单击"进行磁盘快照"按钮，打开如图 2-28 所示对话框，选择"更新快照"之后单击"确定"按钮即可完成更新。WinHex 做完磁盘快照的结果如图 2-29 所示。

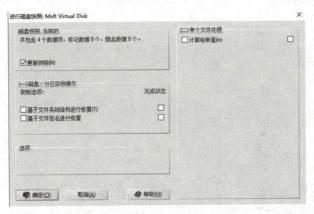

图 2-28 "进行磁盘快照"对话框

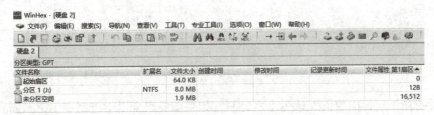

图 2-29 磁盘快照的结果

3. 目录浏览器介绍

目录浏览器主要用于显示当前打开的所有磁盘或文件，磁盘会显示出分区的类型、大小、起始扇区数等信息，如图 2-30 所示；打开分区会显示文件或文件夹的大小、创建时间、文件属性、扇区起始位置等信息，如图 2-31 所示。打开"目录浏览器"功能的界面如图 2-32、图 2-33 所示。

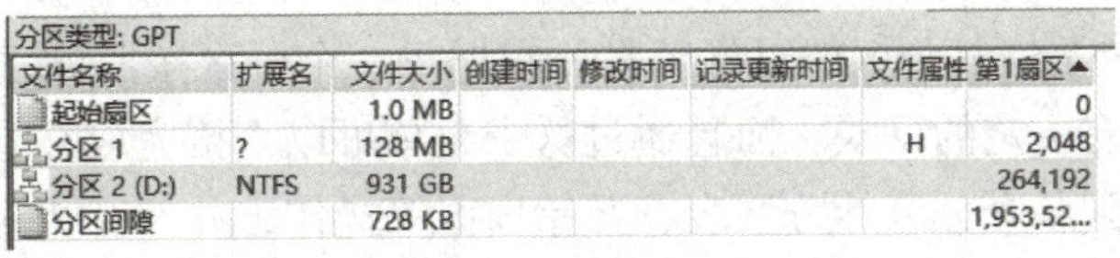

图 2-30 "分区类型"界面

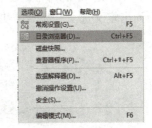

图 2-31 目录浏览器显示的文件或文件夹信息　　图 2-32 打开"目录浏览器"

4. WinHex 的偏移量（Offset）

偏移量（Offset）是指某个地址相对于一个指定的起始地址所发生的位移，也就是"距离”。WinHex 的偏移量是由横坐标和纵坐标构成的，用来具体定位十六进制数据编辑区中每个字节的地址。下面需要定位图 2-34 中的 0xFF 字节的地址，该字节纵坐标对应的偏移量（Offset）为 0x1C0，横坐标对应的偏移量（Offset）为 0x3，则该字节的绝对地址为 0x1C03。

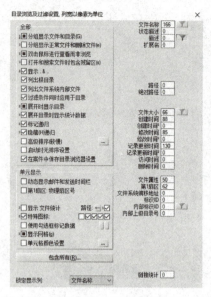

图 2-33 “目录浏览器及过滤设置”界面

Offset	0	1	2	3	4	5	6	7	8	9	A	B	C	D	E	F
000000001B0	47	52	20	69	73	20	6D	69	73	73	69	6E	67	00	0D	0A
000000001C0	42	4F	4F	FF	4D	47	52	20	69	73	20	63	6F	6D	70	72
000000001D0	65	73	73	65	64	00	0D	0A	50	72	65	73	73	20	43	74
000000001E0	72	6C	2B	41	6C	74	2B	44	65	6C	20	74	6F	20	72	65
000000001F0	73	74	61	72	74	0D	0A	00	8C	A9	BE	D6	00	00	55	AA

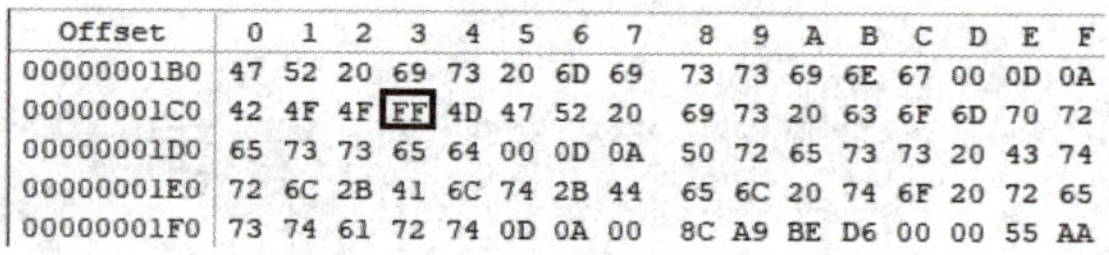

图 2-34 定位 0xFF 字节地址

偏移量的横纵坐标的数值默认为十六进制，如果需要改成以十进制显示，只需在纵坐标的任意位置单击鼠标左键即可。

5. WinHex 的十六进制数据编辑区

当用 WinHex 打开一个编辑目标时，编辑目标中存储的所有数据都会以十六进制的形式显示在 WinHex 的十六进制数据编辑区中。编辑区的右侧有滚动条，可以上下拖动，这样就可以方便地查看和编辑这些数据了。

编辑区的右上角有一个向下的三角形，这是“访问”功能菜单，如图 2-35 所示。

“访问”功能菜单是恢复分区的最好工具，它把每一个分区按照顺序排成一串。如果分区表有问题，该处也会有一定的反映，而且通过这个菜单可以直接完成查看分区系统类型、打开各个分区、直接转移到各个分区的分区表、开始扇区等操作，并都有相应模板，可以非常直观地显示分区和启动扇区的参数，而且可以直接在模板上修改、创建备份。

WinHex 中的每个区域，都能通过单击鼠标右键弹出快捷菜单。如在编辑区单击鼠标右键，会弹出定义选块和编辑的快捷菜单，如图 2-36 所示。

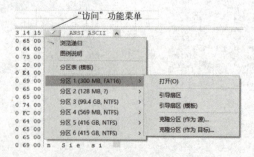

图 2-35 “访问”功能菜单

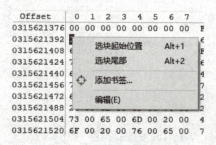

图 2-36 编辑区的弹出菜单

6. 文本区介绍

文本区的作用是将十六进制数据编辑区中的数据按照一定的编码解释为相应的字符。这里的编码种类是可以选择的，默认编码为 ANSI ASCII 编码，如图 2-37 所示。

7. 数据解释器

数据解释器是 WinHex 中非常重要的功能模块，它可以解析多种编码并且进行运算，同时也能对时间进行解释。"数据解释器"功能在"查看"菜单栏中，如图 2-38 所示。

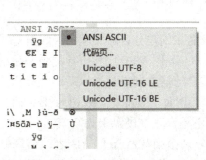

图 2-37 文本区选项

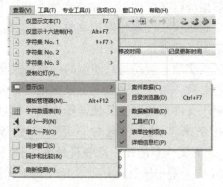

图 2-38 "查看"菜单

只要选择"数据解释器"，就会在 WinHex 主窗口界面出现"数据解释器"的工具框，如图 2-39 所示。"数据解释器"最常用的功能有两种，一是把十六进制数值换算为十进制数值，这里的十进制数值都以补码形式表示；二是把时间的十六进制代码解释为标准的时间表示形式。在使用"数据解释器"时需要注意，不管是对数值还是对时间进行解释，都必须把光标放在该字段的第一个字节处，也就是最前面，然后去查看解释器中的结果即可。另外，在解释数值时，需注意数值的存储有 Little-endian 和 Big-endian 之分，并且数值还有无符号和有符号之分。在"数据解释器"工具框中单击鼠标右键，如图 2-40 所示，单击"选项"后，出现"数据解释器选项"设置界面，如图 2-41 所示。

图 2-39 "数据解释器"工具框

图 2-40 "选项"界面

图 2-41 "数据解释器选项"设置界面

任务 2.3　MBR 磁盘分区结构解析

2.3.1　MBR 磁盘概述

硬盘是现在计算机上最常用的存储器之一。我们都知道，计算机之所以神奇是因为它具有高速分析处理数据的能力。而这些数据都以文件的形式存储在硬盘里。不过计算机可不像人那么聪明。在读取相应的文件时，你必须要给计算机以相应的规则，这就是分区的概念。

MBR 磁盘分区表的结构分析

分区从实质上说就是对硬盘的一种格式化。当我们在创建分区时，就已经设置好了硬盘的各项物理参数，指定了硬盘主引导记录（Master Boot Record，MBR）和引导记录备份的存放位置。而对于文件系统以及其他操作系统管理硬盘所需要的信息则是通过以后的高级格式化，即 Format 命令来实现。硬盘分区后，将会被划分为盘面（Side）、磁道（Track）和扇区（Sector）。需要注意的是，这些只是虚拟的概念，并不是真正在硬盘上划轨道。

MBR 位于整个硬盘的 0 磁道 0 柱面 1 扇区。它分别由引导程序、分区表、结束标志三部分组成，总共占用 512 字节，其中引导程序占用了 446 个字节，分区表占用 64 个字节，结束标志占用最后 2 个字节，其结构如图 2-42 所示。

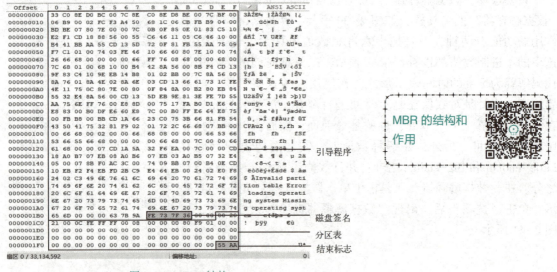

MBR 的结构和作用

图 2-42　MBR 结构

主引导记录中包含了硬盘的引导程序和分区表参数。其中硬盘引导程序的主要作用是检查分区表是否正确并且在系统硬件完成自检以后，引导具有激活标志的分区上的操作系统，并将控制权交给启动程序。MBR 是由分区程序所产生的，它不依赖任何操作系统，而且硬盘引导程序也是可以改变的，从而实现多系统共存。

2.3.2　MBR 磁盘主分区表分析

为了便于用户对磁盘的管理，操作系统引入磁盘分区的概念，即将一块磁盘划分为几个区域。这些区域的开始与结束位置在分区表的 64 字节中描述，以 16 字节为一个分区表项来描述一个分区的结构。

一块硬盘最多可以有 4 个主分区，被激活的主分区能引导操作系统，如图 2-43 所示的"磁盘 2"中有 2 个主分区。

图 2-43　两个主磁盘分区

用 WinHex 打开该硬盘，其 MBR 及分区表信息如图 2-44 所示。

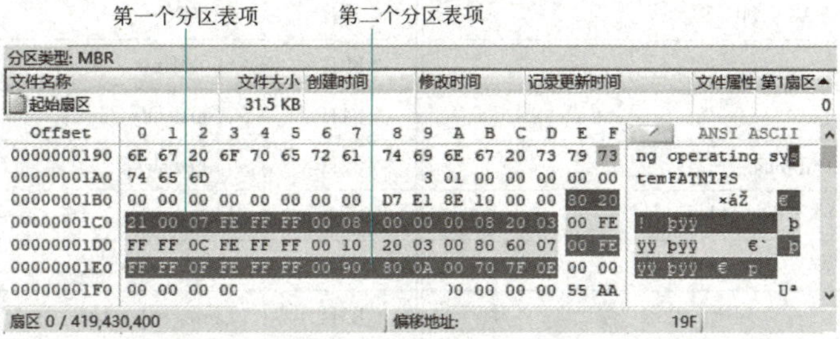

图 2-44　MBR 及分区表信息

每个分区表项中相对应的各个字节的含义都是一样的。下面以第一个主磁盘分区的分区表项为例，说明其各字节的含义，见表 2-2。

表 2-2　分区表项的含义

字节偏移	字段长度/字节	值	字段名和定义
0x01BE	1	0x80	引导标志（Boot Indicator）：指明该分区是否是活动分区，00H 表示分区不可引导，80H 表示分区可被引导
0x01BF	1	0x20	开始磁头（Start Head），理论上寻址最大只能遍历 7.8 GB 的数据，现在不采用此种 C/H/S 寻址方式
0x01C0	2	2100	起始扇区：用前面 0~5 位表示，最大值为 63，此处值为 000100B，也就是起始扇区为 4。 起始柱面：用后面 6~15 位表示，共占用 10 位，最大值为 1023，此处值为 0100000000B，也就是起始柱面为 256
0x01C2	1	0x07	分区的类型描述（Partition type indicator）：定义了分区的类型，也是分区标识，详细定义请参见表 2-3
0x01C3	1	0xFE	结束磁头（End Head），最大值 256
0x01C4	2	FFFF	结束扇区：用前面 0~5 位表示，最大值为 63，此处值为 11111B，也就是结束扇区为 63。 结束柱面：用后面 6~15 位表示，共占用 10 位，最大值为 1023，此处值为 1111111111B，也就是结束柱面为 1023
0x01C6	4	0x00000800	分区之前的扇区：指从该磁盘开始到该分区开始之间的偏移扇区数，也叫隐藏扇区数和分区起始扇区数
0x01CA	4	0x03200800	分区的总扇区数（Sectors in partition）：指该分区所包含的扇区总数

注意表 2-2 中的超过 1 字节的数据都采用 Little-endian 的存储格式，即低字节在前，高字节在后。例如，"分区的总扇区数"字段的值为 00082003H，采用 Little-endian 的存储格式应该为 03200800H，在数据恢复中没有特别的说明，默认都是按照 Little-endian 的存储格式，如表 2-3 所示为分区类型值的说明。

表 2-3 分区类型

类型值（十六进制）	含义	类型值（十六进制）	含义
01H	FAT12	5CH	Priam Edisk
02H	XENIX /root	61H	Speed Stor
03H	XENIX/usr	63H	GNU HURD or Sys
04H	FAT16（小于 32 MB）	64H	Novell Netware
05H	Extended（扩展分区）	65H	Novell Netware
06H	FAT16（大于 32 MB）	70H	Disk Secure Mult
07H	NTFS、exFAT、HPFS	75H	PC/IX
08H	AIX	80H	Old Minix
09H	AIX bootable	81H	Minix/Old Linux
0AH	OS/2 Boot Manage	82H	Linux swap
0BH	FAT32（位于 Extended）	83H	Linux（Ext2、3、4Data）
0CH	FAT32	84H	OS/2 hidden C：
0EH	FAT16	85H	Linux extended
0FH	Extended	86H	NTFS volume set
10H	OPUS	87H	NTFS volume set
11H	Hidden FAT12	93H	Amoeba
12H	Compaq Diagmost	94H	Amoeba BBT
14H	Hidden FAT16 小于 32 MB	A0H	IBM Thinkpad hidden
16H	Hidden FAT16	A5H	BSD/386
17H	Hidden HPFS/NTFS	A6H	Open BSD
18H	AST Windows swap	A7H	NextSTEP
1BH	Hidden FAT32	B7H	BSDI fs
1CH	Hidden FAT32 Partition (using LBA-mode INt3 extensions)	B8H	BSDI swap
1EH	Hidden LBAVFAT partition	BEH	Solaris boot partition
24H	NEC DOS	C0H	DR-DOS/Novell DOS secured partition
3CH	Partition Magic	C1H	DRDOS/scc
40H	Venix 80286	C4H	DRDOS/scc
41H	PPC Prep Boot	C6H	DRDOS/scc
42H	SFS	C7H	Syrinx
4DH	QNX4x	DBH	CP/M/CTOS
4EH	QNX4x2ndpart	E1H	DOS access
4FH	QNX4x3rdpart	E3H	DOS R/O
50H	OnTrack DM	E4H	SpeedStor
51H	OnTrack DM6 Aux	EBH	BeOS fs
52H	CP/M	F1H	SpeedStor
53H	OnTrack DM6 Aux	F2H	DOS3.3+secondary partition
54H	OnTrack DM6	F4H	SpeedStor
55H	EZ-Drive	FEH	LAN step
56H	Golden Bow	FFH	BBT

2.3.3 MBR 磁盘扩展分区表分析

由于 MBR 只为分区表分配了 64 字节的空间,每个分区需要使用 16 字节,所以 MBR 扇区中最多可以管理 4 个分区表项的参数。也就是一个磁盘最多只能划分 4 个分区。在工作中,4 个分区往往不能满足实际需求。为了建立更多的逻辑分区供操作系统使用,系统引入了扩展分区的概念。

扩展分区的结构

所谓扩展分区,严格地讲它并不是一个实际意义的分区,它仅仅是一个指向下一个用来定义分区的参数的指针,这种指针结构形成一个单向链表。这样在主引导扇区中除了主磁盘分区外,仅需要存储一个被称为扩展分区的分区信息,通过这个扩展分区的信息就可以找到下一个分区(实际上也就是下一个逻辑磁盘)的起始位置,以此起始位置类推可以找到所有的分区。

无论系统中建立多少个逻辑磁盘,在主引导扇区中通过扩展分区参数就可以逐个找到每一个逻辑磁盘。

扩展分区中的每个逻辑驱动器的分区信息都存在一个类似于 MBR 的扩展引导记录(Extended Boot Record, EBR),如图 2-45 所示,扩展引导记录包括分区表和结束标志"55 AA",没有引导代码部分,除了最后一个 EBR 中存放了一个分区表项信息外,其他每个 EBR 中都存放了两个分区表项信息,下面将对其中的参数进行详细分析。

EBR 中分区表的第一个表项描述第一个逻辑分区,第二个表项指向下一个逻辑分区的 EBR 扩展扇区。如果不存在下一个逻辑分区,第二个表项就不需要使用。其结构如图 2-46 所示,注意逻辑分区也称为逻辑驱动器。

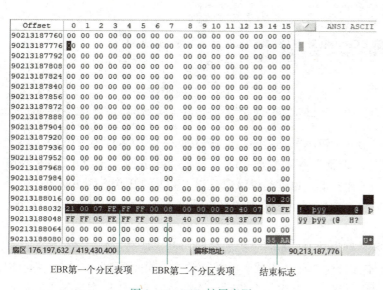

图 2-45 EBR 扩展扇区

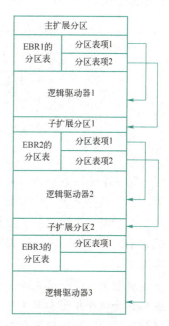

图 2-46 EBR 扩展分区结构

下面举例说明 EBR 扩展分区的结构,首先看图 2-47 中"磁盘 1"的分区结构。

图 2-47　磁盘 1 的分区结构

可以看出硬盘 1 分了 5 个区：1 个主磁盘分区、4 个逻辑驱动器。用 WinHex 查看该盘的 MBR 扇区，如图 2-48 所示。

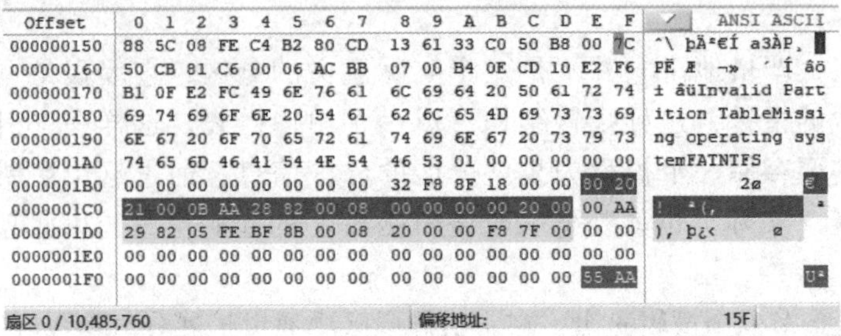

图 2-48　磁盘 1 的 MBR 扇区

从第一个分区表项可以看到，主分区为 FAT32 格式，分区开始于 2048 号扇区，大小是 2097152 个扇区，也就是 1 GB。第二个分区表项描述的是一个扩展分区，因为其类型为 05H（表 2-3 中记录了有关分区类型的描述），该扩展分区开始于 2099200 号扇区，大小为 8386560 个扇区。该扩展分区并不是一个可用的驱动器，而只是对所有逻辑驱动器整体的描述，在其内部再划分逻辑驱动器。为了便于表述，称该扩展分区为"主扩展分区"。

下一步跳转到主扩展分区的开始扇区 2099200，用 WinHex 查看这个扇区，其分区表项内容如图 2-49 所示。

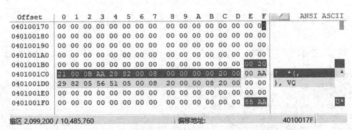

图 2-49　该硬盘的 2099200 号扇区 EBR1

第一个分区表项是用来管理第一个逻辑驱动器的，也就是图 2-47 中名称为"软件"那个驱动器。从分区表项中具体来看，该驱动器类型是 0BH，为 FAT32 分区，开始于 2048 号扇区，这个值不是绝对值，而是一个相对值，也就是说该值是以 EBR1 的开始扇区 2099200 作为起始扇区偏移的。该分区表项最后一个值记录了这个逻辑驱动器的大小，为 2097152 个扇区，即为 1 GB。

再看第二个分区表项，分区类型为 05H，是一个扩展分区，也就是第二个扩展分区，这里就称之为"子扩展分区 1"。具体分析这个分区表项中的关键值，该分区类型为 05H，表示扩展分区，分区开始位置在 2099200 号扇区，这也是个相对位置，是以 EBR1 所在扇区为起始点来定位的。分区大小为 2099200 个扇区，这是指子扩展分区 1 的大小。

分区表项三和分区表项四都是空的，没有数据，这是 EBR 扇区的固定结构，分区表项三和分区表项四总是不使用的。

接下来要看一看子扩展分区 1 的开始位置是什么结构。子扩展分区 1 的相对起始位置是 2099200 号扇区，需要计算出这个相对值所对应的绝对值，也就是在该硬盘中的绝对扇区号，只要 2099200 加上 EBR1 所在的扇区号 2099200 即可，结果为 4198400。

通过 WinHex 跳转到 4198400 号扇区，看到如图 2-50 所示的结构。

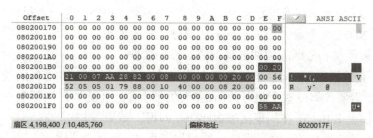

图 2-50　硬盘的 4198400 号扇区 EBR2

分析一下 EBR2 扇区的分区表项。

第一个分区表项是用来管理第二个逻辑驱动器的，也就是图 2-47 中名称为"文档"的那个驱动器。从分区表项中具体来看，该驱动器类型是 07H，为 NTFS 分区，开始于 2048 号扇区，这个值也是一个相对值，它是以 EBR2 的开始扇区 4198400 作为起始扇区来定位的。该分区表项最后一个值记录了这个逻辑驱动器的大小，为 2097152 个扇区，即 1 GB。

再看第二个分区表项，分区类型为 05H，是一个扩展分区，它的作用也是链接到下一个 EBR 扇区，以引出下一个逻辑驱动器。我们把这个扩展分区定义为"子扩展分区 2"。

具体分析这个分区表项中的关键值，该扩展分区开始位置在 4198400 扇区，这也是个相对位置，是以 EBR1 所在扇区为起始点来定位的，而不是 EBR2，这一点很重要，一定不要搞错。分区大小为 2099200 个扇区，这是指子扩展分区 2 的大小。

分区表项三和分区表项四都是空的，没有数据。

然后看一看子扩展分区 2 的开始位置是什么结构。子扩展分区 2 的相对起始位置是 4198400 号扇区，需要计算出这个相对值所对应的绝对值，也就是在该硬盘中的绝对扇区号，只要用 4198400 加上 EBR1 所在的扇区号 2099200 即可，结果为 6297600。

通过 WinHex 跳转到 6297600 号扇区，看到如图 2-51 所示的结构。

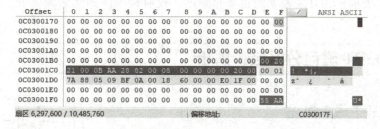

图 2-51　硬盘的 6297600 号扇区 EBR3

初看之下这不太像是一个 EBR 扇区，主要是因为在分区表前有一些无用的数据。这些数据是以前的分区中的数据，硬盘重新分区时把该扇区定义为了 EBR，而 EBR 扇区并不会清除这些无用的数据，所以被遗留下来。

再分析一下 EBR3 扇区的分区表项。

第一个分区表项是用来管理第三个逻辑驱动器的，也就是图 2-47 中名称为"娱乐"的那个驱动器。从分区表项中具体来看，该驱动器类型是 0BH，为 FAT32 分区，开始于 2048 号扇区，这个值也是一个相对值，它是以 EBR3 的开始扇区 6297600 作为起始扇区来定位的。该分区表项最后一个值记录了这个逻辑驱动器的大小，为 2097152 扇区，即 1 GB。

再看第二个分区表项，分区类型为 05H，是一个扩展分区，它的作用也是链接到下一个 EBR 扇区，以引出下一个逻辑驱动器。我们把这个扩展分区定义为"子扩展分区 3"。

具体分析这个分区表项中的关键值，该扩展分区开始位置在 6297600 号扇区，这也是个相对位置，是以 EBR1 所在扇区为起始点来定位的，而不是 EBR3，这一点很重要，一定不要搞错。分区大小为 2097152 个扇区，这是指子扩展分区 3 的大小。

同样，分区表项三和分区表项四都是空的，没有数据。

然后看一看子扩展分区 3 的开始位置是什么结构。子扩展分区 3 的相对起始位置是 6297600 号扇区，需要计算出这个相对值所对应的绝对值，也就是在该硬盘中的绝对扇区号，只要用 6297600 加上 EBR1 所在的扇区号 2099200 即可，结果为 8396800。

通过 WinHex 跳转到 8396800 号扇区，看到如图 2-52 所示的结构。

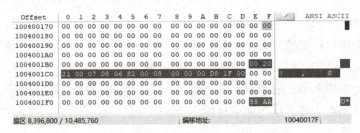

图 2-52　硬盘的 8396800 号扇区 EBR4

再分析一下 EBR4 扇区的分区表项。

第一个分区表项是用来管理第四个逻辑驱动器的，也就是图 2-47 中名称为"办公"的那个驱动器。从分区表项中具体来看，该驱动器类型是 07H，为 NTFS 分区，开始于 2048 号扇区，这个值也是一个相对值，它是以 EBR4 的开始扇区 8396800 作为起始扇区来定位的。该分区表项最后一个值记录了这个逻辑驱动器的大小，为 2086912 个扇区。

第二个分区表项没有数据，说明这是主扩展分区中的最后一个 EBR 扇区。因为是最后一个，所以就没有下一个子扩展分区了，第二个分区表项自然就不再使用。

同样，分区表项三和分区表项四也都是空的，没有数据。到此 EBR 扩展分区的结构就分析完了。

任务 2.4　GPT 磁盘分区结构解析

2.4.1　GPT 磁盘概述

GPT 磁盘是 GUID 分区表的简称，使用 GUID 分区表的磁盘称为 GPT 磁盘，GUID 分区表是源自 EFI 标准的一种较新的磁盘分区表结构的标准。与普遍使用的主引导记录（MBR）分区方案相比，GPT 提供了更加灵活的磁盘分区机制。它具有如下优点。

GPT 磁盘分区基本介绍

1）支持 2TB 以上的硬盘。

2）对每个磁盘的分区个数几乎没有限制。但 Windows 系统最多只允许划分 128 个分区。

3）对分区大小几乎没有限制。因为它采用了 64 位的整数表示扇区号，也就意味着所管

理的扇区能达到 2^{64} 个,每个分区的最大容量是 18 EB(1 EB=1024 PB = 1048576 TB)。

4)自带分区表备份。在磁盘的首尾部分分别保存了一份相同的分区表。其中一份被破坏后,可以通过另一份恢复。

5)GPT 分区表对较新的 Windows 操作系统,比如 Windows 8/10/11 的支持程度都非常好。

2.4.2 GPT 磁盘分区结构

GPT 磁盘由保护 MBR、GPT 头、分区表、分区区域、分区表备份与 GPT 头备份这 6 部分组成,其大致结构如图 2-53 所示。

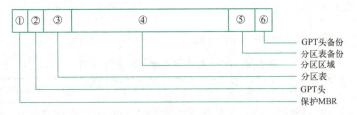

图 2-53 GPT 磁盘的结构

2.4.3 GPT 磁盘分区保护 MBR

保护 MBR 位于 GPT 磁盘的第一个扇区,也就是 0 号扇区,由磁盘签名、MBR 磁盘分区表项和结束标志组成,如图 2-54 所示。

图 2-54 保护 MBR

在保护 MBR 扇区中没有引导程序,分区表内只有一个表项,这个表项描述了一个类型为 0xEE 的分区,分区起始地址是 1 号扇区,大小为 4 个字节所能存储的最大值(FFFFFFFF)。该分区的存在可以使计算机认为这个磁盘是合法且已被使用的,从而不再去试图对其进行分区、格式化等操作,而 EFI 根本不使用这个分区表。

2.4.4 GPT 磁盘分区 GPT 头

GPT 头位于 GPT 磁盘的第二个扇区,也就是 1 号扇区,该扇区是在创建 GPT 磁盘时生成的(如需创建 GPT 磁盘,可在 Windows 10 操作系统下的"磁盘管理"中初始化磁盘时选择 GPT 即可,如图 2-55 所示),GPT 头会定义分区表的起始位置、分区区域结束位置、每个分区表项的大小、

分区表项的个数及分区表的校验和等信息。图 2-56 所示是一个 GPT 头扇区。

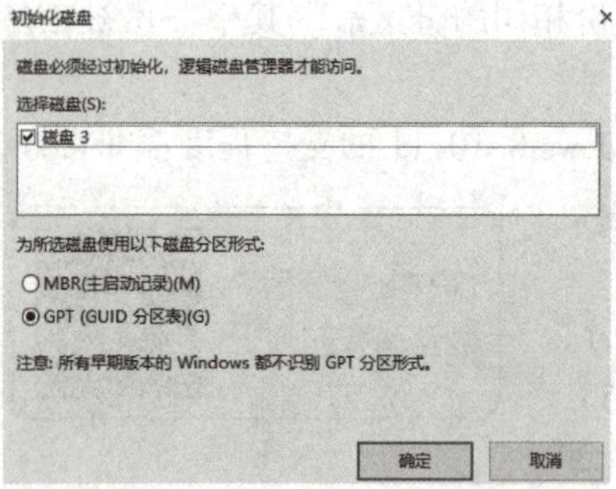

图 2-55　初始化 GPT 磁盘

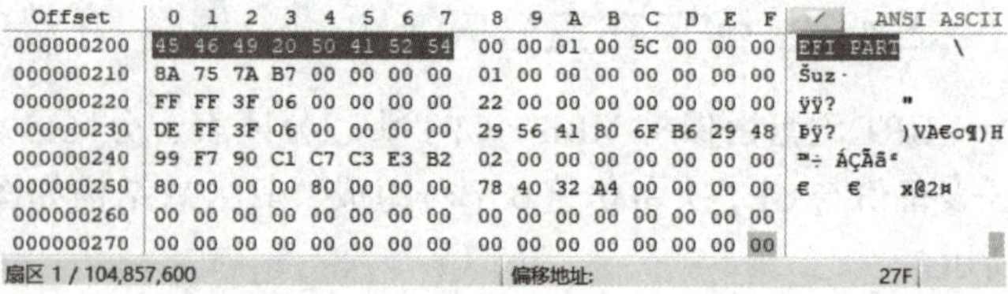

图 2-56　GPT 头扇区

GPT 头中各个参数的具体分析见表 2-4。

表 2-4　GPT 头中各个参数的具体分析

偏　　移	字节数	字段名和定义	说　　　明
00~07H	8	GPT 头签名	十六进制为"45 46 49 20 50 41 52 54"，ASCII 码为"EFI PART"
08~0BH	4	版本号	
0C~0FH	4	GPT 头总字节数	当前值为 92，说明 GPT 头占用 92 字节
10~13H	4	CRC 校验和	GPT 头的 CRC 校验和，校验 GPT 头中 00H~5BH 处的数据，校验前 CRC 的值须以 0 填充
14~17H	4	保留不用	
18~1FH	8	GPT 头所在扇区号	通常为 1 号扇区，也就是 GPT 磁盘的第二个扇区
20~27H	8	GPT 头备份所在扇区号	也就是 GPT 磁盘的最后一个扇区，当前值为 104857599
28~2FH	8	GPT 分区区域起始扇区号	当前值为 34，GPT 分区区域通常都是起始于 GPT 磁盘的 34 号扇区
30~37H	8	GPT 分区区域结束扇区号	当前值为 104857566
38~47H	16	GPT 磁盘的 GUID	磁盘的唯一标识
48~4FH	8	GPT 分区表起始扇区号	当前值为 2，GPT 分区表通常都是起始于 GPT 磁盘的 2 号扇区
50~53H	4	分区表项个数	Windows 系统限定 GPT 分区个数为 128，每个分区占用一个分区表项，所以该值为 128
54~57H	4	分区表项占用字节数	该值固定为 128
58~5BH	4	CRC 校验和	分区表的 CRC 校验和
5C~1FFH	420	保留不用	

2.4.5　GPT 磁盘分区表

分区表位于 GPT 磁盘的 2~33 号扇区，一共占用 32 个扇区，能够容纳 128 个分区表项，每个分区表项大小为 128 字节。因为每个分区表项管理一个分区，所以 Windows 系统允许 GPT 磁盘创建 128 个分区。

每个分区表项中记录着分区的起始和结束地址、分区类型的 GUID、分区名字、分区属性和分区 GUID，图 2-57 所示为 GPT 磁盘 2 号扇区的三个分区表项。

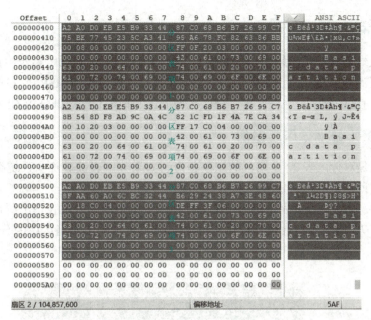

图 2-57　三个分区表项

分区表项中各参数的具体分析见表 2-5。

表 2-5　分区表项中各个参数的具体分析

偏　移	字节数	名　称	说　明
00H~0FH	16	描述分区类型	其类型可以是前面提到过的 EFI 系统分区（ESP）、微软保留分区（MSR）、LDM 元数据分区、LDM 数据分区、OEM 分区、主分区
10H~1FH	16	分区表 GUID	这个 GUID 对于分区来讲是唯一的
20H~27H	8	分区起始地址	用 LBA 地址表示，在分区表项 1 中该值为 2048，说明第一个分区开始于 GPT 磁盘的 2048 号扇区
28H~2FH	8	分区结束地址	用 LBA 地址表示，在分区表项 1 中该值为 52432895，说明第一个分区结束于 GPT 磁盘的 52432895 号扇区
30H~37H	8	分区属性	通常都为 0
38H~7FH	72	分区名称	用 Unicode 码表示。例如，在第一个分区表项中的分区名为 "Microsoft reserved partition"，说明这是一个微软保留分区；第二个分区表项中的分区名为 "Basic data partition"，说明这是一个基本数据分区，也就是主分区

微软公司为 GPT 分区定义的类型见表 2-6。
Intel 公司为 GPT 分区定义的类型见表 2-7。

表 2-6　微软公司定义的分区类型

分区类型	GUID
微软保留分区（MSR）	16 E3 C9 E3 5C 0B B8 4D 81 7D F9 2D F0 02 15 AE
LDM 元数据分区	AA C8 08 58 8F 7E E0 42 85 D2 E1 E9 04 34 CF B3
LDM 数据分区	A0 60 9B AF 31 14 62 4F BC 68 33 11 71 4A 69 AD
主分区	A2 A0 D0 EB E5 B9 33 44 87 C0 68 B6 B7 26 99 C7

表 2-7　Intel 公司定义的分区类型

分区类型	GUID
未分配	00 00 00 00 00 00 00 00 00 00 00 00 00 00 00 00
EFI 系统分区	C1 2A 73 28 F8 1F 11 D2 BA 4B 00 A0 C9 3E C9 3B
含 DOS 分区表的分区	02 4D EE 41 33 E7 11 d3 9D 69 00 08 C7 81 F3 9F

2.4.6 GPT 磁盘分区区域

GPT 分区区域通常都是起始于 GPT 磁盘的 34 号扇区，是整个 GPT 磁盘中最大的区域，它由多个具体分区组成，如 EFI 系统分区（ESP）、微软保留分区（MSR）、LDM 元数据分区、LDM 数据分区、OEM 分区、主分区等。分区区域的起始地址和结束地址由 GPT 头定义。

2.4.7 GPT 磁盘分区表备份

分区表备份是对分区表 32 个扇区的完整备份。如果分区表被破坏，系统会自动读取分区表备份，从而保证正常地识别分区。

在表 2-4 中，"GPT 分区表备份起始扇区号"参数的值就是分区表备份所在的扇区号。当前值为 104857567，跳转到该扇区，看到的内容与 GPT 磁盘的 2 号扇区中的分区表完全一样，如图 2-58 所示。

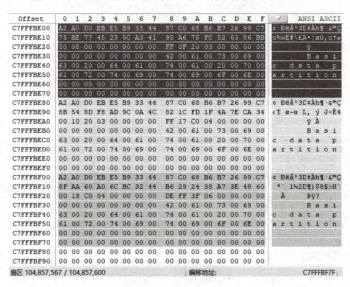

图 2-58　分区表备份

2.4.8 GPT 磁盘分区 GPT 头备份

GPT 头也有一个备份，放在 GPT 磁盘的最后一个扇区，但这个备份并不是对 GPT 头的简单复制，它们的结构虽然一样，但其中的参数却有一些区别。

图 2-59 所示是一块 GPT 磁盘的最后一个扇区，也就是其 GPT 头的备份。

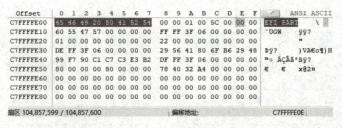

图 2-59　GPT 头的备份

对这些参数的具体分析如下。

GPT 头备份中各个参数的具体分析见表 2-8。

表 2-8 GPT 头备份中各个参数的具体分析

偏 移	字节数	名 称	说 明
00~07H	8	GPT 头签名	十六进制为 "45 46 49 20 50 41 52 54",ASCII 码为 "EFI PART"
08~0BH	4	版本号	
0C~0FH	4	GPT 头备份总字节数	当前值为 92,说明 GPT 头备份占用 92 字节
10~13H	4	CRC 校验和	GPT 头备份的 CRC 校验和
14~17H	4	保留不用	
18~1FH	8	GPT 头备份所在扇区号	当前值为 104857599 号扇区,也就是 GPT 磁盘的最后一个扇区
20~27H	8	GPT 头所在扇区号	当前值为 1 号扇区,也就是 GPT 磁盘的第二个扇区
28~2FH	8	GPT 分区区域起始扇区号	当前值为 34,GPT 分区区域通常都是起始于 GPT 磁盘的 34 号扇区
30~37H	8	GPT 分区区域结束扇区号	当前值为 104857566
38~47H	16	GPT 磁盘的 GUID	磁盘的唯一标识
48~4FH	8	GPT 分区表备份起始扇区号	当前值为 104857567,这也是分区区域结束地址的下一个扇区,GPT 分区表备份通常都是起始于 GPT 磁盘分区区域结束地址的下一个扇区
50~53H	4	分区表项个数	Windows 系统限定 GPT 分区个数为 128,每个分区占用一个分区表项,所以该值为 128
54~57H	4	分区表项占用字节数	该值固定为 128
58~5BH	4	CRC 校验和	分区表的 CRC 校验和
5C~1FFH	420	保留不用	

任务 2.5 磁盘分区表恢复实训

2.5.1 实训 1 手工修复 MBR 磁盘分区表

1. 实训目的

1)理解 MBR 磁盘分区的整体结构。
2)理解 MBR 磁盘分区中分区表的参数含义。
3)掌握 MBR 磁盘主分区表恢复方法。

2. 实训任务

任务素材:手工修复 MBR 磁盘分区表 . VHD

【任务描述】现有一个 MBR 被损坏的虚拟磁盘,磁盘容量大小为 460GB,包含两个主分区,文件系统结构未被损坏,现要求手工修复(用 WinHex 软件)该虚拟磁盘。

3. 实训步骤

【任务分析】根据任务描述可知,需要被修复的磁盘的格式为 MBR,分区个数为 2 个主分区,且文件系统结构未被损坏,由于磁盘的 0 号扇区分区表项中最多所能容纳的主分区为 4 个,现只需在 0 号扇区中按照文件系统结构填入 2 个分区表项即可修复该虚拟磁盘,下面是具体对 MBR 手工修复的步骤。

1）加载"手工修复 MBR 磁盘分区表.VHD"虚拟磁盘，在"磁盘管理工具"中提示磁盘没有初始化，此处无须初始化磁盘，如图 2-60 所示。

2）用 WinHex 软件打开所要修复的磁盘。

3）打开之后就是 0 扇区 MBR 的十六进制界面，如图 2-61 所示，发现其整个 0 号扇区的数据都为 7F，由此可以判断 MBR 被损坏。

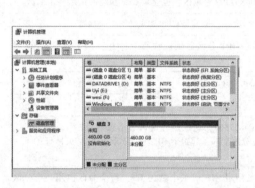

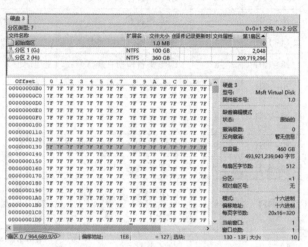

图 2-60 提示磁盘没有初始化

图 2-61 被破坏的 MBR

4）修复该 MBR 需要找到一个完好的 MBR 来代替，找到一个完好的 MBR 磁盘，可以在"磁盘管理工具"创建一个 MBR 虚拟磁盘，将里面的 MBR 复制出来即可，如图 2-62 所示为一个完好的 MBR，将该扇区的数据复制下来，复制的快捷键为〈Ctrl+C〉。

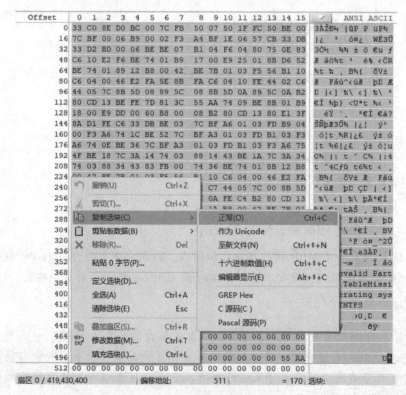

图 2-62 复制完好的 MBR

5）将刚才复制的信息写入到故障盘的 MBR 扇区，如图 2-63 所示，写入的快捷键为〈Ctrl+B〉，需要注意的是，在写入的时候要将光标指向扇区的开始位置。

6）写入后只需更改 MBR 中分区表的部分信息即可将其修复，写入后的 MBR 如图 2-64 所示。

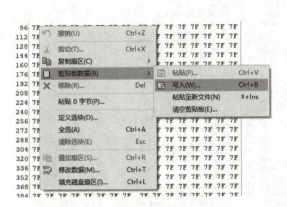

图 2-63 将完好的 MBR 写入到故障盘

图 2-64 写入后的 MBR

7）修改分区表信息。由于故障盘划分了两个分区，故在 MBR 中填写分区表 1 与分区表 2 的信息即可，需要修改的信息如图 2-65 所示。

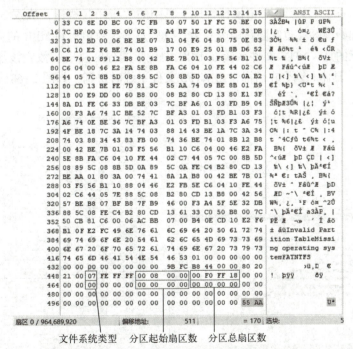

图 2-65 分区表需要修改的部分

8）修复第一个分区。跳转到硬盘的 2048 号扇区，查看第一个分区的 DBR（即 DOS 引导记录）是否完好，跳转后的结果如图 2-66 所示。

可以看到分区 1 的 DBR 开头 8 个字节有 NTFS 文件系统的标识，由于目前还没涉及文件系统的知识，下面使用模板管理工具将该扇区的信息解析出来，使用快捷键〈Alt+F12〉打开模板管理工具，打开之后的界面如图 2-67 所示。

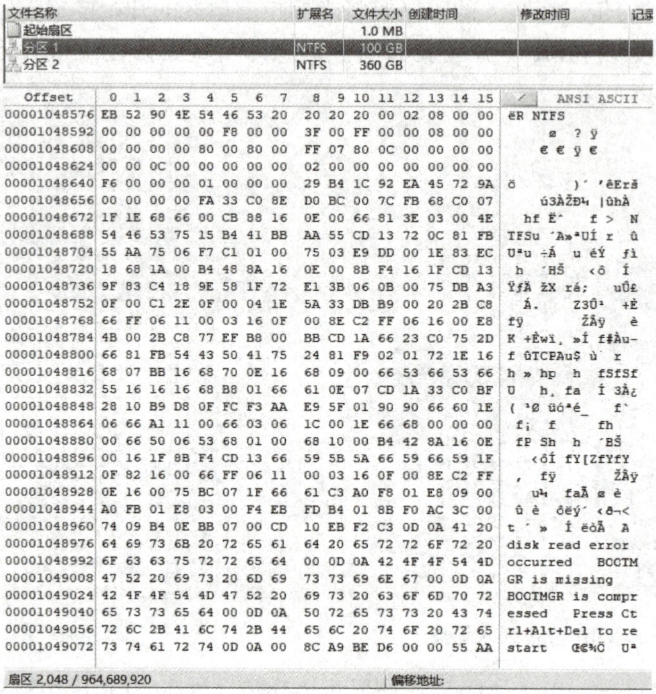

图 2-66 分区 1 的 DBR

选择“Boot Sector NTFS”，单击模板管理工具中的“应用”按钮，从该 DBR 信息中将文件系统格式、分区起始扇区（也叫隐藏扇区）数、分区总扇区数填入到 MBR 的分区表 1 信息中即可，这里需要注意的是，NTFS 文件系统在 DBR 中显示的分区总扇区数应该加 1 之后再填入到 MBR 的分区表中，具体原因会在后面学习 NTFS 文件系统时讲到，如图 2-68 所示为第一个分区的 DBR 信息。

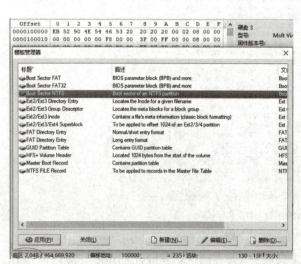

图 2-67 分区 1 的模板管理工具

Boot Sector NTFS, 基本偏移: 100000

Offset	标题	数值
100000	JMP instruction	EB 52 90
100003	File system ID	NTFS
10000B	Bytes per sector	512
10000D	Sectors per cluster	8
10000E	Reserved sectors	0
100010	(always zero)	00 00 00
100013	(unused)	00 00
100015	Media descriptor	F8
100016	(unused)	00 00
100018	Sectors per track	63
10001A	Heads	255
10001C	Hidden sectors	2,048
100020	(unused)	00 00 00 00
100024	(always 80 00 80 00)	80 00 80 00
100028	Total sectors excl. backup boot se	209,717,247
100030	Start C# $MFT	786,432
100038	Start C# $MFTMirr	2
100040	FILE record size indicator	-10
100041	(unused)	0
100044	INDX buffer size indicator	1
100045	(unused)	0
100048	32-bit serial number (hex)	29 B4 1C 92
100048	32-bit SN (hex, reversed)	921CB429
100048	64-bit serial number (hex)	29 B4 1C 92 EA 45 72 9A
100050	Checksum	0
1001FE	Signature (55 AA)	55 AA

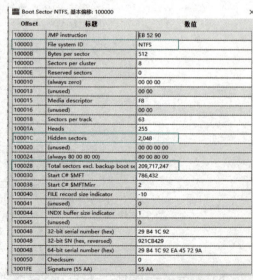

图 2-68 第一个分区的 DBR 信息

由图 2-68 可知，该分区为 NTFS 文件系统，其对应的文件系统标识为 07H，分区起始扇区为 2048，该分区的分区总扇区数为 209717247，由于是 NTFS 文件系统，所以在填写到 MBR

中时该数值应该加 1，即为 209717248，现在可以在 MBR 中填写第一项分区表的信息了，填写后的结果如图 2-69、图 2-70 所示。

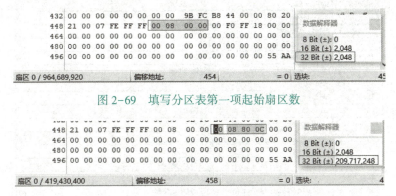

图 2-69　填写分区表第一项起始扇区数

图 2-70　填写分区第一项扇区总数

因为第一个分区装有操作系统，因此需要激活，分区表项的第一个字节应该填写 "80H"；C/H/S 参数已经不起作用，可以任意填写；分区表类型为 NTFS，应该填写 "07H"，分区起始扇区数为 2048，分区总扇区数为 209717248，将这些数值填写到对应位置，保存完毕之后第一个分区即可修复完毕。

9）修复第二个分区。将第一个分区的起始扇区数 2048 加上其分区总扇区数 209717248 就是第二个分区的起始扇区数，结果为 209719296。跳转到该扇区，内容如图 2-71 所示。

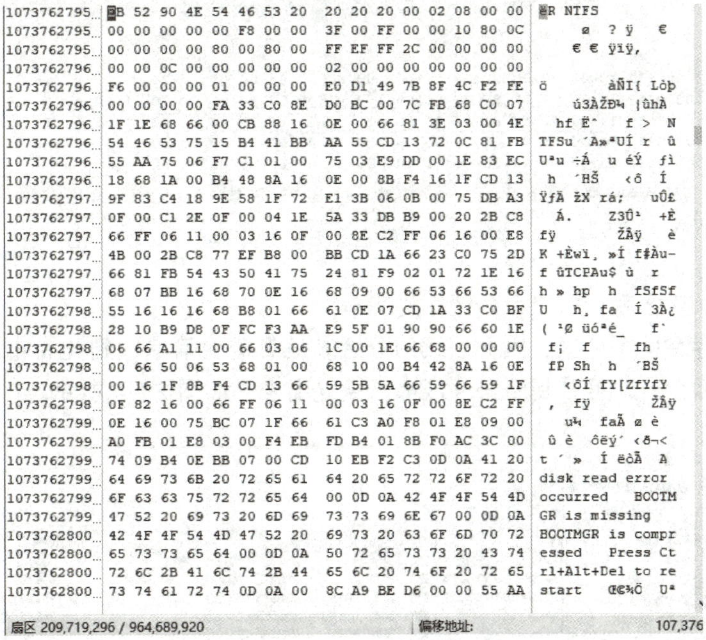

图 2-71　第二个分区的 DBR

可以看出这是个 DBR 扇区，并不是 EBR，所以第二个分区为主磁盘分区，而不是扩展分区，使用模板管理工具解析此扇区，该 DBR 扇区的模板如图 2-72 所示。

该分区也是 NTFS 分区，起始扇区数为 209719296，分区总扇区数为 754970623（填入到分区表项时应加 1）。由于是主磁盘分区，所以其分区表项应该在 MBR 中填写，跳转至 MBR 扇区，填写第二项分区表，填写后的结果如图 2-73 所示。

Offset	标题	数值
1073762795	JMP instruction	EB 52 90
1073762795	File system ID	NTFS
1073762795	Bytes per sector	512
1073762795	Sectors per cluster	8
1073762795	Reserved sectors	0
1073762795	(always zero)	00 00 00
1073762795	(unused)	00 00
1073762795	Media descriptor	F8
1073762795	(unused)	00 00
1073762795	Sectors per track	63
1073762795	Heads	255
1073762795	Hidden sectors	209,719,296
1073762795	(unused)	00 00 00 00
1073762795	(always 80 00 80 00)	80 00 80 00
1073762795	Total sectors excl. backup boot secto	754,970,623
1073762796	Start C# $MFT	786,432
1073762796	Start C# $MFTMirr	2
1073762796	FILE record size indicator	-10
1073762796	(unused)	0
1073762796	INDX buffer size indicator	1
1073762796	(unused)	0
1073762796	32-bit serial number (hex)	E0 D1 49 7B
1073762796	32-bit SN (hex, reversed)	7B49D1E0
1073762796	64-bit serial number (hex)	E0 D1 49 7B 8F 4C F2 FE
1073762796	Checksum	0
1073762800	Signature (55 AA)	55 AA

图 2-72 第二个分区的 DBR 模板

```
00000000432  00 00 00 00 00 00 00 00  9B FC B8 44 00 00 80 20   >ü.D  €
00000000448  21 00 07 FE FF FF 00 08  00 00 00 08 80 0C 00 20   !   þÿÿ      €
00000000464  21 00 07 FE FF FF 00 10  80 0C 00 F0 FF 2C 00 00   !   þÿÿ   €  ðÿ,
00000000480  00 00 00 00 00 00 00 00  00 00 00 00 00 00 00 00
00000000496  00 00 00 00 00 00 00 00  00 00 00 00 00 00 55 AA                U ª
扇区 0 / 964,689,920                                    偏移地址:
```

图 2-73 填写第二个分区表项

填写完毕并保存之后，第二个分区修复完毕。

10）由于只存在两个分区，因此后续的分区表信息需要清除，到此为止该磁盘修复完成，最后重新加载该磁盘，即可看到两个分区都已恢复出来，如图 2-74 所示。

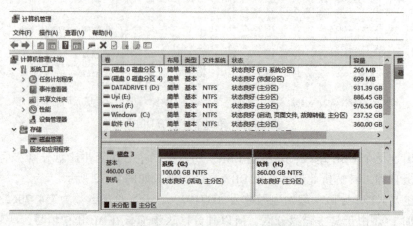

图 2-74 "磁盘 3" 的两个分区恢复成功

2.5.2 实训 2　手工修复 EBR 分区表

1. 实训目的

1) 理解主分区表与扩展分区表的结构关系。
2) 掌握 EBR 分区表的恢复方法

2. 实训任务

任务素材：手工修复 EBR 分区表.VHD

【任务描述】现有一个 MBR 磁盘的 EBR 分区表被损坏，磁盘容量大小为 300 GB，包含一个主分区、三个扩展分区，文件系统结构未被损坏，要求手工修复该虚拟磁盘。

3. 实训步骤

【任务分析】根据任务描述可知，修复的磁盘的格式为 MBR，分区个数为 4 个，一个主分区，三个扩展分区，其中 EBR 分区表被损坏，说明主分区是能直接打开的，三个扩展分区不能打开，并且文件系统结构未被损坏，现只需将 EBR 修复就能打开这三个扩展分区。下面是具体对 EBR 手工修复的步骤。

1) 加载"手工修复 EBR 分区表.VHD"虚拟磁盘，在"磁盘管理工具"中提示分区"未分配"，"未分配"是因为 EBR 分区表丢失导致，如图 2-75 所示。

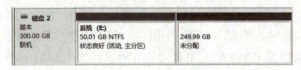

图 2-75　EBR 分区表丢失提示未分配

2) 用 WinHex 软件打开该虚拟磁盘，可以看到 MBR 中只有一个主分区的分区表项，没有扩展分区的分区表项信息，如图 2-76 所示，因此需要在 MBR 中的第二个分区表项中填写扩展分区的相关信息，需要在表项中填写的信息有分区类型、隐藏扇区数、分区的总扇区数。图 2-76 中浅色阴影区域就是第二个分区表项。

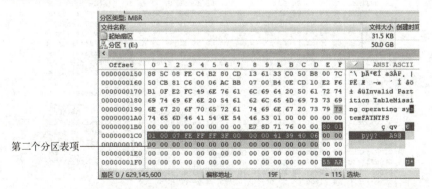

图 2-76　扩展分区信息丢失

3) 分区类型：从图 2-75 中可以看到，未分配的分区大小有 249.99 GB，类型为扩展分区，由于分区大小大于 8 GB，因此分区表的类型为 0x0F，具体参考表 2-3 中的分区类型。

隐藏扇区数：隐藏扇区数就是分区的起始扇区数，这里的隐藏扇区数就是第一个扩展分区的起始扇区数，第一个扩展分区的起始扇区数=分区表项 1 的隐藏扇区数+分区表项 1 的总扇

区数 = 63+104872257 = 104872320。

分区的总扇区数：这里为扩展分区的总扇区数，在 MBR 中描述的扩展分区也叫主扩展分区，它是描述所有扩展分区的起始扇区数与总扇区数。主扩展分区的总扇区数 = 磁盘的总扇区数 − 第一个扩展分区的起始扇区数 = 629145600 − 104872320 = 524273280。

接着把上面计算出来的分区类型、隐藏扇区数、分区的总扇区数填入到分区表项 2 的对应位置，填入后的信息如图 2-77 所示。

图 2-77　分区表项 2 信息

4）跳转到扩展分区 1 的起始位置（也叫 EBR1），从上面可知，该位置在 104872320 号扇区，跳转到该扇区，发现该扇区的数据为空，这里原本是扩展分区 1 的分区表项信息，为空说明 EBR1 的数据丢失，需要修复该分区表项，EBR 中分区表的第一个表项描述的是当前分区的起始扇区数与分区总扇区数，第二个表项描述的是下一个分区 EBR 的起始扇区数与扩展分区总扇区数（即隐藏扇区数与分区总扇区数之和）。

5）计算 EBR1 中第一个分区表项的信息。需要填写当前分区（第一个扩展分区）的分区类型、隐藏扇区数、分区的总扇区数。在 EBR1 位置向下查找十六进制数值"55AA"，如图 2-78 所示，索引到第一个扩展分区的 DBR（DOS 引导记录，也是分区的起始位置），如图 2-79 所示为搜索到的结果，即第一个扩展分区 DBR，位置在当前磁盘的 104872383 号扇区。

图 2-78　查找第一个扩展分区的 DBR

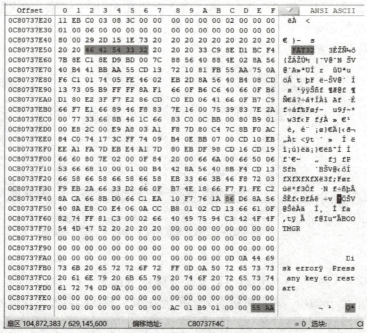

图 2-79　第一个扩展分区 DBR 的部分信息

由图 2-79 了解到，该分区为 FAT32 文件系统，接着在 WinHex 中使用 FAT32 文件系统的模板管理（快捷方式为〈Alt+F12〉组合键）将该扇区的信息解析出来，只需要模块中的 BPB（BIOS Parameter Block）参数，如图 2-80 所示，在 BPB 参数中记录了隐藏扇区数为 63，这里的隐藏扇区数是相对于 EBR1 的偏移，分区扇区总数为 62974737，由于该分区是 FAT32 文件系统，因此分区类型为 0x0B。

6）填写 EBR1 中第一个分区表项的信息。EBR 中分区表的第一个表项描述当前分区的起始扇区数与分区总扇区数，这里需要注意的是，填写当前分区的起始扇区数是相对于 EBR1 起始扇区数偏移的数据，即填写当前分区的起始扇区数=当前分区 DBR 所在磁盘扇区数−EBR1 起始扇区数=104872383−104872320=63。由上述计算可知到分区表项类型为 0x0B，分区扇区总数为 62974737，将这三个信息填入到 EBR1 中的分区表项 1 即可，如图 2-81 为填入后的结果，注意须在此扇区的最后两个字节填写"55 AA"结束标志。

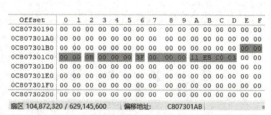

图 2-80 第一个扩展分区的 BPB 参数　　　　　图 2-81 填写 EBR1 分区表项 1

7）计算 EBR1 中第二个分区表项的信息。第二个表项描述的是下一个分区 EBR 的起始扇区数与扩展分区总扇区数，下个分区 EBR 在磁盘中的起始扇区数=EBR1 的起始扇区数+第一个扩展分区的隐藏扇区数+第一个扩展分区的总扇区数=104872320+63+62974737=167847120。由于下一个分区 EBR 的起始扇区数相对于 EBR1 的起始扇区数的偏移，因此在 EBR1 中的第二个分区表项中填写的下一个分区 EBR 起始扇区数=下个分区 EBR 在磁盘中的起始扇区数−EBR1 的起始扇区数=167847120−104872320=62974800；下个分区 EBR 扩展分区总扇区数=第二个扩展分区的隐藏扇区数+第二个扩展分区的分区总扇区数，跳转到 167847120，从当前位置向下查找十六进制数值"55AA"，找到第二个分区的 DBR，位置位于磁盘的 167847183 扇区，如图 2-82 所示。可以看到该分区为 NTFS 文件系统，使用 NTFS 文件系统的模板管理器查看该分区的 BPB 参数，如图 2-83 所示，从中可以知道第二个扩展分区的隐藏扇区数为 63，这里的隐藏扇区数是相对于 EBR2 的偏移，模板中记录的分区总扇区数为 146834036，由于是 NTFS 文件系统，实际的分区总扇区数应该比模板中记录的大 1 个扇区，即第二个扩展分区总扇区数为 146834037，所以下个分区 EBR 扩展分区总扇区数=63+146834037=146834100。

8）填写 EBR1 中第二个分区表项的信息。前面计算了下个分区 EBR 的起始扇区数（注意是相对于 EBR1 起始扇区的偏移）62974800，下个分区 EBR 扩展分区总扇区数为 146834100，由于分区为扩展分区，所以分区类型为 0x05，将这三个信息填写到 EBR1 中的分区表项 2 中，最后将"55AA"结束标识填入到 EBR1，填写的结果如图 2-84 所示。

9）从前面计算 EBR1 中得知，下个分区 EBR 在磁盘中的起始扇区数为 167847120，该扇区为 EBR2 在磁盘中的位置，跳转到该扇区，发现该扇区内容为空，下面需要修复 EBR2 中的两个分区表项。

① 计算 EBR2 中第一个分区表项的信息。

按照 EBR1 中第一个分区表项的计算方法可知，第二个扩展分区的文件系统为 NTFS，分区类型为 0x07，分区的隐藏扇区数为 63，分区的总扇区数为 146834037。

图 2-82 第二个扩展分区的 DBR

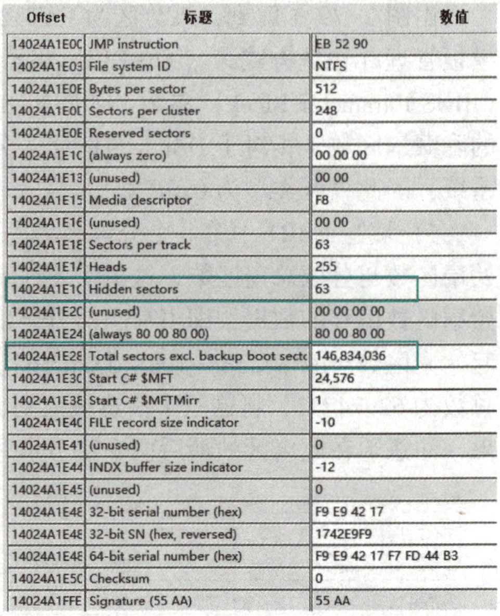

图 2-83 第二个扩展分区的 BPB 参数

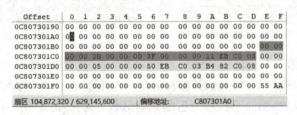

图 2-84 填写分区表项 2 与结束标识

② 计算 EBR2 中第二个分区表项的信息。

按照 EBR1 中第二个分区表项的计算方法可知，下个分区的起始扇区数（相对于 EBR1 的偏移）= 下个分区 EBR 在磁盘中的起始扇区数（第三个扩展分区起始）– EBR1 的起始扇区数 = 314681220 – 104872320 = 209808900；下个分区 EBR 扩展分区总扇区数 = 第三个扩展分区的隐藏扇区数 + 第三个扩展分区的分区总扇区数 = 63 + 314464317 = 314464380；由于下个分区为扩展分区，因此分区类型为 0x05。

③ 填写 EBR2 中分区表项的信息。

填写两个分区表项信息和结束标识，填写的内容如图 2-85 所示。

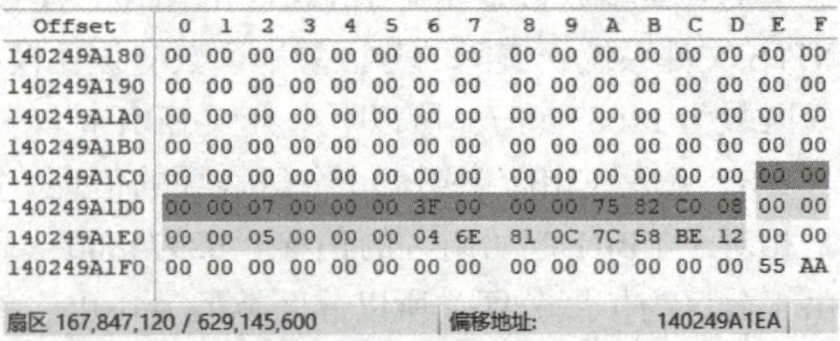

10）根据 EBR 中记录的信息，跳转到 EBR3 分区起始位置，位于磁盘 314681220 号扇区，发现该扇区内容也为空，下面继续修复 EBR3 中的分区表项，由于扩展分区只有 3 个，所以 EBR3 是扩展分区的最后一个分区，所以只需修复第一个分区表项信息，该分区表项信息表示当前分区的信息，没有下一个 EBR 扩展分区，就不填入。根据前面 EBR 的修复方法可知，当前分区的隐藏扇区数为 63，分区的大小为 314464317，分区类型为 0x07，将这 3 个信息填入到 EBR3 分区表项 1，再将结束标志"55AA"填入，最后保存修改的内容，填入后的结果如图 2-86 所示。

图 2-85 EBR2 表项信息与结束标识

11)将"手工修复 EBR 分区表.VHD"虚拟磁盘在"磁盘管理工具"中进行分离,然后再附加,到此 EBR 分区表的修复完成,4 个分区都能打开,如图 2-87 所示为修复后的界面。

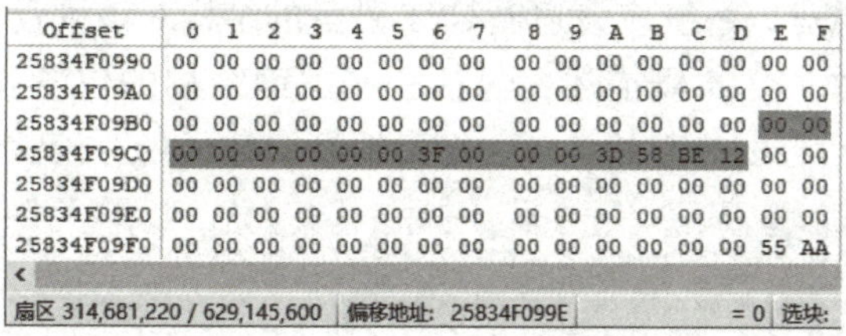

图 2-86 EBR3 表项信息与结束标识

图 2-87 虚拟磁盘修复完成界面

2.5.3 实训 3 手工修复 GPT 磁盘分区表

1. 实训目的

1)理解 GPT 磁盘的整体结构。
2)理解 GPT 磁盘分区中保护 MBR、GPT 头、分区表的作用。
3)掌握 GPT 磁盘分区中分区丢失的恢复方法。

2. 实训任务

任务素材:手工修复 GPT 磁盘分区表.VHD

【任务描述】用户的一块数据备份硬盘,容量 112 GB,在 Windows 10 系统下使用,被用作 GPT 磁盘,分两个区,第一个分区作为工具备份区,第二个分区是数据备份区,用户把一些重要数据放在了第二个分区。因为一次突然断电,用户再次启动计算机后发现备份盘的两个盘符都不见了,两个分区内的数据无法访问。把该硬盘接到数据恢复工作机上,工作机安装的是 Windows 10 系统,能够支持 GPT 磁盘。进入系统,打开磁盘管理,看到硬盘的状态为"没有初始化",如图 2-88 所示。

图 2-88 磁盘的状态为"没有初始化"

3. 实训步骤

【任务分析】根据任务描述,硬盘的状态为"没有初始化",自然就无法访问硬盘中的分区,那么是什么原因导致该硬盘变为"没有初始化"的状态呢?这可能是因为用户的计算机在突然断电时,破坏了硬盘的 MBR 扇区,也就是 GPT 磁盘的保护 MBR,硬盘才会显示为"没有初始化"。用 WinHex 打开该磁盘,查看 MBR,其内容如图 2-89 所示。该硬盘的第一个扇区全部为

图 2-89 MBR 扇区

"00",而在 GPT 磁盘中,第一个扇区应该是保护 MBR,内部会有磁盘签名、分区表和"55 AA"标志。分区表中只使用一个分区表项,描述一个分区类型为"EE",大小为"FF FF FF FF"的分区。GPT 磁盘的第二个扇区应该是 GPT 头,从第三个扇区开始为分区表,而往下翻动发现该硬盘这几个扇区也都为"00",说明在计算机断电的瞬间将 GPT 磁盘前部的一些扇区都清零了,这正是分区丢失的原因,下面详解恢复该硬盘的步骤。

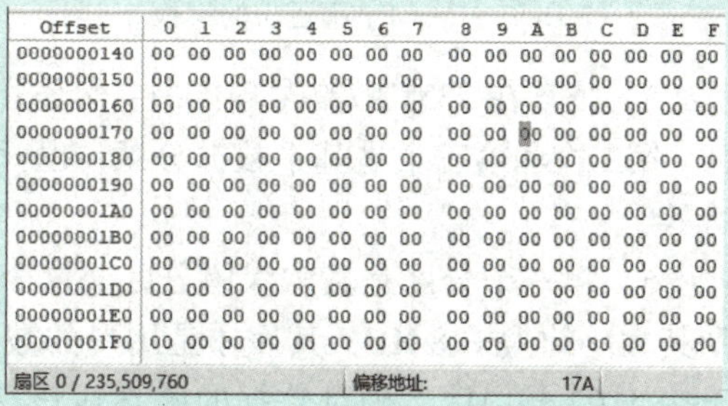

1）附加"手工修复 GPT 磁盘分区表 .VHD"虚拟磁盘，并用 WinHex 打开该虚拟磁盘。

2）由于 GPT 磁盘对其内部分区的管理依靠三个部分：保护 MBR、GPT 头、分区表。保护 MBR 的作用是告诉计算机系统这是一块 GPT 磁盘，系统应该遵循 GPT 磁盘的结构对该硬盘进行访问；GPT 头的作用是对 GPT 磁盘的结构做一个大概描述，包括一些关键结构的位置、大小及校验；而分区表则是直接管理分区的，包括分区的起始地址、结束地址、分区名、校验等。这三部分中，GPT 头和分区表又是至关重要的，所以系统对这两个结构都做了备份，将它们放在 GPT 磁盘的末尾。这些备份轻易不会遭受破坏，那么现在可以跳转到 GPT 磁盘的最后一个扇区，看看 GPT 的备份是否完好。用 WinHex 跳转到磁盘的最后一个扇区，其内容如图 2-90 所示。

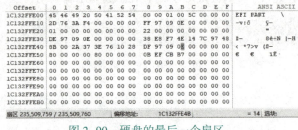

图 2-90　硬盘的最后一个扇区

3）通过分析能够确认这个扇区是一个很完整的 GPT 头备份，其参数可以通过 GPT 头备份的模板来查看，如图 2-91 所示。

4）在 GPT 头备份扇区内描述了 GPT 分区表备份的起始扇区，从图 2-91 中可以看到当前值为 235509727，跳转到该扇区，其内容如图 2-92 所示。

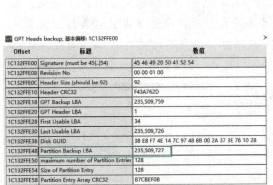

图 2-91　GPT 头备份的模板

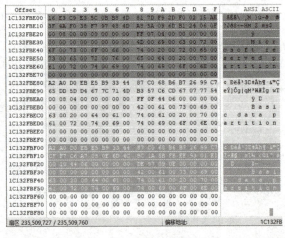

图 2-92　235509727 号扇区

5）发现在 235509727 号扇区中果然是分区表，并且有 3 个分区表项，第一个是微软保留分区，第二个和第三个是基本数据分区，也就是用户使用的两个分区，其参数的模板如图 2-93 所示。

6）第一个分区是微软保留分区，这个分区对用户来讲没有什么用处，从模板中的参数看其大小约为 128 MB；其后才是用户的数据分区，从模板中看用户的第一个数据分区开始于 264192 号扇区，硬盘数据的破坏应该达不到这个位置。跳转到 264192 号扇区，其内容如图 2-94 所示。

7）可以看出这是一个 NTFS 文件系统的 DBR，正是分区的开始扇区，说明没有遭受破坏。既然 GPT 头备份和分区表备份都在，用户的数据分区也没有遭受破坏，那么恢复数据就变得很容易了。有很多种方法可以恢复该硬盘的数据，下面讲解直接在原硬盘上修复的方法。

8）创建保护 MBR，步骤如下。

①因为 GPT 磁盘的 GPT 头备份和分区表备份都完好无损地存放在 GPT 磁盘的末尾，所

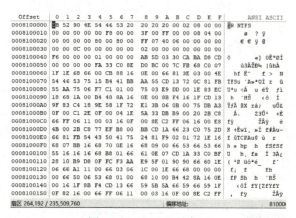

图 2-93　分区表参数模板

图 2-94　264192 号扇区

以只要给 GPT 磁盘创建一个保护 MBR。按照 GPT 磁盘的管理机制，系统如果读取不到 GPT 头和分区表，就会自动去读取 GPT 头备份和分区表备份，也就能够识别分区了。

② 创建保护 MBR 的方法是用 WinHex 打开该硬盘，在第一个扇区内填写磁盘签名、类型为 "EE" 的保护分区及结束标志 "55 AA"。需要注意的是，不能用磁盘管理将磁盘转换为 GPT 磁盘的方式创建保护 MBR。因为这样做系统不但创建了保护 MBR，还会同时创建 GPT 头、微软保留分区、GPT 头备份及分区表备份，如此就会把原来的备份覆盖了。

③ 保护 MBR 中的磁盘签名可以任意写 4 字节，保护分区中的数值按照图 2-95 中的值填写，同时别忘记在扇区末尾填写结束标志 "55 AA"。

9) 修复 GPT 头，步骤如下。

① GPT 头应该位于 GPT 磁盘的 1 号扇区，GPT 头备份在 GPT 磁盘的最后一个扇区。首先把 GPT 头备份复制到 1 号扇区，然后修改几个参数即可。GPT 头备份的参数模板如图 2-96 所示。图中圈

图 2-95　创建保护 MBR

出了需要修改的参数，需要修改 GPT 头备份的 CRC 校验和、GPT 头备份所在扇区号、GPT 头所在扇区号、GPT 头备份起始扇区号，修改以后的 GPT 头参数模板如图 2-97 所示，修改以后的 GPT 头十六进制参数如图 2-98 所示。

Offset	标题	数值
1C132FFE00	Signature (must be 45[..]54)	45 46 49 20 50 41 52 54
1C132FFE08	Revision No	00 00 01 00
1C132FFE0C	Header Size (should be 92)	92
1C132FFE10	Header CRC32	F43A762D
1C132FFE18	GPT Backup LBA	235,509,759
1C132FFE20	GPT Header LBA	1
1C132FFE28	First Usable LBA	34
1C132FFE30	Last Usable LBA	235,509,726
1C132FFE38	Disk GUID	38 E8 F7 4E 14 7C 97 48 8B 00 2A 37 3E 76 10 28
1C132FFE48	Partition Backup LBA	235,509,727
1C132FFE50	maximum number of Partition Entries	128
1C132FFE54	Size of Partition Entry	128
1C132FFE58	Partition Entry Array CRC32	B7CBEF0B

图 2-96　GPT 头备份的参数模板

Offset	GUID Partition Table Header	
200	Signature (must be 45[..]54)	45 46 49 20 50 41 52 54
208	Revision No	00 00 01 00
20C	Header Size (should be 92)	92
210	Header CRC32	153A7624
218	Primary LBA (should be 1)	1
220	Backup LBA	235,509,759
228	First Usable LBA	34
230	Last Usable LBA	235,509,726
238	Disk GUID	38 E8 F7 4E 14 7C 97 48 8B 00 2A 37 3E 76 10 28
238	Disk GUID	{4EF7E838-7C14-4897-8B00-2A373E761028}
248	Partition Entry LBA (should be 2)	2
250	MaxNo of Partition Entries	128
254	Size of Partition Entry	128
258	Partition Entry Array CRC32	B7CBEF0B

图 2-97　修改以后的 GPT 头参数模板

② GPT 头的 CRC 校验和不能直接使用 GPT 头备份中的数值，可以通过 CRC 校验算法具体计算该值，也可以随意写 4 字节。因为该硬盘不是系统引导盘，只是数据存储盘，所以 GPT 头

的 CRC 校验和错误对数据没有影响。其他三个参数根据 GPT 磁盘的结构原理具体修改即可。

10）修复分区表。分区表的修复非常简单，直接把 GPT 磁盘 235509727 号扇区的分区表备份复制到 2 号扇区即可，不用做任何修改。

全部修复完毕后存盘并重新加载虚拟磁盘，用户丢失的两个分区就出现了，数据完好无损，如图 2-99 所示。

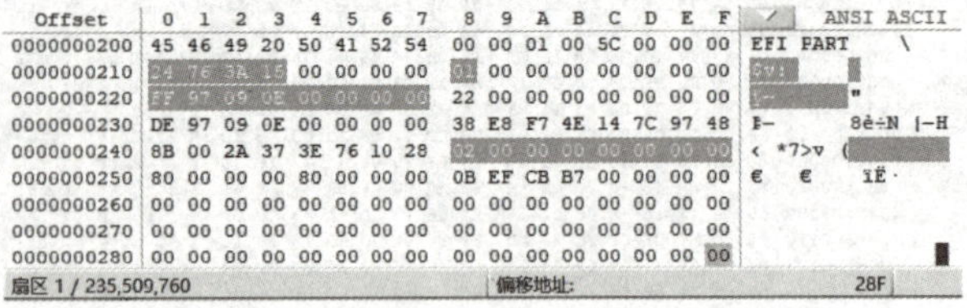

图 2-98　修改以后的 GPT 头十六进制参数

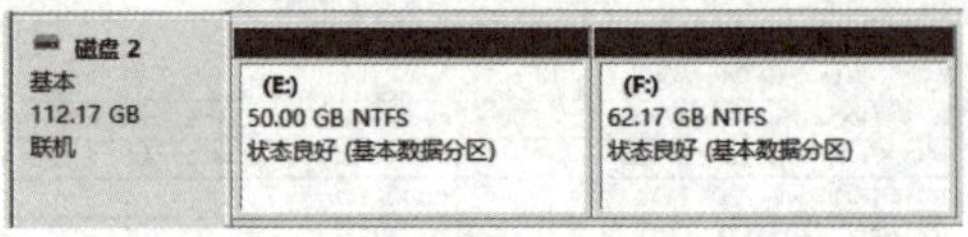

图 2-99　丢失的两个分区恢复成功

2.6　综合练习

一、填空题

1. 主引导扇区由_____、_____、_____三个部分组成。

2. 磁盘主分区表是从第_____字节开始，占_____个字节，最多能描述_____个主分区。

3. GPT 磁盘分区表位于磁盘的_____号扇区。

4. GPT 磁盘由_____、_____、_____、_____、_____、_____六部分组成。

5. 小端模式（Little-endian）的字节序是_____在前，_____在后，0A 45H 采用小端模式表示_____。

6. MBR 磁盘是指_____。

7. GPT 磁盘的每个分区表项大小为_____字节，一共能够容纳_____个分区表项。

8. 在扩展分区表中，第一个分区表项描述_____；第二个分区表项描述_____。

二、选择题

1. 关于 MBR 磁盘分区，下面说法错误的是（　　）。
   A. 第一个分区一定是主分区　　　　　B. 第二个分区一定是扩展分区
   C. 主分区至少有 1 个　　　　　　　　D. 扩展分区最多只能有 1 个

2. 关于 EBR 分区表，说法正确的是（　　）。
   A. 包含了引导记录　　　　　　　　　B. 包含了主分区表
   C. 之后紧接着分区引导扇区　　　　　D. 标识逻辑分区关系

3. 按照 MBR 磁盘的分区表格式，每个分区的最大容量为（　　）。
   A. 64 GB　　　　B. 320 GB　　　　C. 2 TB　　　　D. 16 TB

4. 随机存储器的英文缩写为（　　）。
   A. PROM　　　　B. BROM　　　　C. CEPROM　　　　D. DRAM

5. 硬盘的（　　）功能是将磁盘划分为磁道和扇区，并为每个扇区标注地址和头标志。
   A. 低级格式化　　B. 分区　　　　C. 格式化　　　　D. DFORMAT

6. 磁盘的基本存储单位是（　　）。
   A. 位　　　　　　B. 字节　　　　C. 扇区　　　　　D. 簇

7. 计算机通常是从硬盘的（　　）引导操作系统的。
   A. 主分区　　　　　　B. 扩展分区　　　　　C. 逻辑分区　　　　　D. 活动分区
8. 如果开机后找不到硬盘，首先应检查（　　）。
   A. 硬盘是否染上病毒　　　　　　　　　B. 硬盘上的引导程序
   C. 硬盘是否损坏　　　　　　　　　　　D. CMOS 的硬盘参数
9. MBR 硬盘分区结构中，扩展分区指针的相对位置是指（　　）。
   A. 扩展分区指针位置减去 MBR 位置
   B. 扩展分区指针位置减去所在逻辑分区 DBR 位置
   C. 扩展分区指针位置减去扩展分区首位置
   D. 扩展分区指针位置减去所在 EBR 位置
10. 磁盘一个扇区的大小为（　　）。
    A. 128 字节　　　　　B. 256 字节　　　　　C. 512 字节　　　　　D. 1024 字节

三、简答题

1. 概述 GPT 磁盘与 MBR 磁盘的区别。
2. 某硬盘的分区表如图 2-100 所示，请指出它描述了几个分区，以及它们的分区类型、起始位置和容量。

```
00 00 00 00 00 2C 44 63 E0 A2 4A 62 00 00 80 01
01 00 07 FE FF FB 3F 00 00 00 BD 08 FA 00 00 00
C1 FC 0F FE FF FF FC 08 FA 00 86 1A 57 08 00 00
00 00 00 00 00 00 00 00 00 00 00 00 00 00 00 00
00 00 00 00 00 00 00 00 00 00 00 00 00 00 55 AA
```

图 2-100　某硬盘的分区表

2.7　大赛真题

1. 真题 1

任务素材 B001

虚拟磁盘编号	故障描述	要求
B001	一个为 MBR 类型的磁盘中存放了 300 个文件，且包含 3 个主分区和 2 个逻辑分区，由于用户在还原系统时进行了误操作，将该磁盘还原成 1 个分区，造成数据丢失	修复 B001 磁盘的后 4 个分区，并将每个分区中的文件个数记录到"数据恢复要求与成果表"中

2. 真题 2

任务素材 B002

虚拟磁盘编号	故障描述	要求
B002	一个 GPT 磁盘中存在 4 个分区，由于用户误操作，导致打开所有分区提示该磁盘"没有初始化"，如图 2-101 所示	修复 B002 磁盘，并将每个分区中的文件个数记录到"数据恢复要求与成果表"中

图 2-101　提示没有初始化

项目 3　FAT32 文件系统数据恢复

学习目标

本项目主要介绍 FAT32 文件系统的数据结构，对该文件系统的 DBR、FAT 表、文件目录项进行了全面的分析。通过对本项目的学习，学生应掌握 FAT32 文件系统 DBR 的手工重建，对已删除的文件或文件夹进行数据恢复、分区误格式化恢复与文件目录项丢失恢复等技能。

知识目标

- 理解 FAT32 文件系统的整体结构与 DBR 的结构
- 掌握 FAT32 文件系统 FAT 表的作用
- 掌握 FAT32 文件系统目录项

技能目标

- 能够对 FAT32 文件系统手工重建 DBR
- 能够对误删除的 FAT32 文件系统数据进行恢复
- 能够对误格式化的 FAT32 文件系统数据进行恢复
- 能够通过 FAT 表遍历 FAT32 文件系统非连续的文件
- 能够根据 DBR 的相关参数识别文件系统类型以及分区容量

素养目标

- 培养学生的数据安全意识
- 培养学生掌握关键核心技术的意识

任务 3.1　文件系统概述

1. 文件系统的概念

在计算机操作系统中，对系统里面的资源都是通过管理文件的方式进行管理的，承担这部分功能的操作系统称为文件系统。所以说文件系统在操作系统中尤为重要。

文件系统是操作系统中以文件的方式管理计算机软件资源的软件，是被管理的文件和数据结构（如目录和索引表等）的集合。从系统角度来看，文件系统是对文件存储器的存储空间进行组织、分配和回收，负责文件的存储、检索、共享和保护。从用户角度来看，文件系统主要是实现"按名存取"，文件系统的用户只要知道所需文件的文件名，就可存取文件中的信息，而无须知道这些文件究竟存放在什么地方。

2. 文件系统的类型

根据操作系统的不同，其使用文件管理的方式也不同，市面上也就有着不同类型的文件系统，Windows 操作系统主要有 FAT12、FAT16、FAT32、exFAT、NTFS 五种类型的文件系统，由于 FAT12、FAT16 文件系统所存储的数据特别少，目前已经很少见了，本书就不再介绍。

Linux 操作系统主要有 Ext2、Ext3、Ext4 三种类型的文件系统。macOS 操作系统主要用 HFS+ 文件系统来管理计算机软件资源。本项目主要讲解 FAT32 文件系统的结构、存储以及遍历原理。

任务 3.2　FAT32 文件系统结构

FAT 系列的文件系统在微软公司的 DOS/Windows 操作系统中使用，主要分为三种不同的类型，它们分别是 FAT12、FAT16、FAT32。FAT16 所支持的单个文件最大 8 MB，FAT12 文件系统主要应用于软盘驱动器，目前两者已经被淘汰。FAT16 与 FAT32 所支持的单个文件大小为 4 GB。它们的共同特点都是通过 FAT 表的方式索引文件。

目前，FAT32 文件常用于 U 盘的文件系统，且 U 盘的容量不大于 32 GB，FAT32 文件系统的结构由引导记录、FAT1、FAT2、FDT、DATA 五个部分组成，其结构如图 3-1 所示。

图 3-1　FAT32 文件系统结构图

1）引导记录：引导记录由 DBR 与保留扇区构成，它位于文件系统分区的第一个扇区，记录了整个文件系统的重要参数，具体的参数下文会介绍。

2）FAT1：为文件分配表。FAT32 一共有两个 FAT 表，FAT1 为第一个。

3）FAT2：为 FAT1 的备份，其内容与 FAT1 完全一致，如果 FAT1 表的数据丢失，系统会通过访问 FAT2 表的备份进行文件遍历。

4）FDT：为文件目录表，在这里特指根目录，它是用来记录文件所在位置与大小的列表。

5）DATA：用来存储用户的数据，注意 FDT 也属于 DATA，它是数据区的开始位置。

任务 3.3　FAT32 文件系统 DBR

DBR 开始于 FAT32 文件系统的第一个扇区，计算机通过上电自检将硬件部分检测完毕之后，再经过 BIOS 从软盘或硬盘中读取主引导记录 MBR 的分区表信息，通过分区表信息找到存在操作系统的分区并跳转到活动分区（装有操作系统的分区）的 DBR，最终将控制权交给 DBR，由 DBR 来引导操作系统。

FAT32 文件系统的引导扇区

DBR 分为 DOS 引导程序和 BPB（BIOS 参数块）。其中 DOS 引导程序负责完成 DOS 系统文件的定位与装载，而 BPB 用来描述本 DOS 分区的磁盘信息，BPB 位于 DBR 偏移 0BH 处，共 13 字节。它包含逻辑格式化时使用的参数，可供 DOS 计算磁盘上的文件分配表、目录区和数据区的起始地址。图 3-2 所示为 FAT32 文件系统的 DBR 结构。

（1）跳转指令

跳转指令本身占用 2 字节，它将程序执行流程跳转到引导程序处，比如当前 DBR 中的"EB 58"。

（2）OEM 代号

这部分占用 8 字节，当前 DBR 中的 OEM 代号为"MSDOS5.0"。

（3）BPB 参数

FAT32 的 BPB 从第 DBR 的第 12 个字节开始，占用 79 字节（0BH~59H），记录了有关该文件系统的重要信息，其中各个参数的含义见表 3-1。

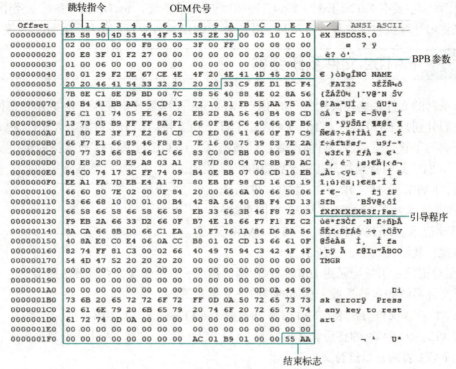

图 3-2 FAT32 文件系统的 DBR 结构

表 3-1 FAT32 的 BPB 参数详解

字节偏移	字段长度/字节	字段名	说明
0x0B	2	每扇区字节数	记录每个扇区的大小，一般为 512 字节
0x0D	1	每簇扇区数	每簇扇区数记录着文件系统的簇大小，即由多少个扇区组成一个簇。FAT32 最大支持 128 扇区的簇。在 FAT32 文件系统中所有的簇从 2 开始进行编号，每个簇都有一个自己的地址编号，并且所有的簇都位于数据区内
0x0E	2	DBR 保留扇区数	DBR 保留扇区数是指 DBR 本身占用的扇区以及其后保留扇区的总和，也就是 DBR 到 FAT1 之间的扇区总数
0x10	1	FAT 表个数	FAT 个数描述了该文件系统中有几个 FAT 表，FAT32 文件系统中有两个 FAT，即 FAT1 与 FAT2，其中 FAT2 是 FAT1 的备份
0x11	4	保留	未用
0x15	1	介质描述符（十六进制）	介质描述符是描述磁盘介质的参数，根据磁盘性质的不同，取不同的值
0x16	2	保留	未用
0x18	2	每磁道扇区数	逻辑 C/H/S 中的一个参数，其值一般为 63
0x1A	2	磁头数	逻辑 C/H/S 中的一个参数，其值一般为 255
0x1C	4	隐藏扇区数	隐藏扇区数是指本分区之前使用的扇区数，该值与分区表中所描述的该分区的起始扇区号一致。对于主磁盘分区来讲，是 MBR 到该分区 DBR 之间的扇区数；对于扩展分区中的逻辑驱动器来讲，是其 EBR 到该分区 DBR 之间的扇区数，一般的值为 63 或者 2048
0x20	4	该分区的扇区总数	这 4 个字节用来记录分区的总扇区数，也就是 FAT32 分区的大小
0x24	4	每 FAT 扇区数	记录 FAT32 分区中每个 FAT 表占用的扇区数
0x28	2	标记	这 2 个字节用于表示 FAT2 是否可用，当其二进制最高位置为 1 时，表示只有 FAT1 可用，否则 FAT2 也可用
0x2A	2	版本	通常都为 0

（续）

字节偏移	字段长度/字节	字 段 名	说 明
0x2C	4	根目录首簇号	分区在格式化为 FAT32 文件系统时，格式化程序会在数据区中指派一个簇作为 FAT32 的根目录区的开始，并把该簇号记录在 BPB 中。通常根目录是 2 号簇
0x30	2	文件系统信息扇区号	用来记录数据区中空闲簇的数量及下一个空闲簇的簇号，该扇区一般在分区的 1 号扇区，也就是分区的第二个扇区
0x32	2	DBR 备份扇区号	DBR 的备份扇区，一般位于分区的 6 号扇区，如果原 DBR 丢失，可用备份 DBR 扇区修复
0x34	12	保留	未用
0x40	1	BIOS 驱动器号	BIOS 的 INT12H 所描述的设备号码，一般把硬盘定义为 8xH
0x41	1	保留	未用
0x42	1	扩展引导标记	用来确认后面的三个参数是否有效，一般值为 29H
0x43	4	卷序列号	格式化程序在创建文件系统时生成的随机数值
0x47	11	卷标	分区的名称，现在一般由目录项来记录卷标名称
0x52	8	文件系统类型	用 ASCII 码记录当前分区的文件系统类型

（4）引导程序

FAT32 的 DBR 引导程序占用 420 字节（5AH~1FDH），这段代码负责将系统文件 NTLDR 装入，对于一个没有安装操作系统的分区来讲，这段程序没有用处。

（5）结束标志

DBR 的结束标志与 MBR、EBR 的结束标志相同，都为 "55 AA"。

以上 5 个部分共占用一个扇区，统称为引导扇区。

任务 3.4　FAT32 文件系统 FAT 表

文件分配表（File Allocation Table，FAT）是用来描述文件系统内存储单元的分配状态及文件内容的前后链接关系的表格。它对于 FAT 文件系统来讲是至关重要的一个组成部分，并且对于硬盘的使用也非常重要，假若丢失文件分配表，那么硬盘上非连续存储的数据就无法定位，也就不能将数据提取出来。

FAT32 文件系统的 FAT 表分析

1. FAT 表的组成

FAT 表由 FAT 表项构成。每个 FAT 表项的大小有 12 位、16 位和 32 位三种情况。每个 FAT 表项都有一个固定的编号，这个编号从 0 开始，FAT 表一共有两个，表中的内容完全一致，分别称为 FAT1 与 FAT2。如图 3-3 为 FAT32 文件系统的 FAT 表，每个表项的大小是 32 位，也就是 4 个字节。

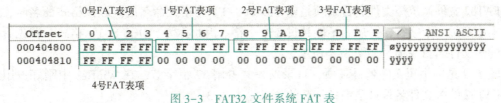

图 3-3　FAT32 文件系统 FAT 表

0 号和 1 号 FAT 表项有特殊的用途（FAT0 代表存储介质的标识，FAT1 用来存储文件系统的肮脏标志）。详细的 FAT 值的含义如表 3-2 所示。每一个 FAT 表项都会映射到数据区的一个簇中。因为 0 号 FAT 表项和 1 号 FAT 表项有特殊用途，无法与数据区中的簇形成映射，所以从 2 号 FAT 表项开始跟数据区中的第一个簇映射，正因为如此，数据区中的第一个簇的编号为 2 号簇（第一个簇为根目录）。然后 3 号簇跟 3 号 FAT 表项映射，4 号簇跟 4 号 FAT 表项映射，以此类推，直到映射完数据区中的最后一个簇。

表 3-2　FAT 表项中值的含义

FAT 项值（32 位）	含　　义
0000 0000H	未使用的簇
0000 0002H～0FFF FFFEH	一个已分配的簇号
0FFF FFF0H～0FFF FFF6H	保留
0FFF FFF7H	坏簇
0FFF FFFFH	文件结束簇

2. FAT 表的作用

如果一个 FAT 表项为非 0，则表示这个簇已被分配使用。一个非 0 的 FAT 表项可能会是一个文件的下一个簇号，也有可能是一个好的文件的结束标记，或者是一个坏簇标记。如果要找一个文件的下一个簇，只需要查看该文件的目录项中描述的起始簇号所对应的 FAT 项，如果该文件只有一个簇，则此处的值为一个结束标记；如果该文件不止一个簇，则此处的值是它下一个簇的簇号（见表 3-2）。对于 FAT 表项的管理，以 FAT16 文件系统的为例，其 FAT 表项是 16 位的，也就是每个 FAT 项占 2 个字节。16 位的 FAT 表项最多管理 65535 个簇。FAT16 文件系统簇大小可以达到 128 个扇区（64 KB），FAT16 文件系统最多能管理 64×65535 个扇区，即 4096 MB＝4 GB 的分区，对于 FAT32 来说可以管理 128 GB 的分区大小。

任务 3.5　FAT32 文件系统目录项

目录项用来描述文件或文件夹的属性、大小、创建时间、修改时间等信息。在 FAT32 文件系统下，分区根目录下的文件及文件夹的目录项存放在根目录区中，分区子目录下的文件及文件夹的目录项存放在子目录区中，根目录区和子目录区都属于数据区，根目录位于数据区的开始位置，也就是 2 号簇。

FAT32 文件系统的目录项分析

FAT32 文件系统分为短文件名目录项、长文件名目录项、卷标目录项、"."目录项与".."目录项 5 种类型。

1. 短文件名目录项

FAT32 文件系统短文件名目录项是以"DOS 8.3"为格式命名的。以该格式命名时，主文件名不能超过 8 个字符，扩展名不能超过 3 个字符，因此称为"DOS 8.3"格式。首先看一下具体的短文件名目录项，如图 3-4 所示。

图 3-4 是一个短文件名目录项，目录项一共占用 32 个字节，在 WinHex 中刚好占用了两行，FAT32 的短文件名目录项中各字节的含义见表 3-3。

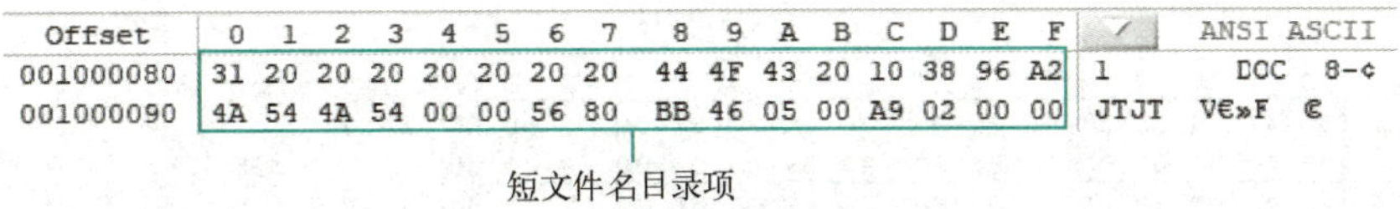

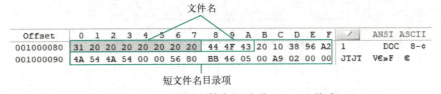

图 3-4　FAT32 短文件名目录项

表 3-3　FAT32 短文件名目录项中各字节的含义

字节偏移	字段长度/字节	字段内容及含义	
0x00	8	主文件名	
0x08	3	文件的扩展名	
0x0B	1	文件属性	00000000（读/写）
			00000001（只读）
			00000010（隐藏）
			00000100（系统）
			00001000（卷标）
			00010000（子目录）
			00100000（文件）
0x0C	1	未用	
0x0D	1	文件创建时间精确到 10 ms 的值	
0x0E	2	文件创建时间，包括时、分、秒	
0x10	2	文件创建日期，包括年、月、日	
0x12	2	文件最近访问日期，包括年、月、日	
0x14	2	文件起始簇号的高位	
0x16	2	文件修改时间，包括时、分、秒	
0x18	2	文件修改日期，包括年、月、日	
0x1A	2	文件起始簇号的低位	
0x1C	4	文件大小（以字节为单位）	

下面对 FAT32 短文件名目录项参数做详细分析。

1）00H~07H：主文件名。主文件名共占 8 字节，如果文件名用不完 8 字节，后面用空格（16 进制数值为 20H）填充。在当前例子中，主文件名为 "1.doc"，如图 3-5 所示。另外，该位置的第一个字节也用来表示目录项的分配状态，当该字节是 "00" 时，表示该目录项从未使用过；当该字节是 "E5" 时，表示该目录项曾经使用过，但目前已经被删除。

图 3-5　FAT32 短文件名目录项 DOS 8.3 格式

2）08H~0AH：文件的扩展名。文件的扩展名共占 3 字节，对于文件夹来说没有扩展名，那么这 3 个字节就可以用空格填充。在当前例子中，扩展名为 "TXT"。如图 3-5 中的 "44 4F 43" 为 .doc 文件的扩展名。

3）0BH：文件属性。文件属性占 1 字节，可以表示文件的各种属性，表示的方法是按二进制位定义，最高两位保留未用，0~5 位分别是只读位、隐藏位、系统位、卷标位、子目录位、文件位。如图 3-6 为 FAT32 实例中的文件属性。

4）0CH：未用。该字节不使用。

卷标属性
Offset 0 1 2 3 4 5 6 7 8 9 A B C D E F ANSI ASCII
001000000 46 41 54 33 32 20 20 20 20 20 20 08 00 00 00 00 FAT32
001000010 00 00 00 00 00 00 8E A2 4A 54 00 00 00 00 00 00 Ž¢JT
001000020 42 20 00 49 00 6E 00 66 00 6F 00 0F 00 72 72 00 B Info rr
001000030 6D 00 61 00 74 00 69 00 6F 00 00 00 6E 00 00 00 matio n
001000040 01 53 00 79 00 73 00 74 00 65 00 0F 00 72 6D 00 Syste rm
001000050 20 00 56 00 6F 00 6C 00 75 00 00 00 6D 00 65 00 Volu me
001000060 53 59 53 54 45 4D 7E 31 20 20 20 16 00 96 8D A2 SYSTEM~1 - ¢
001000070 4A 54 4A 54 00 00 8E A2 4A 54 03 00 00 00 00 00 JTJT Ž¢JT
001000080 31 20 20 20 20 20 20 20 44 4F 43 20 10 38 96 A2 1 DOC 8-¢
001000090 4A 54 4A 54 00 00 56 80 BB 46 05 00 A9 02 00 00 JTJT V€»F ©
长文件名标识
系统隐藏子目录
文档属性

图 3-6 FAT32 实例中的文件属性

5）0DH：文件创建时间精确到 10 ms 的值。文件在创建时的时间值（精确到 10 ms 的值）用该字节表示。

6）0EH~0FH：文件创建时间。这是文件创建的时、分、秒的数值，可通过数据解释器来查看。

7）10H~11H：文件创建日期。这是文件创建的年、月、日的数值，可通过数据解释器来查看。

8）12H~13H：文件最近访问日期。这是文件最后访问的年、月、日的数值，可通过数据解释器来查看。

9）14H~15H：文件起始簇号的高位。这两个字节作为文件起始簇号的高位使用。

10）16H~17H：文件修改时间。这是文件最后修改的时、分、秒的数值。

11）18H~19H：文件修改日期。这是文件最后修改的年、月、日的数值。

12）1AH~1BH：文件起始簇号的低位。这两个字节作为文件起始簇号的低位使用，如图 3-7所示，低位当前值为“05H 00H”这是 Little-endian 的字节序，在 WinHex 中应该用 Big-endian的字节序，需要从高位往低位写，则值应为“00H 05H”。FAT32 的目录项中，文件起始簇号占用 4 个字节，把偏移 14H~15H 处的 2 个字节作为高位，最终组成的 4 个字节就是文件的开始簇号，得到文件开始簇号为“0005H”簇，换算为十进制等于 5，所以该文件开始于 5 号簇。

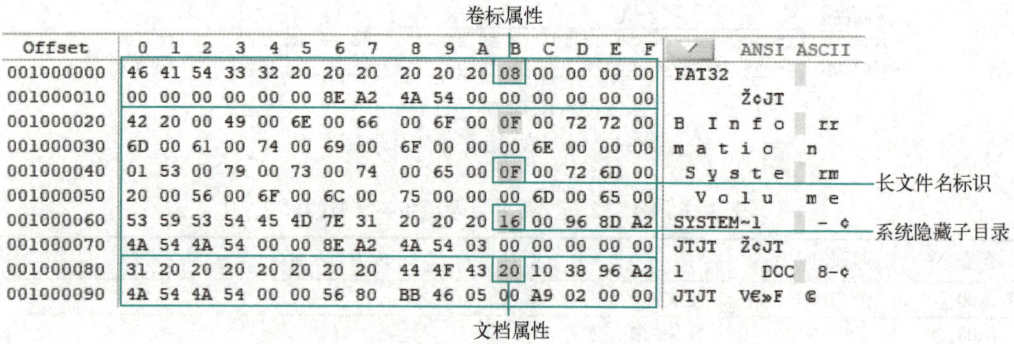

Offset 0 1 2 3 4 5 6 7 8 9 A B C D E F ANSI ASCII
001000080 31 20 20 20 20 20 20 20 44 4F 43 20 10 38 96 A2 1 DOC 8-¢
001000090 4A 54 4A 54 00 00 56 80 BB 46 05 00 A9 02 00 00 JTJT V€»F ©
文件起始高位簇
文件起始低位簇
文件大小字节数

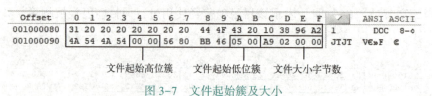

图 3-7 文件起始簇及大小

13）1CH~1FH：文件大小。文件大小占用 4 字节，记录着文件所占用的总字节数。如图 3-7 所示，当前值为“000002A9H”，换算成十进制就是 681，说明文件大小为 681 字节。

2. 长文件名目录项

由于短文件名目录项的文件名不能超过 8 个字符，在实际应用中超过 8 字符的该如何处理？这里就引入了长文件名目录项的概念，它的文件名可以超过 8 个字符，扩展名也可以超过 3 个字符。对于文件名超过 8 个字符的目录项实际存储着两个名字，即一个短文件名和一个长文件名。创建长文件名目录项时，其对应短文件名的存储有以下三个处理原则。

1）系统取长文件名的前 6 个字符加上“~1”形成短文件名，其扩展名不变。

2）如果已存在这个名字的文件，则将"~"后的数字自动增加。

3）如果有非法的字符，则以下画线"_"替代。

每个长文件名目录项占用32字节，一个目录项作为长文件名目录项使用时，其文件属性值为0FH，每个长文件名目录项最多能够存储13个字符；如果文件名很长，一个长文件名就需要多个目录项，这些目录项按倒序排列在其短文件名目录项之前。如图3-8所示，是一个文件名为System Volume Information的长文件名目录项，其文件属性为目录，也就是文件夹。

System Volume Information 文件名

Offset	0 1 2 3 4 5 6 7	8 9 A B C D E F		ANSI ASCII
00100000	46 41 54 33 32 20 20 20	20 20 20 08 00 00 00 00		FAT32
00100010	00 00 00 00 00 00 8E A2	4A 54 00 00 00 00 00 00		ŽxJT
00100020	42 20 00 49 00 6E 00 66	00 6F 00 0F 00 72 72 00		B I n f o rr
00100030	6D 00 61 00 74 00 69 00	6F 00 00 00 6E 00 00 00		m a t i o n
00100040	01 53 00 79 00 73 00 74	00 65 00 0F 00 72 6D 00		S y s t e rm
00100050	20 00 56 00 6F 00 6C 00	75 00 00 00 6D 00 65 00		V o l u m e
00100060	53 59 53 54 45 4D 7E 31	20 20 20 16 00 96 8D A2		SYSTEM~1 -¢
00100070	4A 54 4A 54 00 00 8E A2	4A 54 03 00 00 00 00 00		JTJT ŽxJT
00100080	31 20 20 20 20 20 20 20	44 4F 43 20 10 38 96 A2		1 DOC 8-¢
00100090	4A 54 4A 54 00 00 56 80	BB 46 05 00 A9 02 00 00		JTJT V€»F ©

长文件名目录项

图3-8 长文件名目录项

3. "."目录项与".."目录项

在子目录所在的文件目录项区域中，总有两个特殊的目录，它们就是"."目录和".."目录。这两个目录可以用DOS命令"DIR"查看到。其中，"."表示当前目录，其起始簇号表示的是当前子目录所在的簇号；".."表示上级目录，其起始簇号表示的是上级目录所在的簇号，如果上级目录所在的簇号为0，表示的是上级目录为根目录，如图3-9所示。

Offset	0 1 2 3 4 5 6 7	8 9 A B C D E F		ANSI ASCII	
00103C000	2E 20 20 20 20 20 20 20	20 20 20 10 00 02 96 4C		. -L	"."表项
00103C010	4B 54 4B 54 00 00 97 4C	4B 54 11 00 00 00 00 00		KTKT -LKT	
00103C020	2E 2E 20 20 20 20 20 20	20 20 20 10 00 02 96 4C		.. -L	"."表项
00103C030	4B 54 4B 54 00 00 97 4C	4B 54 00 00 00 00 00 00		KTKT -LKT	
00103C040	32 30 32 30 5F 31 20 20	20 20 20 10 00 31 B0 4C		2020_1 1°L	
00103C050	4B 54 4B 54 00 00 8B 4C	4B 54 12 00 00 00 00 00		KTKT ‹LKT	

图3-9 "."与".."目录项

4. 卷标目录项

卷标目录项用来描述分区的名字，名字可以随时修改。如图3-10所示，卷标名为"FAT32"的卷标目录项。卷标的目录项属于短文件名目录项，它有以下特点。

1）对FAT格式的分区，卷标的长度最多允许达到11字节，如果卷标为中文，则最多支持5个字符。

2）卷标的目录项中不记录起始簇号和大小。

3）卷标的目录项中不记录创建时间和访问时间，只记录修改时间。

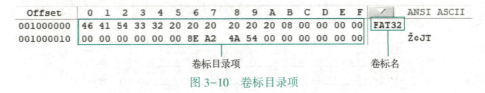

图3-10 卷标目录项

5. FAT32 根目录与子目录的管理

（1）根目录的管理

FAT32 文件系统对于根目录下文件的管理，统一在数据区中的根目录区为这些文件创建目录项，并由 FAT 表为文件的内容分配簇存放数据。而 FAT32 文件系统的根目录区的首簇一般为 2 号簇（在 DBR 的 BPB 参数中记录）。如果根目录下文件数目过多，这些文件的目录项在根目录区的首簇存放不下，FAT 表就会为根目录分配新的簇来存放根目录下的文件及文件夹的目录项。图 3-11 为 FAT32 根目录下的文件与文件夹。

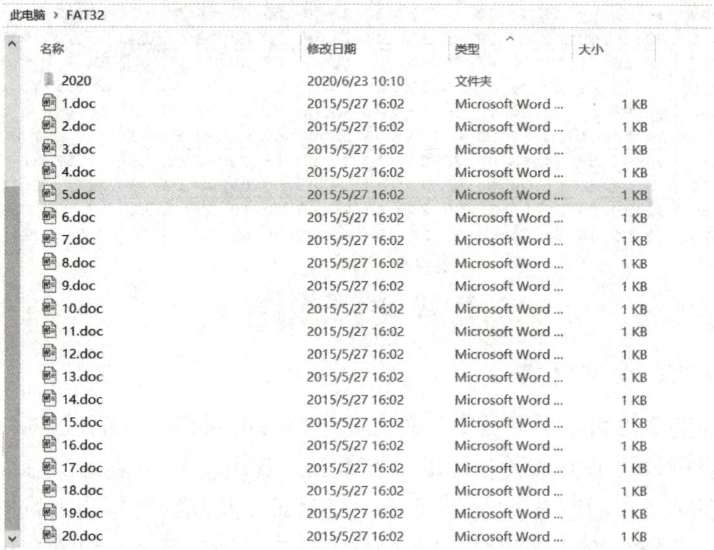

图 3-11　FAT32 文件系统的根目录

（2）子目录的管理

FAT32 的根目录、子目录及数据都是放在数据区的。子目录位于根目录的后面，对于子目录的管理，首先根目录是全部子目录的入口，如果在根目录中，目录项偏移 0BH 位置处的数据是 10H，则表示该目录项为子目录，其中，子目录中不记录它的大小，只记录文件名与目录的起始簇号，图 3-12 所示是在根目录下面创建的一个名为 "2020" 的文件夹，图 3-13 所示是该文件夹的目录项信息，其文件属性为 10H（子目录）属性，起始簇号为 011BH，换算成十进制为 283 号簇。

图 3-12　名为 "2020" 的文件夹

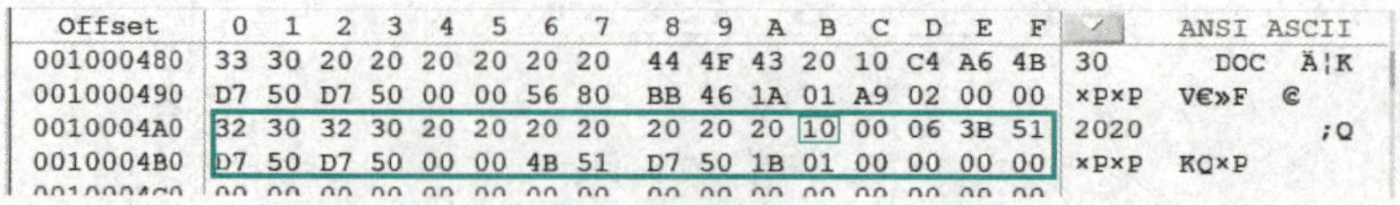

图 3-13　"2020" 文件夹的目录项信息

FAT32 的子目录被打开后就是该文件夹下的目录项信息了，其中最开始的两个目录项一定是"."目录项与".."目录项，通过"."目录项来查看当前的簇号，通过".."目录链接上级目录所在的簇号，如图 3-14 所示，存在三个目录项，分别是"."".." "2020_1"目录项。

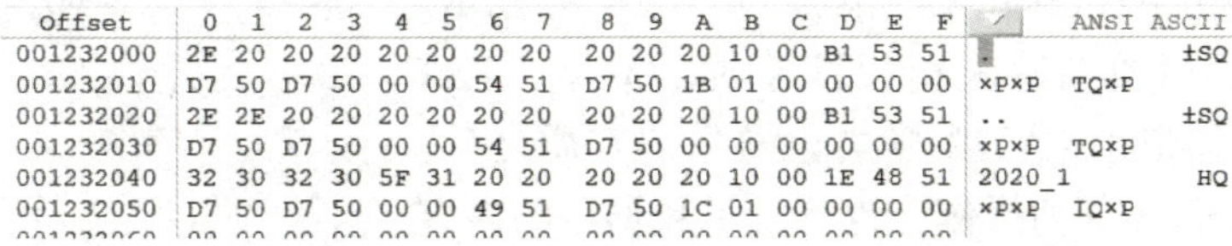

```
Offset     0  1  2  3  4  5  6  7   8  9  A  B  C  D  E  F     ANSI ASCII
001232000  2E 20 20 20 20 20 20 20  20 20 20 10 00 B1 53 51     .           ±SQ
001232010  D7 50 D7 50 00 00 54 51  D7 50 1B 01 00 00 00 00     ×P×P  TQ×P
001232020  2E 2E 20 20 20 20 20 20  20 20 20 10 00 B1 53 51     ..          ±SQ
001232030  D7 50 D7 50 00 00 54 51  D7 50 1C 01 00 00 00 00     ×P×P  TQ×P
001232040  32 30 32 30 5F 31 20 20  20 20 20 10 00 1E 48 51     2020_1      HQ
001232050  D7 50 D7 50 00 00 49 51  D7 50 1C 01 00 00 00 00     ×P×P  IQ×P
```

图 3-14 "2020" 目录

FAT32 文件系统以根目录作为入口，通过目录项的信息遍历文件或文件夹，如果文件在根目录，则直接在根目录根据对应的目录项信息读取它的起始簇号，再通过 FAT 中的信息链接其文件数据所分布的位置，即可读取文件的全部数据；如果是文件在子目录下面，则通过根目录中子目录的信息层层遍历文件所在的目录，找到对应文件的目录项从而读取文件的数据。

任务 3.6 FAT32 文件系统数据恢复实训

1. FAT32 文件系统数据恢复思想

（1）FAT32 文件系统删除的实质

对于 FAT32 来说，删除一个文件或文件夹有两种情况，一种是永久删除，即删除之后会返还用掉的存储空间。还有一种是删除到回收站，这种删除是不会将空间返还的，这种删除其实是将文件移动到另外一个系统隐藏的文件夹里面，也就是我们常说的回收站，它只是做了文件或文件夹的移动，并没有真正删除，下面主要讲解的是永久删除的情况。当删除文件或文件夹时，会将其对应的目录项的第一个字节更改为"E5"，表示删除标志。如图 3-15 所示，删除一个 1.doc 文件之后的目录项信息，再将文件或文件夹所用到的 FAT 表内容清空，这里的两个 FAT 表都要清空，目的是保持一致性。删除操作文件系统只做这两步操作，表示数据删除，对应的空间也就返还了，这样我们也就知道了其删除的文件或文件夹只是对目录项做了删除标识，其起始簇号、文件名、文件大小、修改日期都没有做清空操作；其数据区的内容也没做清空操作，由此我们就可以根据目录项的信息去读取删除的文件数据，这么做的前提是：①删除的数据没有被覆盖。②删除的数据是连续存放的文件，这里说到的连续存放是指在逻辑磁盘中，数据存放在物理上是连续的。

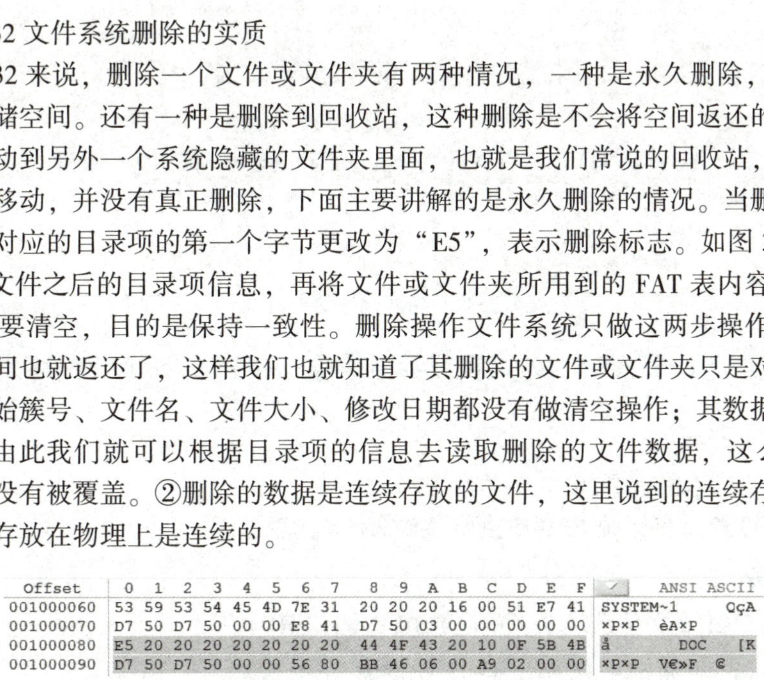

```
Offset     0  1  2  3  4  5  6  7   8  9  A  B  C  D  E  F     ANSI ASCII
001000060  53 59 53 54 45 4D 7E 31  20 20 20 16 00 51 E7 41     SYSTEM~1    QçA
001000070  D7 50 D7 50 00 00 E8 41  D7 50 03 00 00 00 00 00     ×P×P  èA×P
001000080  E5 20 20 20 20 20 20 20  44 4F 43 20 10 0F 5B 4B     å       DOC  [K
001000090  D7 50 D7 50 00 00 56 80  BB 46 06 00 A9 02 00 00     ×P×P  V€»F  ©
```

图 3-15 做删除操作后 1.doc 文件的目录项

（2）FAT32 文件系统格式化的实质

FAT32 格式化分为两种情况，一种是格式化同大小的分区，其格式化时，每簇扇区数与格式化前设置的大小相同。另外一种是设置的不同，在格式化的时候可以选择每簇扇区数的大小，如图 3-16 所示。每簇扇区数相同的情况下格式化不会对原分区的数据造成影响，如果选择的每簇扇区数小于原分区大小的话，可能会导致数据区的前面部分被覆盖，但一般覆盖的数据不多，还是有可恢复性的。如果选择的每簇扇区数远大于原分区的话，格式化的时候有可能不会覆盖根目录，这种情况下根目录下的连续文件也是可以得到恢复的。

图 3-16 每簇扇区数分配大小

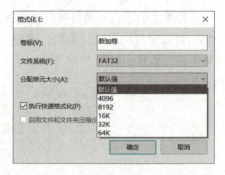

FAT32 文件系统的格式化操作有三步：①重写 DBR。②将根目录清空，再重新写入卷标目录项。③清空 FAT 表 1、FAT 表 2。知道了 FAT32 格式化操作的实质之后，发现并没有对数据区做任何操作，也就是说数据区的内容都还存在，但 FAT 表与根目录的内容都被清空了，FAT 表被清空意味着非连续的文件是不能全部恢复出来的，根目录被清空意味着根目录下的文件是不能恢复的，总的来说就是格式化操作可以恢复所有子目录下连续的文件。下面做一个格式化 FAT32 分区的实例，格式化时每簇扇区数大小的相同，由于其 DBR 的各项参数和原分区是一致的，因此只用看根目录与 FAT 表的变化。图 3-17 为格式化后 FAT 表 1、FAT 表 2 的数据，可以看到 FAT 表项只占用了 3 个，0 号 FAT 表项是代表存储介质的标识，1 号 FAT 表项用来存储文件系统的肮脏标志，3 号表示的是根目录。如图 3-18 为格式化后的根目录，从偏移 0BH 处的值为 08H 可以知道，这是个卷标目录项，也就不难判断出这是否是根目录。

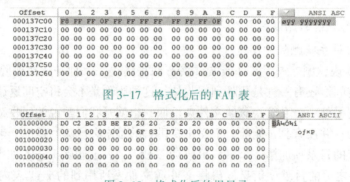

Offset	0	1	2	3	4	5	6	7	8	9	A	B	C	D	E	F	ANSI ASC
000137C00	F8	FF	FF	0F	FF	FF	FF	FF	FF	FF	FF	0F	00	00	00	00	øÿÿ ÿÿÿÿÿÿÿ
000137C10	00	00	00	00	00	00	00	00	00	00	00	00	00	00	00	00	
000137C20	00	00	00	00	00	00	00	00	00	00	00	00	00	00	00	00	
000137C30	00	00	00	00	00	00	00	00	00	00	00	00	00	00	00	00	
000137C40	00	00	00	00	00	00	00	00	00	00	00	00	00	00	00	00	
000137C50	00	00	00	00	00	00	00	00	00	00	00	00	00	00	00	00	
000137C60	00	00	00	00	00	00	00	00	00	00	00	00	00	00	00	00	

图 3-17 格式化后的 FAT 表

Offset	0	1	2	3	4	5	6	7	8	9	A	B	C	D	E	F	ANSI ASCII
001000000	D0	C2	BC	D3	BE	ED	20	20	20	20	20	08	00	00	00	00	ÐÂ¼Ó¾í
001000010	00	00	00	00	00	00	6F	83	D7	50	00	00	00	00	00	00	of×P
001000020	00	00	00	00	00	00	00	00	00	00	00	00	00	00	00	00	
001000030	00	00	00	00	00	00	00	00	00	00	00	00	00	00	00	00	
001000040	00	00	00	00	00	00	00	00	00	00	00	00	00	00	00	00	
001000050	00	00	00	00	00	00	00	00	00	00	00	00	00	00	00	00	

图 3-18 格式化后的根目录

3.6.1 实训 1 FAT32 文件系统手工重建 DBR

1. 实训目的

1）掌握 FAT32 文件系统 DBR 的重建方法。

2）掌握 FAT32 文件系统 BPB 中重要参数的计算方法。

2. 实训任务

任务素材：FAT32 文件系统手工重建 DBR 案例 . VHD

【任务描述】 某公司一位职工的 U 盘突然出现了"使用驱动器 E：中的光盘之前需要将其格式化"的提示，如图 3-19 所示，因为存放重要资料，且没有备份，现需将该磁盘修复。

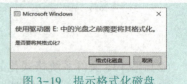

图 3-19 提示格式化磁盘

3. 实训步骤

【任务分析】 对于提示"格式化磁盘"故障现象，通常是 DBR 被破坏导致的，下面是手工修复 DBR 实例的具体步骤。

1) 首先制作 U 盘的镜像文件，可以用 R-STUDIO、WinHex 或其他工具。
2) 用 WinHex 软件打开所要修复的磁盘。
3) 打开之后就是 0 扇区 MBR 的十六进制界面，如图 3-20 所示。根据 MBR 中的 BPB 参数可以看到该 U 盘是 FAT32 的文件系统（分区标识为 0CH），其分区起始扇区位置为 0800H，换算成十进制之后为 2048 号扇区，其分区总大小换算成十进制为 31033296 个扇区。

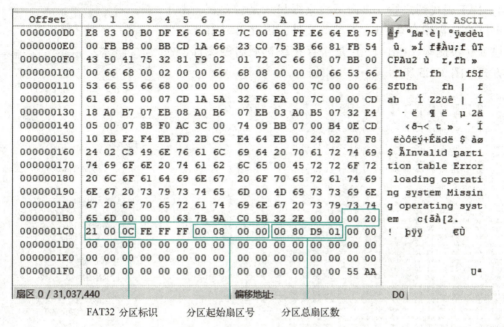

图 3-20　MBR 中的 BPB 参数

4) 跳到分区的起始位置 2048 扇区，也就是 FAT32 的 DBR，如图 3-21 所示。发现 DBR 中的数据显示为乱码，最后也没有结束标识 55AA，由此就能判断 DBR 确实是被破坏了。下面来具体分析 FAT32 分区的内容，进入"分区 1"逻辑分区，此时的 0 号扇区就是 FAT32 分区的 DBR。

5) 由于主 DBR 已经被破坏，所以跳转到备份 DBR，看其是否被破坏，从 DBR 位置向下跳转 6 个扇区就是 DBR 备份，如图 3-22 所示，发现备份 DBR 一样也遭到了破坏。

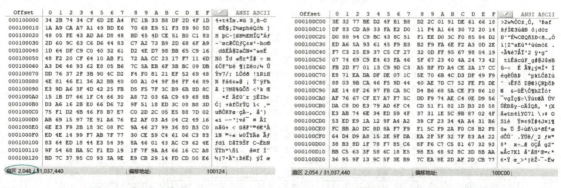

图 3-21　DBR 位置　　　　　　　　　　图 3-22　备份 DBR 位置

6) 由于 DBR 与 DBR 备份都被破坏了，所以需要查看 U 盘的数据被破坏的程度。下面看 FAT 表和根目录是否遭到破坏，根据 FAT32 中的 FAT 表的标识为 F8FFFF0FH，向下查找 FAT 表是否还存在，如图 3-23 所示。

7）查找完发现在 2494 号扇区找到了 FAT1 表（该位置是相对于 DBR 的开始位置偏移，也就是打开分区 1 之后的扇区号），如图 3-24 所示。然后继续向下检索 FAT2 表，结果在 17631 号扇区（也是相对于 DBR 的开始位置偏移）中找到，由此可以判断 FAT 表是完好的。

8）FAT 表找到之后，再向下检索根目录是否存在，由于客户提供的 U 盘中存在 .doc 类型的文件，因此可以由此信息向下检索（快捷键〈Ctrl+F〉）是否存在该扩展名的文件，检索的方式如图 3-25 所示。

图 3-23 查找 FAT 表

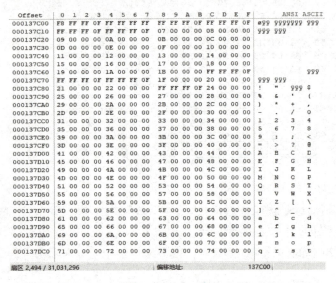

图 3-24 FAT 表

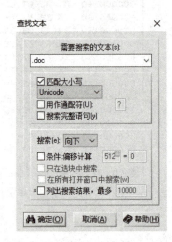

图 3-25 查找 .doc 类型文件

9）查找结束之后，在 34816 号扇区中找到了 .doc 类型的文件，由于在查找的时候是从 MBR 开始寻找的，对于在 FAT32 分区中的位置应该减去 2048 个隐藏扇区数，所以该文件类型在 FAT32 分区中的位置是 34816−2048＝32768 号扇区。接下来分析图 3-26 的数据，发现该扇

图 3-26 根目录

区是一个目录，从扇区开始的 0BH 处的文件属性标识为 08H 可知这是个卷标目录项，由此就能判断这是根目录，并且没有遭到破坏。

根据上文可知 DBR 所在扇区为 2048、FAT1 表所在扇区为 2494、FAT2 表所在扇区为 17631、根目录所在扇区为 32768，以及分区总扇区数为 31031296。由此可以计算出 FAT 表大小 = FAT2 - FAT1，大小为 15137，保留扇区大小为 FAT1 表所在的位置，大小为 2494。

根据上述得到的数据可知，只有 DBR 被破坏了，FAT 表、根目录和数据区都完好，那么只需要修复好 DBR 就能将 U 盘中的数据提取出来，接下来通过手工恢复 DBR。

10）先在计算机里的磁盘中创建一个与 U 盘容量大小相近的动态虚拟磁盘，当然也可以创建与 U 盘一样大小的，这种创建的好处是，可以直接使用虚拟磁盘中的 DBR 来修复 U 盘的 DBR，如果不知道 U 盘容量，这种方式是不可取的，所以下面创建一个与 U 盘相近的 16 GB 虚拟磁盘，创建方式如图 3-27 所示。

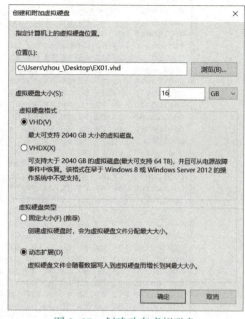

图 3-27　创建动态虚拟磁盘

11）虚拟磁盘创建完成之后，将其进行初始化成 MBR，然后按照默认给出的方式格式化成 FAT32，完成之后用 WinHex 软件打开并将虚拟磁盘的 DBR 复制下来，如图 3-28 所示。

12）将复制的虚拟磁盘中的 DBR 粘贴到 U 盘中的 DBR，写入后的 DBR 如图 3-29 所示。

13）接下来修改 DBR 中的重要参数，所需要修改的参数有：每簇扇区数、DOS 保留扇区数、分区的扇区总数、每 FAT 扇区数。修改后的 DBR 参数如图 3-30 所示。

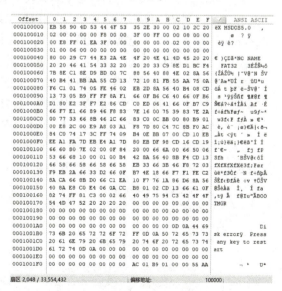

图 3-28　虚拟磁盘的 DBR　　　　　　　图 3-29　写入后的 DBR

① 每簇扇区数：一般来说格式化相近大小的分区，其每簇扇区数是一样的，这个参数可以先不改，等改好其他参数后如果还是不能访问数据，再来考虑是否要修改每簇扇区数，每簇扇区数的取值为 2^n（n 表示正整数），从图 3-30 可知该分区的每簇扇区数为 16。

```
                  分区总扇区数    FAT表大小              保留扇区数
Offset      0  1  2  3  4  5  6  7  8  9  A  B  C  D  E  F    ANSI ASCII
000100000  EB 58 90 4D 53 44 4F 53 35 2E 30 00 02 10 BE 09    ëX MSDOS5.0  ¾
000100010  02 00 00 00 00 F8 00 00 3F 00 FF 00 00 08 00 00     ø   ?ÿ
000100020  00 80 D9 01 21 3B 00 00 00 00 00 02 00 00 00 00    €Ù !;
000100030  01 00 06 00 00 00 00 00 00 00 00 00 00 00 00 00
000100040  80 00 29 C7 44 E3 2A 4E 4F 20 4E 41 4D 45 20 20    € )ÇDã*NO NAME
000100050  20 20 46 41 54 33 32 20 20 20 33 C9 8E D1 BC F4      FAT32   3ÉŽÑ¼ô
000100060  7B 8E C1 8E D9 BD 00 7C 88 56 40 88 4E 02 8A 56    {ŽÁŽÙ½ | ˆV@ˆN ŠV
000100070  40 B4 41 BB AA 55 CD 13 72 10 81 FB 55 AA 75 0A    @´A»ªUÍ r  ûUªu
000100080  F6 C1 01 74 05 FE 46 02 EB 2D 8A 56 40 B4 08 CD    öÁ t þF ë-ŠV@´ Í
000100090  13 73 05 B9 FF FF 8A F1 66 0F B6 C6 40 66 0F B6     s ¹ÿÿŠñf ¶Æ@f ¶
0001000A0  D1 80 E2 3F F7 E2 86 CD C0 ED 06 41 66 0F B7 C9    Ñ€â?÷â†ÍÀí Af ·É
0001000B0  66 F7 E1 66 89 46 F8 83 7E 16 00 75 39 83 7E 2A    f÷áfF ø~  u9ƒ~*
0001000C0  00 77 33 66 8B 46 1C 66 83 C0 0C BB 00 80 B9 01     w3f‹F f ƒÀ » €¹
0001000D0  00 E8 2C 00 E9 A8 03 A1 F8 7D 80 C4 7C 8B F0 AC     è, é¨ ¡ø}€Ä|‹ð¬
0001000E0  84 C0 74 17 3C FF 74 09 B4 0E BB 07 00 CD 10 EB    „Àt <ÿt ´ »  Í ë
0001000F0  EE A1 FA 7D EB E4 A1 7D 80 EB DF 98 CD 16 CD 19    î¡ú}ëä¡}€ëß˜Í Í
000100100  66 60 80 7E 02 00 0F 84 20 00 66 6A 00 66 50 06    f`€~   „  fj fP
000100110  53 66 68 10 00 01 00 B4 42 8A 56 40 8B F4 CD 13    Sfh      ´BŠV@‹ôÍ
000100120  66 58 66 58 66 58 66 58 EB 33 66 3B 46 F8 72 03    fXfXfXfXë3f;Før
000100130  F9 EB 2A 66 33 D2 66 0F B7 4E 18 66 F7 F1 FE C2    ùë*f3Òf ·N f÷ñþÂ
000100140  8A CA 66 8B D0 66 C1 EA 10 F7 76 1A 86 D6 8A 56    ŠÊf‹Ðf ÁÊ ÷v †ÖŠV
000100150  40 8A E8 C0 E4 06 0A CC B8 01 02 CD 13 66 61 0F    @ŠèÀä  Ì¸  Í fa
000100160  82 74 FF 81 C3 00 02 66 40 49 75 94 C3 42 4F 4F    ‚tÿ Ã  f@Iu"ÃBOO
000100170  54 4D 47 52 20 20 20 20 00 00 00 00 00 00 00 00    TMGR
000100180  00 00 00 00 00 00 00 00 00 00 00 00 00 00 00 00
000100190  00 00 00 00 00 00 00 00 00 00 00 00 00 00 00 00
0001001A0  00 00 00 00 00 00 00 00 00 00 00 00 0D 0A 44 69                 Di
0001001B0  73 6B 20 65 72 72 6F 72 FF 0D 0A 50 72 65 73 73    sk errorÿ  Press
0001001C0  20 61 6E 79 20 6B 65 79 20 74 6F 20 72 65 73 74     any key to rest
0001001D0  61 72 74 0D 0A 00 00 00 00 00 00 00 00 00 00 00    art
0001001E0  00 00 00 00 00 00 00 00 00 00 00 00 00 00 00 00
0001001F0  00 00 00 00 00 00 00 00 AC 01 B9 01 00 00 55 AA            ¬ ¹   Uª
```

图 3-30 修改后的 DBR

② DOS 保留扇区数：大小为 FAT1 表在该分区中的起始位置，大小从前面分析得到为 2494，将十进制的 2494 填到 DBR 的 0EH～0FH 偏移处。需要注意的是，WinHex 中应该用 Big-endian 的字节序，也就是说低位在前、高位在后的字节顺序。

③ 分区的扇区总数：分区的总扇区数的大小由 MBR 中的 BPB 参数提供，大小为 31031296，其在 DBR 中的字节偏移为 20H～23H。

④ 每个 FAT 的扇区数：FAT 扇区数＝根目录－FAT2 的起始位置＝FAT2 的起始位置－FAT1 的起始位置，计算出的大小为 15137，其在 DBR 中的字节偏移为 24H～27H。

14) 将修改后的 DBR 保存，然后在磁盘管理器中弹出 U 盘并重新插入，双击打开 U 盘后没有提示需要格式化，可以直接打开看到根目录下面的数据，如图 3-31 所示。尝试打开文件

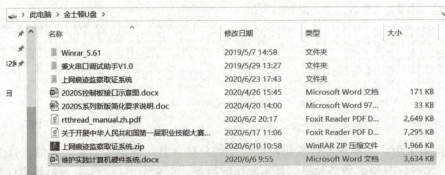

图 3-31 打开修复后的 U 盘

也正常，其他子目录下的数据也能正常打开，到此数据恢复完毕，将 U 盘中的数据复制到完好的存储介质中，以防 U 盘再次遭到数据破坏，最后将备份的数据与 U 盘全部交给客户。

3.6.2　实训 2　FAT32 文件系统误删除恢复

1. 实训目的

1）理解 FAT32 文件系统删除操作前后的结构变化。
2）掌握 FAT32 文件系统删除后的恢复方法。
3）掌握手工提取 FAT32 文件系统误删除数据的方法。

FAT32 文件系统永久删除案例

2. 实训任务

任务素材：FAT32 文件系统误删除恢复案例.VHD

【任务描述】某公司一位职工在使用 U 盘时，不小心将分区中的数据删除了，删除的数据比较重要且没有备份，数据误删除之后的界面如图 3-32 所示，现需要将"100-Ucos-Ⅲ-ST-STM32-003.pdf"文件与"STLINK 驱动"文件夹恢复出来。在恢复误删除的文件之前，首先需要清楚删除数据对系统结构的影响，下面具体阐述了 FAT32 文件系统文件与文件夹删除的原理与恢复思路。

图 3-32　文件误删除后界面

FAT32 文件系统中删除文件或文件夹分为两种方式，一种是永久性删除（快捷键〈Shift+Delete〉），另一种是先放到回收站再将回收站清空。

1）对于文件的删除。
① 文件目录项的首字节改为"E5"，作为删除标志。
② 文件目录项的 FAT 表的簇链清零。
③ 文件永久性删除时，文件目录项中起始簇号的高位两字节会被清空（超过 65535 号簇时占用高位两字节）。
④ 文件先放到回收站再清空时，文件目录项中起始簇号的高位两字节不会被清空。

2）文件删除后的恢复思路。
① 文件被删除后，如果文件的起始簇号不超过 65535 号簇，那么文件目录项中记录的文件起始簇号的高位两字节就无数据，此时文件被删除后就容易恢复，如果删除时文件目录项的高位两字节存在数据，那么该文件的起始簇号也就丢失了，这种情况下被删除的文件只能通过还原文件起始簇号的高位两字节的数据进行恢复，由于文件删除后的创建时间、修改时间不会发生改变，因此可以找到与被删除的文件创建时间相近的文件，参考它们的起始簇号高位两字节。

② 文件被删除后，FAT 表中的簇链会被清零，如果文件有碎片（文件大小至少占用两簇且文件的簇号不连续），此时只能恢复文件第一部分连续簇中的数据，这种情况下被删除的文件也难以恢复。

③ 文件被删除后，其所占用的簇会被释放，如果此时被其他文件占用该簇，将会导致被删除的文件内容被覆盖，这种情况下将无法恢复数据。

3）对于文件夹的删除。

① 文件夹与文件夹下的所有目录项的首字节改为"E5"。

② 文件夹与文件夹下的所有目录项 FAT 表的簇链清零。

③ 文件夹目录项中的起始簇号的高位两字节会被清空。

④ 文件夹下的所有目录项的起始簇号的高位两字节不会被清空。

4）文件夹删除后的恢复思路。

① 文件夹被删除后，由于文件夹下的所有目录项的高位簇不会被清空，因此文件夹下的非碎片文件都能够恢复出来。

② 文件夹被删除后，如果文件有碎片或者文件内容被覆盖，这种情况下数据较难恢复。

3. 实训步骤

【任务分析】从任务描述中知道要恢复的数据为 1 个文件和 1 个文件夹，根据 FAT32 文件系统删除的实质，在文件内容没有被覆盖的情况下，只要恢复的文件不占用高位簇并且是连续文件，那么恢复被删除的数据的可能性就较大，下面是具体的恢复步骤。

1）首先制作 U 盘的镜像文件，可以用 R-STUDIO、WinHex 或其他工具。

2）用 WinHex 软件打开所要修复的 U 盘。

3）打开之后就是 0 扇区 MBR 的十六进制界面，如图 3-33 所示。根据 MBR 中的 BPB 参数可以看到该 U 盘是一个 FAT32 的文件系统（根据分区标识 0CH），其分区起始扇区位置为 0800H，换算成十进制之后为 2048 号扇区，其分区总大小换算成十进制为 59553792 个扇区。

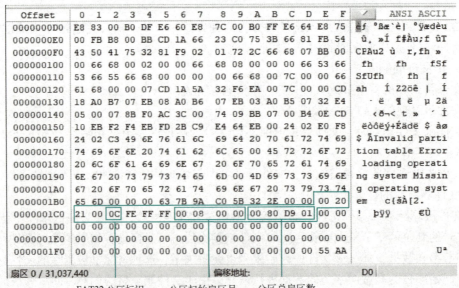

图 3-33 MBR 的十六进制界面

4）然后跳到分区的起始位置 2048 号扇区，也就是 FAT32 的 DBR，如图 3-34 所示。根据 DBR 中偏移量 0DH 知道分区的每簇扇区数大小为 32（转换成十进制的值），偏移量 0EH~0FH 处保留扇区的大小为 3704，偏移量 24H~25H 处 FAT 表的大小为 14532，FAT 表的个数为 2，由此就能计算出根目录的位置=保留扇区数+FAT 表大小×2，最终计算出根目录的位置在 32768 号扇区（该位置相对于 DBR 开始偏移）。

5）跳转到分区 1 的 32768 号扇区根目录处，找到 "STLINK 驱动" 与 "100-uCOS-III-ST-STM32-003.pdf" 目录项，根目录的十六进制数据如图 3-35 所示；文件名 "STLINK 驱动" 为文档目录项（文件夹）如图 3-36 所示；文件名 "100-uCOS-III-ST-STM32-003.pdf" 为子目录目录项（文件）如图 3-37 所示。

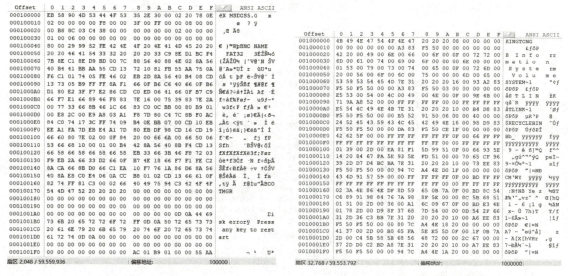

图 3-34　DBR　　　　　　　　　　　　　　图 3-35　根目录

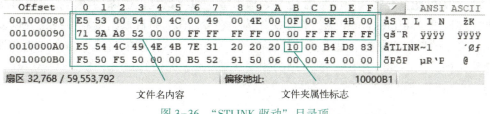

图 3-36　"STLINK 驱动" 目录项

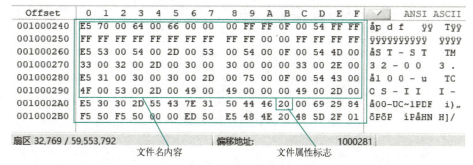

图 3-37　"100-uCOS-III-ST-STM32-003.pdf" 目录项

6）可以看到 "STLINK 驱动" 目录项的首字节被填充成了 "E5" 删除标志，表示该文件夹已经被删除，目录项中其他的信息都没有做任何修改；由此可以根据目录项得出 "STLINK 驱动" 文件夹的起始簇号为 6 号簇，接下来看 6 号簇的 FAT 表项的使用情况为未使用，如图 3-38 所示，最后跳转到 6 号簇的起始位置=根目录起始扇区+(6-2)×每簇扇区数，计算出结果为 32896 号扇区，跳转到该扇区可以发现是子目录的目录项信息，并且信息都是完好存在，如

图 3-39 所示。

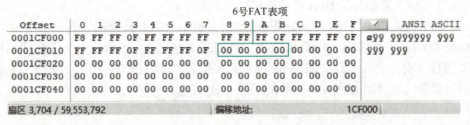

图 3-38 6号 FAT 表项

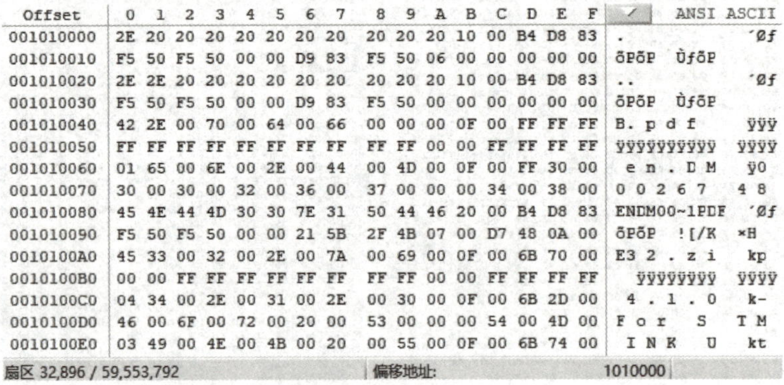

图 3-39 子目录目录项

7) 由以上信息可以总结出之前在文件或文件夹的删除操作,只是将目录项的首字母改为了 "E5" 删除标记,并将相应簇号的 FAT 表项清空,想要恢复误删除的数据,可以直接将要恢复的文件通过 WinHex 提取出来,具体操作为,在 WinHex 的目录浏览器中找到要恢复的文件或文件夹,然后单击鼠标右键选择 "恢复/复制" 命令,这样就能将选中的文件或文件夹恢复到指定路径。图 3-40 与图 3-41 所示为恢复出来的 "100-uCOS-III-ST-STM32-003.pdf" 文件与 "STLINK 驱动" 文件夹,文件都能正常打开。

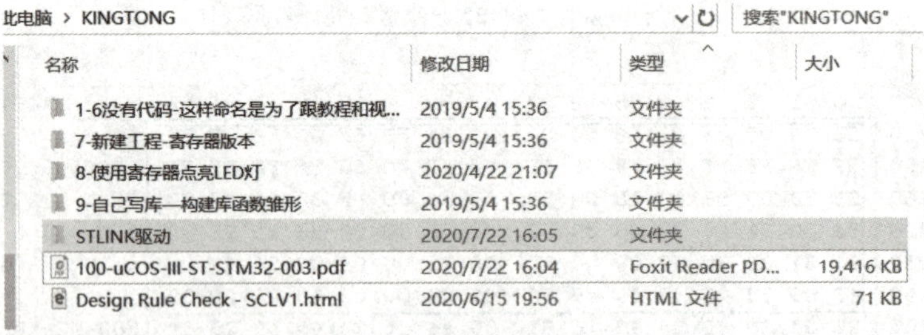

图 3-40 恢复 "100-uCOS-III-ST-STM32-003.pdf" 文件

图 3-41 恢复 "STLINK 驱动" 文件夹

3.6.3 实训 3 FAT32 文件系统误格式化恢复

1. 实训目的

1) 理解 FAT32 文件系统格式化操作前后的结构变化。
2) 掌握 FAT32 文件系统格式化提取数据的方法。

2. 实训任务

任务素材：FAT32 文件系统误格式化恢复案例.VHD

【任务描述】用一个 16 GB 的 U 盘，根目录下面存放 10 个.doc 文件与一个 "xls 文件" 文件夹，"xls 文件" 文件夹中存放了 10 个.xls 文件与一个名为 "txt 文件" 的文件夹（以下简称 TXT 文件夹），TXT 文件夹中存放 10 个.txt 文件，文件中都是有数据存在的，如图 3-42~图 3-44 所示；然后将该 U 盘进行格式化操作，以此模拟 FAT32 文件系统的误格式化操作，格式化操作时选择的每簇扇区数大小、文件系统格式与格式化之前是一致的，最后要求将 U 盘中的数据恢复出来。

图 3-42 根目录

图 3-43 一级子目录   图 3-44 二级子目录

3. 实训步骤

【任务分析】根据描述本任务，是将 FAT32 文件系统格式化成 FAT32 文件系统，并且格式化前后其每簇扇区数一致，FAT32 文件系统的格式化会重建 DBR、清空两个 FAT 表、重建根目录；由于每簇扇区数相同，所以 DBR 重建时和格式化前是一致的；清空 FAT 表，会导致非连续存放的数据不能完整恢复，而连续存放的文件则可以恢复；根目录重建会导致根目录下的数据是无法恢复的，而子目录下的数据有恢复的可能性。综合以上，我们可以恢复在子目录下连续存放的文件。

1) 首先制作 U 盘的镜像文件，可以用 R-STUDIO、WinHex 或其他工具。
2) 用 WinHex 软件打开格式化后 U 盘的 DBR，如图 3-45 所示。
3) 根据 DBR 中的参数可以确定每簇扇区数为 16，保留扇区数为 2494，FAT 表个数为 2，FAT 表大小为 15137 个扇区，扇区总大小为 31031296 个扇区。
4) 跳转到根目录位置 32768 号扇区（相对于 DBR 开始偏移），发现根目录中只有系统隐藏的一个子目录，没有其他数据的目录项存在，如图 3-46 所示。
5) 格式化前的数据在根目录的后面，下面搜索是否有子目录的存在，即在根目录位置用 WinHex 向下查找十六进制值 2E2E（表示 ".." 目录项），如图 3-47 所示。
6) 如图 3-48 所示为查找到的子目录（搜索 3 次的结果），该子目录下存放的 10 个 XLS 文件与 1 个 TXT 文件夹。

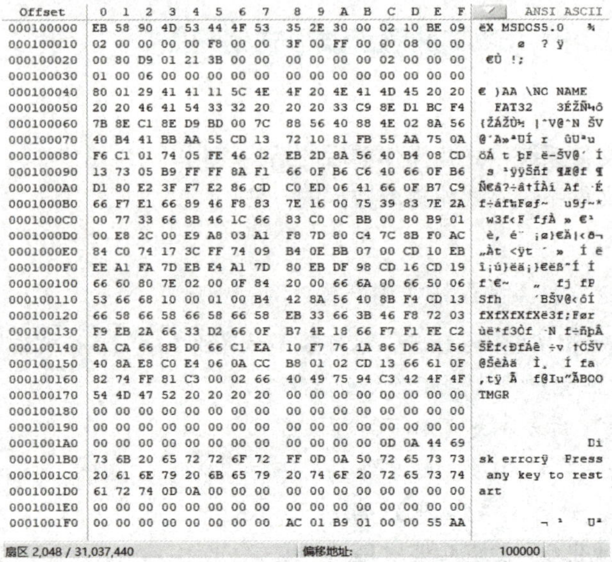

图 3-45　格式化后 U 盘的 DBR

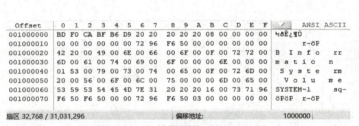

图 3-46　格式化操作后的根目录

图 3-47　查找子目录

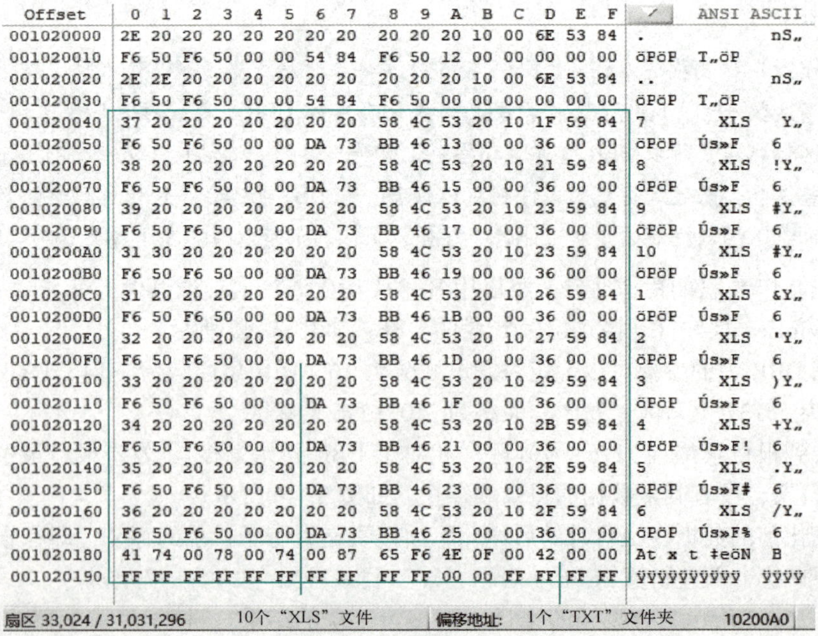

图 3-48　子目录

7)选择"TXT 文件夹"目录项选块,然后单击右上角的"下三角"符号,选择"txt 文件(dir)"模板,如图 3-49 所示。图 3-50 为"txt 文件"的模板,"(FAT 32)High word of cluster #"为高位簇信息,值为 0;"16-bit cluster#"为低位簇的信息,值为 39,所以"TXT 文件夹"目录项所在簇号为 39。

8)由于格式化前后的相关参数设置都是一致的,所以在当前分区直接跳转到 39 号簇就是格式化前的簇号,接下来跳转至 39 号簇,如图 3-51 所示。

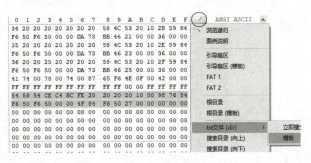

图 3-49 选择"txt 文件(dir)"模板

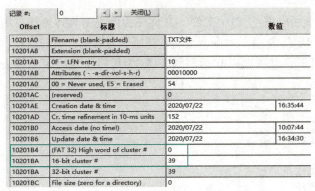

图 3-50 "txt 文件"的模板

图 3-51 跳转至 39 号簇

9)图 3-52 为 39 号簇的信息,从"."目录项中的偏移位置 1AH~1BH 中的值表示的是当前目录所在的簇号,将十六进制 0x0027 转换为十进制后为 39,也就是"txt 文件"文件夹子目录的目录项,该子目录中有 10 个文件的目录项信息。

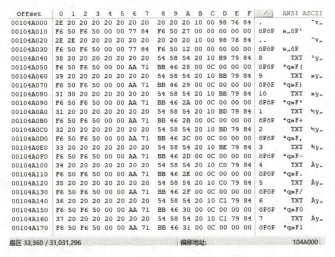

图 3-52 目录项信息

10)继续向下查找子目录,由于该案例中只有两个子目录,所以向下搜索并没查找到其他的子目录。接下来将第一个子目录作为根目录下的目录项进行文件的遍历,只需要把第一个子目录下的目录项复制到根目录下面即可,这样就能完成文件的索引,注意"."与".."目录项是不需要复制的,保存之后用 WinHex 重新加载 U 盘,再打开分区,可以看到其格式化前子目录的数据,如图 3-53 所示。

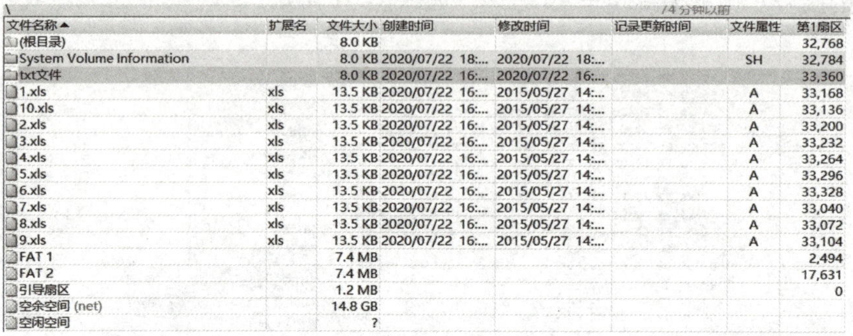

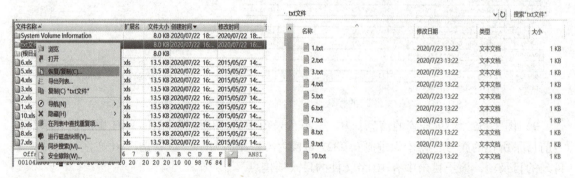

图 3-53　数据目录

11)恢复所需要的文件或文件夹。下面以恢复"txt 文件"文件夹为例说明具体方法。用鼠标右键单击"txt 文件"文件夹,选择"恢复/复制"命令,最后选择所恢复数据存放的路径,如图 3-54 所示,这里注意恢复路径的数据不要直接选择 U 盘。图 3-55 为最终恢复出来文件夹中的所有文件。

图 3-54　恢复"txt 文件"文件夹　　　　图 3-55　恢复后的文件

3.6.4　实训 4　FAT32 文件系统目录丢失恢复

1. 实训目的

1)理解 FAT32 文件系统的文件属性。
2)掌握 FAT32 文件系统的目录项结构。
3)掌握 FAT32 文件系统手工提取数据的方法。

2. 实训任务

任务素材:FAT32 文件系统目录丢失恢复案例.VHD

【任务描述】某客户有一个 16 GB 的 U 盘,上次使用该 U 盘时在其他计算机上复制了一份数据,之后插在自己的计算机上时,发现 U 盘中的数据就全部丢失,U 盘可以正常打开,打开之后里面没任何文件,但 U 盘的可用空间并未发生变化,要求将 U 盘的数据恢复出来。

3. 实训步骤

【任务分析】由于 U 盘能正常打开，说明分区结构没有遭到破坏，并且也没对该分区进行格式化操作，那么可能是由于目录项的信息丢失导致数据无法显示，下面是对该分区恢复的具体操作步骤。

1）首先制作 U 盘的镜像文件，可以用 R-STUDIO、WinHex 或其他工具。
2）用 WinHex 软件打开故障 U 盘的 DBR，如图 3-56 所示。
3）根据 DBR 的 BPB 参数信息可以知道该 U 盘的分区为 FAT32 文件系统，其 FAT1 表在 446 号扇区（相对于 DBR 位置偏移），大小为 16161 个扇区，接下来跳转至 FAT1 表，如图 3-57 所示，可以看到 FAT 表 1 的数据是存在的；其根目录在 32768 号扇区，跳转至根目录，如图 3-58 所示。

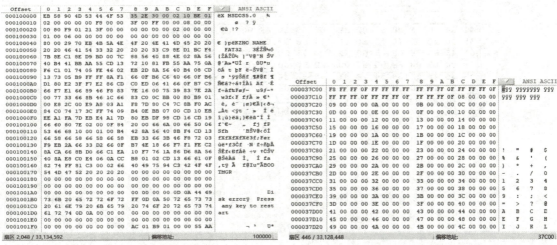

图 3-56　故障 U 盘的 DBR　　　　　　图 3-57　FAT 表 1

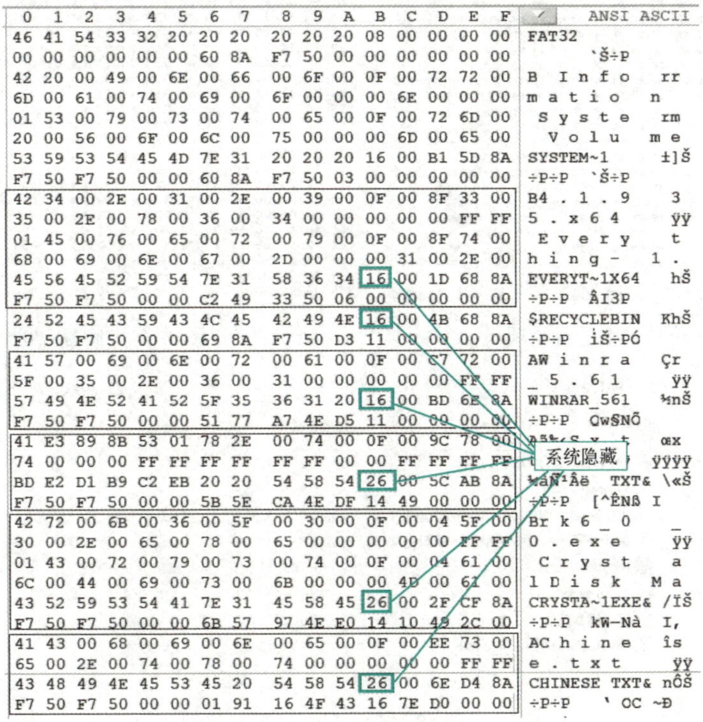

图 3-58　根目录

4）分析根目录，这是个卷标名为 FAT32 的分区，其根目录下的目录项信息都存在。接下来仔细分析下目录项的各项参数，以图 3-59 所示目录项为例，这是个长文件名目录项，文件名为"Everything-1.4.1.935.x64"，数据的起始簇号为 6 号，大小为 0，目录属性 16H，该属性为系统隐藏目录，系统隐藏目录的文件在系统下是不可见的，反过来看根目录下的其他目录项属性为 16H 或者 26H，26H 表示系统隐藏文件，这就能解释在根目录下 U 盘的数据丢失的原因了。

5）接下来看子目录中的目录项是否也被修改成系统隐藏的属性，子目录如图 3-60 所示，发现子目录属性都正常；最后将根目录下系统隐藏的目录或文件改为正常的目录或文件即可解决数据不能在根目录显示的情况，修改后的根目录如图 3-61 所示，接下来打开 U 盘，可以看到数据能在根目录下显示出来，如图 3-62 所示。

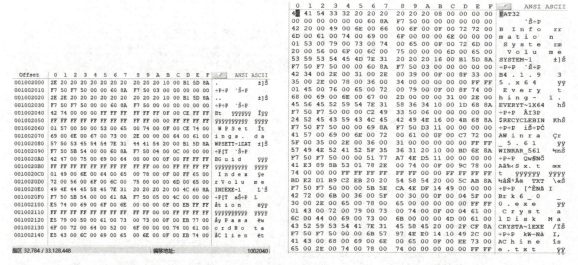

3.7 综合练习

一、填空题

1. FAT32 文件系统中，引导扇区中标记每簇扇区数为 10H，则簇大小为_____KB。
2. FAT32 文件系统中，如果保留扇区数为 32，每个 FAT 扇区数为 5816，则数据区起始位置为_____。
3. FAT32 文件系统中存储长文件名是大写的_____。
4. FAT32 文件系统中 DBR 的备份位于其 DBR 扇区之后_____个扇区。
5. FAT32 的引导扇区由_____、_____、_____三个部分组成。
6. 某文件的文件名为"shujuhuifu.txt"，这个文件将占用_____个文件名目录项。

二、选择题

1. 在 FAT32 分区中，某 FAT 项的值为"18 00 00 00"，则表示（　　）。
   A. 该文件数据分配的簇号为 18H
   B. 该簇已被占用，且文件的下一个部分放在 18H 号簇上
   C. 该簇已被占用，且文件的最后一个簇为 18H 号簇
   D. 该文件共占了 18H 个簇

2. FAT32 文件系统中，如果某个 FAT 项的值为 0，则表示（　　）。
   A. 该簇不能用于分配   B. 该簇尚未分配
   C. 该簇是已删除文件的空簇   D. 该簇未分配或者所占文件已删除

3. FAT32 文件系统在删除文件的时候做了什么操作？（　　）
   A. 将文件的属性字节清零，并将文件的簇链清零
   B. 将文件的属性字节改为"E5"，将 FAT 中所有簇项全部清零
   C. 将文件名首字节改为"E5"，并将文件的簇链清零
   D. 将文件名首字节改为"E5"

4. FAT32 文件系统中如果不修改任何信息，如何恢复文件？（　　）
   A. 将文件的目录项和 FAT 项复制到另外的分区
   B. 将文件的各部分数据复制到另外的分区，然后连接到一起
   C. 将文件的文件名和数据复制到另外的分区
   D. 将文件的目录项和所有的簇链一起复制到另外的分区

5. FAT32 文件系统中，如果某文件目录项的属性字节为"16"，则说明该文件具备哪些属性？（　　）
   A. 档案、只读、隐藏   B. 只读、隐藏、系统
   C. 子目录、隐藏、系统   D. 子目录、只读、隐藏

6. FAT32 分区的 DBR 中，记录分区开始的位置是（　　）。
   A. 1C 1D 1E 1F   B. 20 21 22 23   C. 28 29 2A 2B   D. 30 31 32 33

7. FAT32 分区的 DBR 中，记录分区大小的位置是（　　）。
   A. 20 21 22 23   B. 1C 1D 1E 1F   C. 28 29 2A 2B   D. 30 31 32 33

三、简答题

1. 直接修改文件系统结构和复制出数据两种恢复方式各有什么优势？

2. 如果在删除的时候不是彻底删除，而是移入回收站，则会出现什么情况？
3. 在 FAT32 文件系统中，如果 FAT 表全部丢失，该如何恢复指定的文件？
4. 在 FAT32 文件系统中，如何恢复被删除的带高位簇的文件？

3.8 大赛真题

1. 真题 1

任务素材 B003

虚拟磁盘编号	故 障 描 述	要　　求
B003	该磁盘是一个大小为 28 GB 的 U 盘，分区类型为 FAT32，由于病毒的破坏，打开分区时，所有文件名变为乱码，并且无法打开，如图 3-63 所示	将该 U 盘中的所有文件恢复出来，并将 54557.xls 文件的内容记录到"数据恢复要求与成果表"中

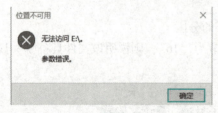

图 3-63　文件乱码

2. 真题 2

任务素材 B004

虚拟磁盘编号	故 障 描 述	要　　求
B004	该磁盘是一个大小为 30 GB 的 U 盘，由于用户误操作导致分区无法访问，打开分区时提示参数错误，如图 3-64 所示，并且分区类型为 RAW，如图 3-65 所示	将该 U 盘中的所有文件恢复出来，并将 20.txt 文件的后 10 个字符记录到"数据恢复要求与成果表"中

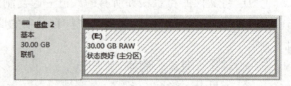

图 3-64　提示参数错误　　　　　　图 3-65　分区类型为 RAW

项目 4　exFAT 文件系统数据恢复

学习目标

为了解决 FAT32 文件系统管理的空间有限问题，便引入了 exFAT 作为大容量闪存介质的文件管理系统。本项目主要对 exFAT 文件系统 DBR、FAT 表、簇位图文件、大写字符文件与文件目录项进行了全面的分析。通过对本项目的学习，学生应掌握 exFAT 文件系统 DBR 的手工重建，掌握删除文件或文件夹的恢复与分区误格式化恢复的技能。

知识目标

- 理解 exFAT 文件系统的整体结构与 DBR 的结构
- 理解 exFAT 文件系统中 FAT 与簇的作用及特点
- 掌握手工提取 exFAT 文件系统中数据的方法

技能目标

- 能够对 exFAT 文件系统手工重建 DBR
- 能够对误删除的 exFAT 文件系统数据进行恢复
- 能够对误格式化的 exFAT 文件系统数据进行恢复
- 能够通过 FAT 表与簇位图遍历 exFAT 文件系统非连续的文件

素养目标

- 培养学生数据安全意识
- 培养学生掌握关键核心技术的意识

任务 4.1　exFAT 文件系统结构

exFAT 文件系统是为了解决 FAT32 文件系统不支持单个文件大于 4G、分区大小不能大于 32 GB 的问题而推出的。

exFAT 文件系统由 DBR 及其保留扇区、FAT、簇位图文件、大写字符文件、用户数据区 5 个部分组成，其结构如图 4-1 所示。

exFAT 文件系统概述

这些结构是在分区被格式化时创建出来的，它们的含义如下。

① DBR 及其保留扇区。是 DOS 引导记录，在 DBR 之后有一部分保留扇区，其中 12 号扇区为 DBR 的备份。

② FAT。文件分配表。exFAT 只有一个 FAT 表。

③ 簇位图文件。簇位图文件是 exFAT 文

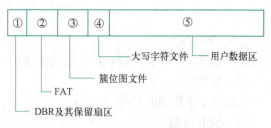

图 4-1　exFAT 文件系统结构图

件系统中的一个元文件，用来管理分区中簇的使用情况。

④ 大写字符文件。是 exFAT 文件系统中的第二个元文件，其中 Unicode 字母表中每一个字符在这个文件中都有一个对应的条目，用于比较、排序、计算 Hash 值等。

⑤ 用户数据区。用来存放用户数据。

任务 4.2　exFAT 文件系统 DBR

exFAT 文件系统的 DBR 由 6 部分组成，分别为跳转指令、OEM 代号、保留区、BPB 参数、引导程序和结束标志。图 4-2 是一个完整的 exFAT 文件系统的 DBR。

NTFS 文件系统引导扇区分析

（1）跳转指令

跳转指令本身占用 2 个字节，它将程序执行流程跳转到引导程序处。例如，当前 DBR 中的"EB 76"。

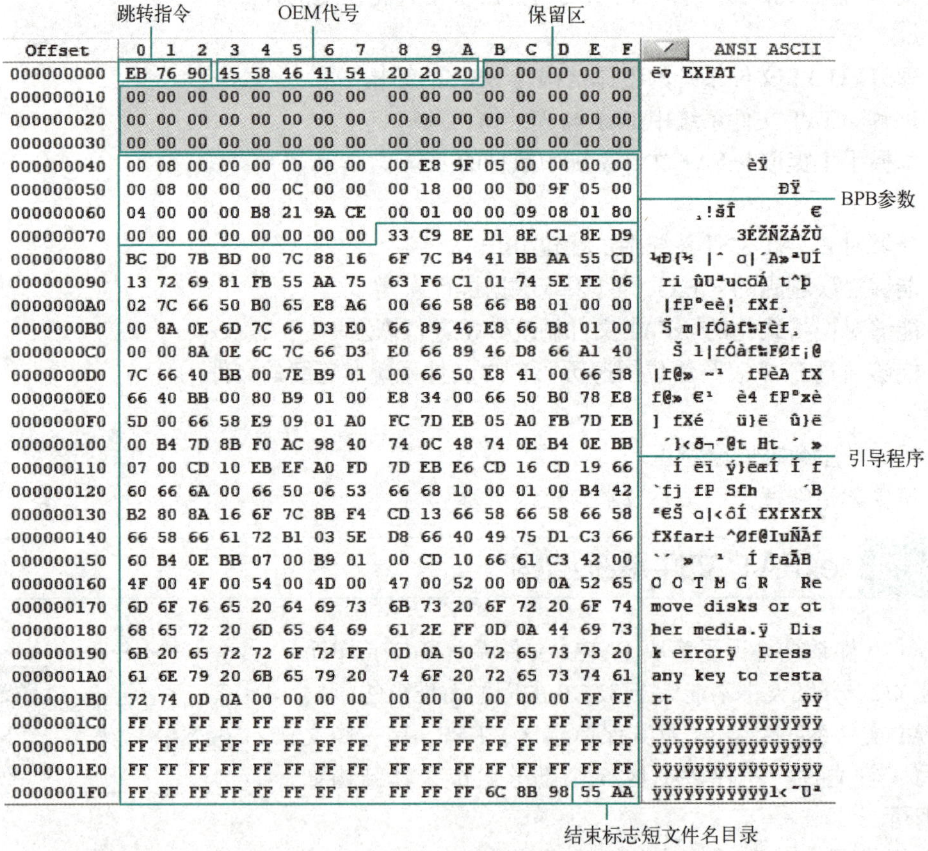

图 4-2　exFAT 文件系统的 DBR

（2）OEM 代号

这部分占 8 个字节，为 exFAT 文件系统的标识。

（3）保留区

保留区即不使用的部分。

（4）BPB 参数

exFAT 的 BPB 从第 DBR 的 40H 偏移处开始，占用 56 个字节，记录了有关该文件系统的重要信息，其中各个参数的详解见表 4-1。

表 4-1　exFAT 中 DBR 的 BPB 参数详解

字节偏移	字段长度/字节	字段名	说明
0x40	8	隐藏扇区数	隐藏扇区数是指本分区之前使用的扇区数，该值与分区表中所描述的该分区的起始扇区号一致；对于主磁盘分区来讲，是 MBR 到该分区 DBR 之间的扇区数；对于扩展分区中的逻辑驱动器来讲，是其 EBR 到该分区 DBR 之间的扇区数
0x48	8	分区总扇区数	指分区的总扇区数，也就是分区的大小，FAT32 文件系统的扇区总数只使用了 4 个字节来记录
0x50	4	FAT 表起始扇区号	FAT 表的起始位置，这里是 DBR 到 FAT 表之间的扇区数，注意 exFAT 文件系统只有一个 FAT 表
0x54	4	FAT 表扇区数	指 FAT 表占用的扇区数，FAT 表之后就是簇位图文件，但该文件并不是紧跟着 FAT 表之后的，它们之间还有一定的间隙，因此簇位图的起始扇区位置不能通过 FAT 表来计算
0x58	4	首簇起始扇区号	用来描述文件系统中的第 1 个簇的起始扇区号。该值也就是簇位图文件的起始扇区号，一般都是 2 号簇。这里需要注意的是：FAT 表起始扇区号+FAT 扇区数≠首簇起始扇区号
0x5C	4	总簇数	分区内的总簇数是指从分区内第 1 个簇算起，也就是簇位图文件，直到分区末尾所包含的簇的总数
0x60	4	根目录首簇号	通常为 2 号簇，分区中的第 1 个簇被分配给簇位图文件使用，簇位图文件之后是大写字符文件，大写字符文件的下一个簇就是根目录的起始位置
0x64	4	卷序列号	卷序列号是格式化程序在创建文件系统时生成的一组 4 字节的随机数值
0x6C	1	每扇区字节数（2^N）	用来描述每个扇区包含的字节数，假设每扇区字节数描述值为 N，则每扇区大小字节数为 2^N。例如，每扇区字节数描述值为 "09"，即每扇区大小字节数为 $2^9=512$，该值一般都是固定的
0x6D	1	每簇扇区数（2^N）	用来描述每簇包含的扇区数，假设每簇扇区数描述值为 N，则每簇扇区数为 2^N。例如，每簇扇区数描述值为 "06"，即每簇扇区数为 $2^6=64$

（5）引导程序

exFAT 的 DBR 引导程序占用 390 个字节（78H~1FDH），这部分数据被破坏会导致文件系统无法使用。

（6）结束标志

DBR 的结束标志与 MBR、EBR 的结束标志相同，都为 "55 AA"。

任务 4.3　exFAT 文件系统 FAT 表

exFAT 中的 FAT 表与 FAT32 中的 FAT 表作用一样，都是用来描述文件系统内存储单元的分配状态及文件内容的前后链接关系的列表，exFAT 文件系统只有 1 个 FAT 表。FAT 表的特点与作用如下。

exFAT 文件系统的 FAT 表

1）exFAT 文件系统只有 1 个 FAT 表。

2）FAT 表是由 FAT 表项构成的，exFAT 的每个 FAT 表项由 4 字节构成。

3）每个 FAT 表项都有一个固定的编号，这个编号从 0 开始，第一个 FAT 表项是 0 号 FAT

表项，第二个 FAT 表项是 1 号 FAT 表项，以此类推。0 号 FAT 表项里面的内容代表 exFAT 文件系统的标识。如图 4-3 所示，可以看出每个 FAT 表项占用 4 字节：其中 0 号 FAT 表项描述介质类型，其首字节为"F8"，表示介质类型为硬盘；1 号 FAT 表项写入 4 个"FF"，表示结束标志；从 2 号 FAT 表项开始对应与之项号一致的 2 号簇，一般表示簇位图文件；3 号 FAT 表项对应 3 号簇，一般表示大写字符文件；4 号 FAT 表项对应 4 号簇，一般表示根目录；5 号 FAT 表项对应 5 号簇，6 号 FAT 表项对应 6 号簇，以此类推。目前 2、3、4 这三个 FAT 表项中都是结束标志，说明簇位图文件、大写字符文件、根目录各占一个簇，后面会详细讲解。

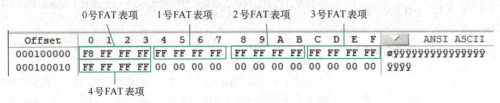

图 4-3 exFAT 文件系统的 FAT 表

4）当一个文件占用多个簇时，这些簇的簇号可能是连续的，也可能是不连续的。如果文件存放的簇不连续，这些簇的簇号就以簇链的形式记录在 FAT 表中；而如果文件存放在连续的簇中，FAT 表则不记录这些连续的簇链，这也是 exFAT 与 FAT32 文件系统中 FAT 表的区别。exFAT 文件系统 FAT 表的功能主要是记录不连续存储的文件的簇链，所以在 FAT 中看到数值为 0 的 FAT 表项并不能说明该 FAT 表项对应的簇是未使用簇，文件的使用情况在 exFAT 文件系统中是由簇位图文件记录的。

任务 4.4　exFAT 文件系统簇位图文件

exFAT 文件系统的簇位图文件用来记录簇的使用情况。exFAT 文件系统的数据区在 FAT 之后，但数据区并不一定紧跟在 FAT 表之后，FAT 表后面可能还会有一些保留扇区，每个分区不一样，这要看实际情况。数据区的开始位置在 DBR 的 BPB 中有描述，"首簇起始扇区号"就是数据区的开始。数据区中第一个簇就是 2 号簇，2 号簇一般都分配给簇位图文件使用。

以图 4-2 中的 DBR 所在分区为例，从偏移 58H～5BH 处可以看到"首簇起始扇区号"是 4096，跳转到 4096 号扇区，内容如图 4-4 所示，该扇区中只有一个字节"FFH"，这就是簇位图文件的内容。

```
Offset     0  1  2  3  4  5  6  7  8  9  A  B  C  D  E  F
000300000  FF 00 00 00 00 00 00 00 00 00 00 00 00 00 00 00
000300010  00 00 00 00 00 00 00 00 00 00 00 00 00 00 00 00
000300020  00 00 00 00 00 00 00 00 00 00 00 00 00 00 00 00
000300030  00 00 00 00 00 00 00 00 00 00 00 00 00 00 00 00
000300040  00 00 00 00 00 00 00 00 00 00 00 00 00 00 00 00
000300050  00 00 00 00 00 00 00 00 00 00 00 00 00 00 00 00
000300060  00 00 00 00 00 00 00 00 00 00 00 00 00 00 00 00
000300070  00 00 00 00 00 00 00 00 00 00 00 00 00 00 00 00
```

图 4-4 2 号簇位图文件

簇位图文件是 exFAT 文件系统中的一个元文件。簇位图文件中的每一个位，映射到数据区中的每一个簇。如果某个簇分配给了文件，该簇在簇位图文件中对应的位就会被填入"1"，表示该簇已经占用；如果是没有使用的空簇，它们在簇位图文件中对应的位就是"0"。

图 4-4 中簇位图文件的内容为"FFH",换算成二进制等于"11111111",这 8 位就对应数据区的 8 个簇,也就是 2 号簇到 9 号簇。全为"1"说明这 8 个簇都被使用。一般来说 2 号簇对应的是簇位图文件,3 号簇对应的是大小写字符文件,4 号簇对应的是根目录。

任务 4.5　exFAT 文件大写字符文件

大写字符文件是 exFAT 文件系统中的第二个元文件,其 Unicode 字母表中的每一个字符在这个文件中都有一个对应的条目,用于比较、排序、计算 Hash 值等。

簇位图文件结束后的下一个就是大写字符文件。在图 4-2 的 DBR 所在分区中,簇位图文件只占用一个簇,当前分区每簇 256 个扇区,所以从簇位图文件的开始位置往后跳转 256 个扇区就到了大写字符文件的开始位置了,也就是 3 号簇的开始,其内容如图 4-5 所示。

```
Offset    0  1  2  3  4  5  6  7   8  9  A  B  C  D  E  F      ANSI ASCII
000320000 00 00 01 00 02 00 03 00  04 00 05 00 06 00 07 00
000320010 08 00 09 00 0A 00 0B 00  0C 00 0D 00 0E 00 0F 00
000320020 10 00 11 00 12 00 13 00  14 00 15 00 16 00 17 00
000320030 18 00 19 00 1A 00 1B 00  1C 00 1D 00 1E 00 1F 00
000320040 20 00 21 00 22 00 23 00  24 00 25 00 26 00 27 00     ! " # $ % & '
000320050 28 00 29 00 2A 00 2B 00  2C 00 2D 00 2E 00 2F 00     ( ) * + , - . /
000320060 30 00 31 00 32 00 33 00  34 00 35 00 36 00 37 00     0 1 2 3 4 5 6 7
000320070 38 00 39 00 3A 00 3B 00  3C 00 3D 00 3E 00 3F 00     8 9 : ; < = > ?
000320080 40 00 41 00 42 00 43 00  44 00 45 00 46 00 47 00     @ A B C D E F G
000320090 48 00 49 00 4A 00 4B 00  4C 00 4D 00 4E 00 4F 00     H I J K L M N O
0003200A0 50 00 51 00 52 00 53 00  54 00 55 00 56 00 57 00     P Q R S T U V W
0003200B0 58 00 59 00 5A 00 5B 00  5C 00 5D 00 5E 00 5F 00     X Y Z [ \ ] ^ _
0003200C0 60 00 41 00 42 00 43 00  44 00 45 00 46 00 47 00     ` A B C D E F G
0003200D0 48 00 49 00 4A 00 4B 00  4C 00 4D 00 4E 00 4F 00     H I J K L M N O
0003200E0 50 00 51 00 52 00 53 00  54 00 55 00 56 00 57 00     P Q R S T U V W
0003200F0 58 00 59 00 5A 00 7B 00  7C 00 7D 00 7E 00 7F 00     X Y Z { | } ~
000320100 80 00 81 00 82 00 83 00  84 00 85 00 86 00 87 00     € ‚ ƒ „ † ‡
000320110 88 00 89 00 8A 00 8B 00  8C 00 8D 00 8E 00 8F 00     ˆ ‰ Š ‹ Œ  Ž
000320120 90 00 91 00 92 00 93 00  94 00 95 00 96 00 97 00        ' ' " " • – —
000320130 98 00 99 00 9A 00 9B 00  9C 00 9D 00 9E 00 9F 00     ˜ ™ š › œ  ž Ÿ
000320140 A0 00 A1 00 A2 00 A3 00  A4 00 A5 00 A6 00 A7 00       ¡ ¢ £ ¤ ¥ ¦ §
000320150 A8 00 A9 00 AA 00 AB 00  AC 00 AD 00 AE 00 AF 00     ¨ © ª « ¬ ® ¯
000320160 B0 00 B1 00 B2 00 B3 00  B4 00 B5 00 B6 00 B7 00     ° ± ² ³ ´ µ ¶ ·
000320170 B8 00 B9 00 BA 00 BB 00  BC 00 BD 00 BE 00 BF 00     ¸ ¹ º » ¼ ½ ¾ ¿
```

图 4-5　大小写字符文件

任务 4.6　exFAT 文件系统目录项

exFAT 文件系统的目录项用来描述文件或文件夹的属性、大小、起始簇号和时间、日期等信息,分区中的文件与文件夹(目录)都被分配多个大小为 32 字节的目录项来管理,根据目录项的作用和特点可以分为 4 种类型:

exFAT 目录项分析(上)

- 卷标目录项。
- 簇位图文件的目录项。
- 大写字符文件的目录项。
- 用户文件的目录项。

1. 卷标目录项

卷标即分区的名字,卷标的目录项占用 32 字节,其中第 1 个字节是特征值,用来描述类型。卷标目录项的特征值为"83H",如果将卷标删除,该特征值为"03H"。如图 4-6 所示,卷标名为"EXFAT",卷标的字符数最多为 15 个,且使用 Unicode 字符。

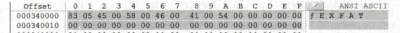

图 4-6 卷标目录项

2. 簇位图文件的目录项

簇位图文件的目录项占用 32 字节，其中第一个字节是特征值，用来描述类型。簇位图文件目录项的特征值为"81H"。

exFAT 文件系统的簇位图文件所在目录项如图 4-7 阴影部分所示。

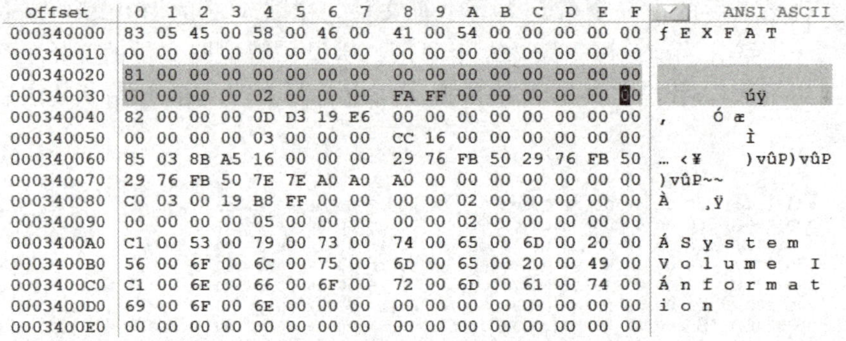

图 4-7 簇位图文件目录项

簇位图文件目录项中各字节的含义见表 4-2。

表 4-2 exFAT 簇位图文件目录项的含义

字节偏移	字段长/字节	内容及含义
0x00	1	目录项的类型（簇位图文件目录项的特征值为"81H"）
0x01	1	保留
0x02	18	保留
0x14	4	起始簇号
0x18	8	文件大小

根据图 4-7 可知，该簇位图文件的起始簇为 2 号簇，文件大小为 65530 字节。

3. 大写字符文件的目录项

大写字符文件的目录项占用 32 字节，其中第一个字节是特征值，用来描述类型。大写字符文件目录项的特征值为"82H"。

exFAT 文件系统的大写字符文件所在目录项如图 4-8 阴影部分所示。

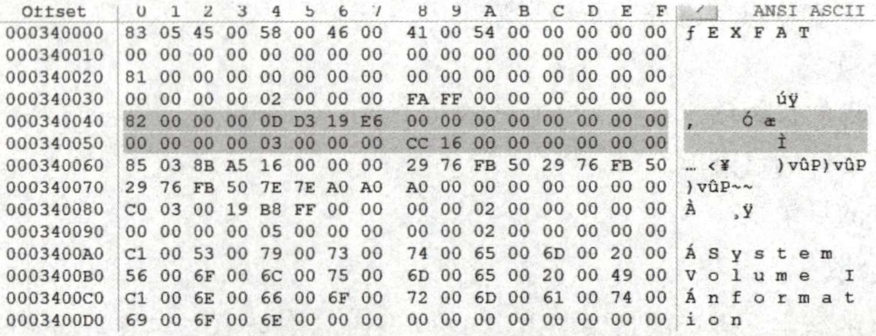

图 4-8 大小写字符目录项

大写字符文件目录项中各字节的含义见表 4-3。

表 4-3　exFAT 大写字符文件目录项的含义

字节偏移	字段长度/字节	内容及含义
0x00	1	目录项的类型（大写字符文件目录项的特征值为"82H"）
0x01	3	保留
0x08	14	保留
0x14	4	起始簇号
0x18	8	文件大小

根据图 4-8 可知，该簇位图文件的起始簇为 3 号簇，文件大小为 5836 字节。大写字符文件的目录项一般都跟在簇位图文件的目录项之后。

4. 用户文件的目录项

exFAT 文件系统中每个用户文件至少有三个目录项，这三个目录项被称为三个属性，第一个目录项称为"属性1"，目录项首字节的特征值为"85H"；第二个目录项称为"属性2"，目录项首字节的特征值为"C0H"；第三个目录项称为"属性3"，目录项首字节的特征值为"C1H"。

（1）"属性 1"目录项

"属性 1"目录项用来记录该目录项的附属目录项数、校验和、文件属性、时间戳等信息。用户文件的"属性 1"目录项如图 4-9 阴影部分所示。

```
0003400E0  85 02 EF E7 20 00 00 00 1D 87 FB 50 C7 6A F7 50  …ïç    ‡ûPÇj÷P
0003400F0  1D 87 FB 50 25 00 A0 A0 A0 00 00 00 00 00 00 00  ‡ûP%
000340100  C0 03 00 06 58 1A 00 00 0C 00 00 00 00 00 00 00  À   X
000340110  00 00 00 00 0A 00 00 00 0C 00 00 00 00 00 00 00
000340120  C1 00 31 00 30 00 2E 00 74 00 78 00 74 00 00 00  Á 1 0 . t x t
000340130  00 00 00 00 00 00 00 00 00 00 00 00 00 00 00 00
```

图 4-9　用户文件的"属性 1"的目录项

用户文件的"属性 1"目录项中各字节的含义见表 4-4。

表 4-4　用户文件的"属性 1"目录项的含义

字节偏移	字段长度/字节	内容及含义
0x00	1	目录项的类型（"属性 1"目录项的特征值为"85H"）
0x01	1	附属目录项数
0x02	2	校验和
0x04	4	文件属性
0x08	4	文件创建时间
0x0C	4	文件最后修改时间
0x10	4	文件最后访问时间
0x14	1	文件创建时间，精确至 10 ms
0x15	3	保留
0x18	8	保留

1）0x00：类型。该参数为目录项类型的特征值，"属性 1"目录项的特征值为"85H"。

2）0x01：附属目录项数。该参数指除此目录项外，该文件还有几个目录项，当前值为 2，说明这个文件除了"属性 1"目录项外，后面还有 2 个目录项，其实就是"属性 2"目录项和"属性 3"目录项。

3）0x02~0x03：校验和。

4）0x04~0x07：文件属性。该参数用来描述文件的常规属性，属性具体含义见表 4-5。

5）0x08~0x0B：文件创建时间。

表 4-5 属性具体含义

二 进 制 值	属 性 含 义	二 进 制 值	属 性 含 义
00000000	读/写	00001000	卷标
00000001	只读	00010000	子目录
00000010	隐藏	00100000	存档
00000100	系统		

6) 0x0C~0x0F：文件最后修改时间。

7) 0x10~0x13：文件最后访问时间。

8) 0x14~0x14：文件创建时间，精确至 10 ms。

(2)"属性 2"目录项

"属性 2"目录项用来记录文件是否有碎片、文件名的字符数、文件名的 Hash 值、文件的起始簇号及大小等信息。

用户文件的"属性 2"目录项如图 4-10 阴影部分所示。

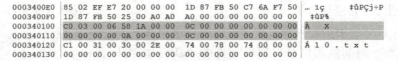

图 4-10 用户文件的"属性 2"的目录项

用户文件的"属性 2"目录项中各字节的含义见表 4-6。

表 4-6 用户文件的"属性 2"目录项的含义

字 节 偏 移	字段长度/字节	内容及含义
0x00	1	目录项的类型（"属性 1"目录项的特征值为"C0H"）
0x01	1	文件碎片标志
0x02	1	保留
0x03	1	文件名字符数 N
0x04	2	文件名 Hash 值
0x06	2	保留
0x08	8	文件大小 1
0x10	4	保留
0x14	4	起始簇号
0x18	8	文件大小 2

对其中的参数做进一步的解释。

1) 0x00：特征值，"属性 2"目录项的特征值为"C0H"。

2) 0x01：文件碎片标志。该参数能够反映出文件是否连续存放。如果是连续存放的，则没有碎片，该标志为 03H；如果不是连续存放的，则文件有碎片，该标志为 01H。

3) 0x03：文件名字符数，表示文件名的长度。

4) 0x04~0x05：文件名 Hash 值。

5) 0x08~0x0F：文件大小 1。该参数是文件的总字节数，用 64 位记录文件大小。

6) 0x14~0x17：起始簇号。该参数描述文件的起始簇号，用 32 位记录簇的地址。

7) 0x18~0x1F：文件大小 2。值与文件大小 1 一致。

(3)"属性 3"目录项

"属性 3"目录项用来具体记录文件的名称。如果文件名很长，"属性 3"可以包含多个目录项,每个目录项称为一个片段,从上至下依次记录文件名的每一个字符,记录的方向刚好跟 FAT 文件系统中长文件名目录项从下至上的顺序相反。

用户文件的"属性 3"目录项如图 4-11 阴影部分所示。

```
0003400E0  85 02 EF E7 20 00 00 00  1D 87 FB 50 C7 6A F7 50   … ïç    ‡ûPÇj÷P
0003400F0  1D 87 FB 50 25 00 A0 A0  A0 00 00 00 00 00 00 00   ‡ûP%
000340100  C0 03 00 06 58 1A 00 00  0C 00 00 00 00 00 00 00   À   X
000340110  00 00 00 00 00 0A 00 00  0C 00 00 00 00 00 00 00
000340120  C1 00 31 00 30 00 2E 00  74 00 78 00 74 00 00 00   Á 1 0 . t x t
000340130  00 00 00 00 00 00 00 00  00 00 00 00 00 00 00 00
```

图 4-11 用户文件的"属性 3"的目录项

用户文件的"属性 3"目录项中各字节的含义见表 4-7。

表 4-7 用户文件的"属性 3"目录项的含义

字节偏移	字段长度/字节	内容及含义
0x00	1	目录项的类型("属性 1"目录项的特征值为"C0H")
0x01	1	保留
0x02	2N	文件名

下面再看另外一个文件,文件名为"EXFATwenjianxitongshujuhuifu.txt",其目录项如图 4-12 阴影部分所示。可以看到该文件有 4 个目录项,一个"属性 1"目录项、一个"属性 2"目录项、两个"属性 3"目录项。

```
85 04 31 19 20 00 00 00  87 93 FB 50 C7 6A F7 50   … 1    ‡"ûPÇj÷P
87 93 FB 50 6E 00 A0 A0  A0 00 00 00 00 00 00 00   ‡"ûPn
C0 03 00 20 BE 54 00 00  0C 00 00 00 00 00 00 00   À  ¾T
00 00 00 00 0D 00 00 00  0C 00 00 00 00 00 00 00
C1 00 45 00 58 00 46 00  41 00 54 00 77 00 65 00   Á E X F A T w e
6E 00 6A 00 69 00 61 00  6E 00 78 00 69 00 74 00   n j i a n x i t
C1 00 6F 00 6E 00 67 00  73 00 68 00 75 00 6A 00   Á o n g s h u j
75 00 68 00 75 00 69 00  66 00 75 00 2E 00 74 00   u h u i f u . t
C1 00 78 00 74 00 00 00  00 00 00 00 00 00 00 00   Á x t
```

图 4-12 "EXFATwenjianxitongshujuhuifu.txt"目录项

任务 4.7　exFAT 文件系统数据恢复实训

4.7.1　实训 1　exFAT 文件系统手工重建 DBR

1. 实训目的

1)掌握 exFAT 文件系统 DBR 重建方法。
2)掌握 exFAT 文件系统 BPB 中重要参数计算方法。

2. 实训任务

任务素材:exFAT 文件系统手工重建 DBR 案例.VHD

【任务描述】小冯在打开 U 盘时出现了"使用驱动器 E:中的光盘之前需要将其格式化"的提示,如图 4-13 所示,由于 U 盘中有一些重要的数据,小冯就没有进行格式化操作,现要求将 U 盘的数据恢复出来。

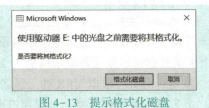

图 4-13 提示格式化磁盘

3. 实训步骤

【**任务分析**】对于提示"格式化磁盘"故障现象，一般是 DBR 被破坏导致的，下面是具体对 DBR 手工修复实例的具体步骤。

1）首先制作 U 盘的镜像文件，可以用 R-STUDIO、WinHex 或其他工具。
2）用 WinHex 软件打开所要修复的 U 盘。
3）打开之后就是 0 扇区 MBR 的十六进制界面，如图 4-14 所示。根据 MBR 中的 BPB 参数可以看到该 U 盘是一个 exFAT 的文件系统（根据分区标识 07H），其分区起始扇区位置为 0800H，换算成十进制之后为 2048 扇区，跳转至起始扇区 DBR，如图 4-15 所示。

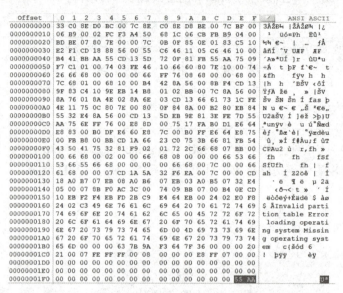

图 4-14 MBR 中 BPB 参数

4）可以看到 DBR 里的数据基本上是空的，它遭到了严重破坏，导致分区无法打开。下面将 DBR 修复。首先考虑到 exFAT 分区的 DBR 有一个备份，位于分区的 12 号扇区，如果能把这个 DBR 找到，直接复制过来就可以了，跳转到分区相对的 12 号扇区，结果这个扇区也被破坏了，已经不是 DBR 的结构。用 WinHex 搜索"55 AA"标志，结果还是找不到 DBR 的备份。说明 DBR 的备份也遭到破坏。手工重建 exFAT 文件系统 DBR 的方法与手工重建 FAT 文件系统 DBR 的方法类似，都是以计算并修改 BPB 参数为主。

5）先从其他 exFAT 分区中复制一个完好的 DBR 扇区，放到 U 盘分区的第一个扇区处。但不能把这个 DBR 当作 U 盘的 DBR 直接使用，因为虽然这个 DBR 在结构上没什么问题，但其中的参数与 U 盘的文件系统结构不匹配，所以无法使用这个 DBR 访问 U 盘。

6）计算需要修改的 BPB 参数，将计算完的 BPB 参数填入到对应 DBR 的偏移位置即可修复 DBR，下面是需要修改的 8 个参数。

① 隐藏扇区数。隐藏扇区数这个参数是分区 DBR 相对 MBR 的偏移扇区。如果硬盘 MBR 的分区表没有被破坏，那么这个扇区就是完好的，由于该 U 盘的 MBR 是没有遭到破坏的，根据上面的数据可以知道隐藏扇区数为 2048。

② 扇区总数。根据 MBR 的分区表信息，可以知道分区总扇区数为 134211584。

③ FAT 表起始扇区号。可以通过查找十六进制"F8 FF FF FF"，该数值为 FAT 表头标识，从分区 DBR 出开始搜索即可，如图 4-16 所示。

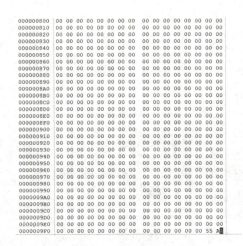

图 4-15 遭破坏的 DBR

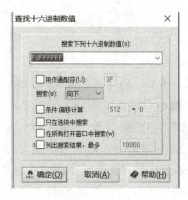

图 4-16 查找 FAT 表

很快就查找到了 FAT 表，如图 4-17 所示。查找到的 FAT 表位于 4096 扇区，由于 FAT 表的扇区号是相对于 DBR 位置的偏移，所以应该减去隐藏扇区数 2048，最终得到 FAT 表起始扇区号为 2048。另外，看 FAT 表中的 2 号表项中的值为 "FF FF FF FF"，这是簇位图文件的位置，说明它只占用了一个簇号，簇位图文件后面就是大小写字符文件，对应的是 3 号表项，该文件也只占用了一个簇。

图 4-17 FAT 表

④ 首簇起始号扇区。由于 FAT 表后面就是首簇号，但并不是连续的，中间还有大小不确定的保留扇区数，所以计算首簇起始扇区是不能用 FAT 表起始扇区号加上 FAT 表大小来计算的。首簇起始扇区号的计算方法是找到簇位图文件的开始位置，因为簇位图文件一般都占用第一个簇。数据区开始的一些簇一般都会被使用，所以簇位图文件的前几个字节大多都是 "FF"，所以就能够通过搜索 "FF FF" 来找簇位图文件的开始地址，如图 4-18 所示。

图 4-18 搜索簇位图文件

如图 4-19 所示，在 8192 号扇区搜索到了簇位图文件，减去分区的隐藏扇区数 2048，所以簇位图文件所在的扇区号为 6144，即首簇起始号扇区为 6144。

⑤ 每簇扇区数。簇位图文件之后就是大写字符文件了。大写字符文件的内容是固定的，前 4 个字节是 "00 00 01 00"，通过搜索这 4 个字节就能够找到大写字符文件的开始地址，这样就能算出簇位图文件占用的扇区数，而刚才已经算出簇位图文件占 4 个簇，那么每簇扇区数就可以算出来了。

Offset	0	1	2	3	4	5	6	7	8	9	A	B	C	D	E	F
000300000	FF	FF	3F	00	00	00	00	00	00	00	00	00	00	00	00	00
000300010	00	00	00	00	00	00	00	00	00	00	00	00	00	00	00	00
000300020	00	00	00	00	00	00	00	00	00	00	00	00	00	00	00	00
000300030	00	00	00	00	00	00	00	00	00	00	00	00	00	00	00	00

图 4-19 簇位图文件

搜索大写字符文件如图 4-20 所示。

在 8448 号扇区搜索到了大写字符文件，如图 4-21 所示，减去隐藏扇区数 2048，大小写字符文件起始扇区号在 6400 号扇区，由于簇位图文件占用的簇号为 1，那么每簇扇区数＝大小写字符文件起始扇区号－簇位图文件起始扇区号，计算出来的大小为 256 扇区，即每簇扇区数为 256。

⑥ 根目录首簇号。由于簇位图文件与大小写字符文件各占用 1 个簇，簇位图的簇号为 2，那么跟在大小写字符文件后面的根目录的簇号为 4，即根目录首簇号为 4，4 号簇的起始扇区＝大小写字符文件起始扇区号＋每簇扇区数，计算出结果为 6656，下面跳转到 4 号簇，如图 4-22 所示。

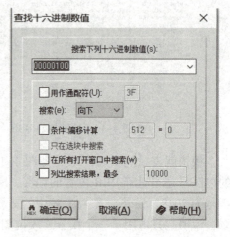

图 4-20 搜索大写字符文件

Offset	0	1	2	3	4	5	6	7	8	9	A	B	C	D	E	F	ANSI ASCII
000320000	00	00	01	00	02	00	03	00	04	00	05	00	06	00	07	00	
000320010	08	00	09	00	0A	00	0B	00	0C	00	0D	00	0E	00	0F	00	
000320020	10	00	11	00	12	00	13	00	14	00	15	00	16	00	17	00	
000320030	18	00	19	00	1A	00	1B	00	1C	00	1D	00	1E	00	1F	00	
000320040	20	00	21	00	22	00	23	00	24	00	25	00	26	00	27	00	! " # $ % & '
000320050	28	00	29	00	2A	00	2B	00	2C	00	2D	00	2E	00	2F	00	( ) * + , - . /
000320060	30	00	31	00	32	00	33	00	34	00	35	00	36	00	37	00	0 1 2 3 4 5 6 7
000320070	38	00	39	00	3A	00	3B	00	3C	00	3D	00	3E	00	3F	00	8 9 : ; < = > ?
000320080	40	00	41	00	42	00	43	00	44	00	45	00	46	00	47	00	@ A B C D E F G
000320090	48	00	49	00	4A	00	4B	00	4C	00	4D	00	4E	00	4F	00	H I J K L M N O
0003200A0	50	00	51	00	52	00	53	00	54	00	55	00	56	00	57	00	P Q R S T U V W
0003200B0	58	00	59	00	5A	00	5B	00	5C	00	5D	00	5E	00	5F	00	X Y Z [\ ] ^ _

图 4-21 大小写字符文件

Offset	0	1	2	3	4	5	6	7	8	9	A	B	C	D	E	F	ANSI ASCII
000340000	83	05	45	00	58	00	46	00	41	00	54	00	00	00	00	00	ƒ E X F A T
000340010	00	00	00	00	00	00	00	00	00	00	00	00	00	00	00	00	
000340020	81	00	00	00	00	00	00	00	00	00	00	00	00	00	00	00	
000340030	00	00	00	00	00	00	00	00	FA	FF	00	00	00	00	00	00	úÿ
000340040	82	00	00	00	0D	D3	19	E6	00	00	00	00	00	00	00	00	‚ Ó æ
000340050	00	00	00	00	00	03	00	00	CC	16	00	00	00	00	00	00	Ì
000340060	85	03	8B	A5	16	00	00	00	29	76	FB	50	29	76	FB	50	… ‹¥)vûP)vûP
000340070	29	76	FB	50	7E	7E	A0	A0	A0	00	00	00	00	00	00	00	)vûP~~
000340080	C0	03	00	19	B8	FF	00	00	00	00	02	00	00	00	00	00	À ¸ÿ
000340090	00	00	00	00	05	00	00	00	00	00	02	00	00	00	00	00	
0003400A0	C1	00	53	00	79	00	73	00	74	00	65	00	6D	00	20	00	Á S y s t e m
0003400B0	56	00	6F	00	6C	00	75	00	6D	00	65	00	20	00	49	00	V o l u m e I
0003400C0	C1	00	6E	00	66	00	6F	00	72	00	6D	00	61	00	74	00	Á n f o r m a t
0003400D0	69	00	6F	00	6E	00	00	00	00	00	00	00	00	00	00	00	i o n
0003400E0	85	02	EF	E7	20	00	00	00	1D	87	FB	50	C7	6A	F7	50	… ïç ‡ûPÇj÷P
0003400F0	1D	87	FB	50	25	00	A0	A0	A0	00	00	00	00	00	00	00	‡ûP%
000340100	C0	03	00	06	58	1A	00	00	0C	00	00	00	00	00	00	00	À X
000340110	00	00	00	00	0A	00	00	00	0C	00	00	00	00	00	00	00	
000340120	C1	00	31	00	30	00	2E	00	74	00	78	00	74	00	00	00	Á 1 0 . t x t
000340130	00	00	00	00	00	00	00	00	00	00	00	00	00	00	00	00	

图 4-22 根目录

从扇区的前三个目录项标识"83H""81H""82H"就能判断出该簇为根目录,所以说根目录首簇号为4。

⑦ 总簇数。总簇数=(总扇区数-首簇起始号扇区)/每簇扇区数,总扇区数、首簇起始号扇区与每簇扇区数前面已经计算出来了,直接代入数据得(134211584-6144)/256=524240。

⑧ FAT表扇区数。

$$FAT 表扇区数 ≈ (分区总簇数+2) \times 4/512。$$

这是根据分区的总簇数来计算FAT扇区数。因为分区中的每一个簇对应FAT表中的一个FAT项,前面计算了分区中的总簇数为524240,而FAT表中还有两个保留的FAT项,即0号项和1号项,所以FAT表中的FAT项总数为524240+2=524242。exFAT的每个FAT项占4字节,所以FAT表的总字节数为524242×4=2096968,再将此值除以512,得到4095.64,但现在还不能直接把这个数值当作FAT表的扇区数。在exFAT文件系统中,FAT表的大小都是簇大小的整数倍,将4095.64四舍五入后得到4096,是簇大小64的整数倍,所以当前分区FAT表大小是4096扇区。

7)将计算好的8个BPB参数填入相应偏移的DBR中,保存并关闭WinHex,打开U盘,如图4-23所示,数据都完好无损。

图4-23 DBR修复后的界面

4.7.2 实训2 exFAT文件系统误删除数据恢复实例

1. 实训目的

1)理解exFAT文件系统删除操作前后的结构变化。
2)理解exFAT文件系统删除至回收站与永久删除的区别。
3)掌握exFAT文件系统删除后的恢复方法。
4)掌握手工提取exFAT文件系统误删除数据的方法。

exFAT文件删除恢复案例

2. 实训任务

任务素材:exFAT文件系统误删除恢复案例.VHD

【任务描述】某客户在打开U盘时发现自己的文件丢失了,有可能是在选择清理文件的时候不小心删除的,清理文件的时候提示的是永久删除文件,现要求将U盘中的"20190323195119653014.docx"文件的数据恢复出来。

3. 实训步骤

【任务分析】对于exFAT文件系统的永久删除,其文件对应的簇位图会被清零,文件目录项第一个字节的最高位会改为0,其他都未发生变化,因此对于exFAT文件系统的误删除操作还是较好恢复的。

对于删除文件或文件夹存在两种情况,第一种是删除到回收站,这种删除方式可以直接在回收站中将文件还原回来,回收站是系统隐藏的一个文件夹,想要打开回收站必须在操作系统里面打开"系统隐藏文件夹可见"功能。第二种删除是永久性的删除,这种删除是直接删除,可以将占用空间返还,对于 exFAT 文件系统永久性的删除到底改变了哪些地方,下面举例说明,在 exFAT 分区中创建一个"shujuhuifutest. txt"文件,然后将其永久性删除,删除前的目录项如图 4-24 所示,删除后的目录项如图 4-25 所示。

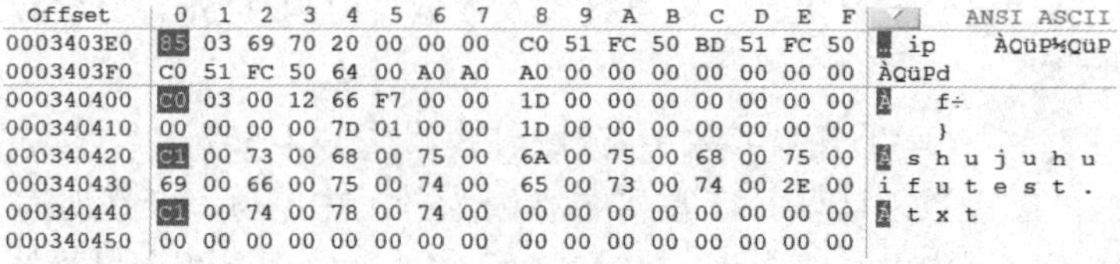

```
Offset    0  1  2  3  4  5  6  7   8  9  A  B  C  D  E  F        ANSI ASCII
0003403E0 85 03 69 70 20 00 00 00  C0 51 FC 50 BD 51 FC 50   ..ip    ÀQüP½QüP
0003403F0 C0 51 FC 50 64 00 A0 A0  A0 00 00 00 00 00 00 00   ÀQüPd
000340400 C0 03 00 12 66 F7 00 00  1D 00 00 00 00 00 00 00   À   f÷
000340410 00 00 00 00 7D 01 00 00  1D 00 00 00 00 00 00 00       }
000340420 C1 00 73 00 68 00 75 00  6A 00 75 00 68 00 75 00   Á s h u j u h u
000340430 69 00 66 00 75 00 74 00  65 00 73 00 74 00 2E 00   i f u t e s t .
000340440 C1 00 74 00 78 00 74 00  00 00 00 00 00 00 00 00   Á t x t
000340450 00 00 00 00 00 00 00 00  00 00 00 00 00 00 00 00
```

图 4-24 文件"shujuhuifutest. txt"删除前目录项

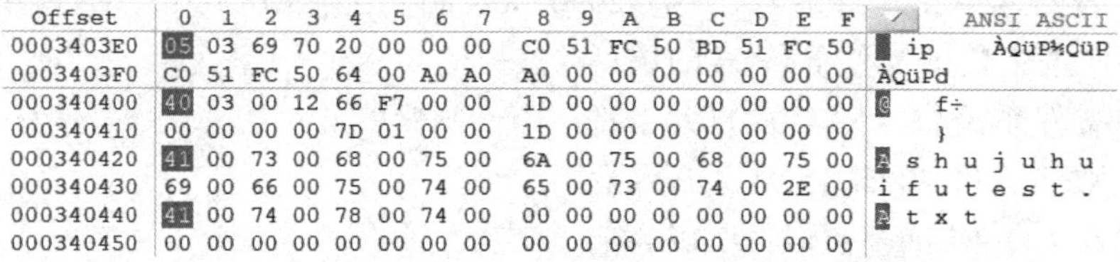

```
Offset    0  1  2  3  4  5  6  7   8  9  A  B  C  D  E  F        ANSI ASCII
0003403E0 05 03 69 70 20 00 00 00  C0 51 FC 50 BD 51 FC 50   ..ip    ÀQüP½QüP
0003403F0 C0 51 FC 50 64 00 A0 A0  A0 00 00 00 00 00 00 00   ÀQüPd
000340400 40 03 00 12 66 F7 00 00  1D 00 00 00 00 00 00 00   @   f÷
000340410 00 00 00 00 7D 01 00 00  1D 00 00 00 00 00 00 00       }
000340420 41 00 73 00 68 00 75 00  6A 00 75 00 68 00 75 00   A s h u j u h u
000340430 69 00 66 00 75 00 74 00  65 00 73 00 74 00 2E 00   i f u t e s t .
000340440 41 00 74 00 78 00 74 00  00 00 00 00 00 00 00 00   A t x t
000340450 00 00 00 00 00 00 00 00  00 00 00 00 00 00 00 00
```

图 4-25 文件"shujuhuifutest. txt"删除后目录项

通过"shujuhuifutest. txt"文件删除前后的目录项对比可以发现,文件删除后只是每个目录项的首字节发生了变化,由原来的"85H""C0H""C1H"分别改变为"05H""40H""41H",其他字节没有任何改变,文件的起始簇号、大小、文件名这些关键信息都完好地存在。

该文件原来存放在 381 号簇,现在跳转到 381 号簇,其内容如图 4-26 所示。

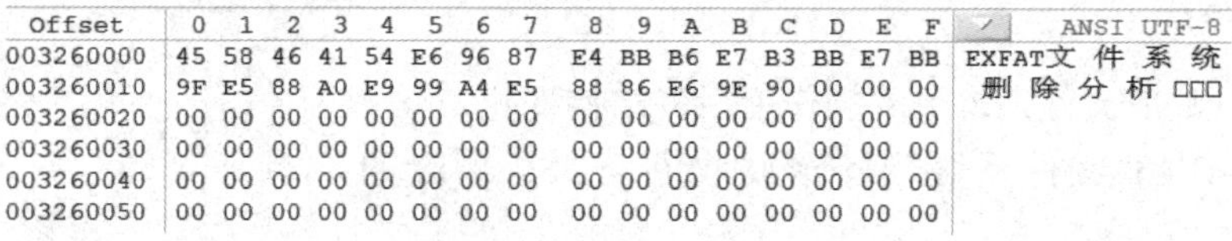

```
Offset    0  1  2  3  4  5  6  7   8  9  A  B  C  D  E  F       ANSI UTF-8
003260000 45 58 46 41 54 E6 96 87  E4 BB B6 E7 B3 BB E7 BB   EXFAT文件系
003260010 9F E5 88 A0 E9 99 A4 E5  88 86 E6 9E 90 00 00 00   统删除分析□□□
003260020 00 00 00 00 00 00 00 00  00 00 00 00 00 00 00 00
003260030 00 00 00 00 00 00 00 00  00 00 00 00 00 00 00 00
003260040 00 00 00 00 00 00 00 00  00 00 00 00 00 00 00 00
003260050 00 00 00 00 00 00 00 00  00 00 00 00 00 00 00 00
```

图 4-26 381 号簇内容

很明显,文件"shujuhuifutest. txt"的内容还在这里,也就是文件删除并没有清空其数据区。当然,因为文件"shujuhuifutest. txt"只占一个簇,不可能有碎片,所以其在 FAT 表中也就没有记录项,但该文件在簇位图文件中对应的位上会被清零,以表示文件"shujuhuifutest. txt"所占用的簇已被释放。既然文件删除后文件名、起始簇号、大小及数据内容这些信息都没有损坏,所以只需要定位到这些信息并将其另外保存就相当于恢复了删除的文件。不过,如果文件原来没有连续存放,也就是存在碎片,那么该文件在 FAT 表中就有簇链。当文件删除后,这些簇链会被清零,所以有碎片的文件删除后也不容易恢复。了解了文件删除的实质之后,就能对 U 盘中删除的文件进行恢复了,下面是误删除恢复的具体步骤。

1) 首先制作 U 盘的镜像文件,可以用 R-STUDIO、WinHex 或其他工具。
2) 用 WinHex 软件打开所要修复的 U 盘。
3) 打开之后就是 0 扇区 MBR 的十六进制界面,如图 4-27 所示。根据 MBR 中的 BPB 参数可以看到该 U 盘是一个 exFAT 的文件系统(根据分区标识 07H),其分区起始扇区位置为 0800H,换算成十进制之后为 2048 号扇区,其分区总大小换算成十进制为 130017280 个扇区。

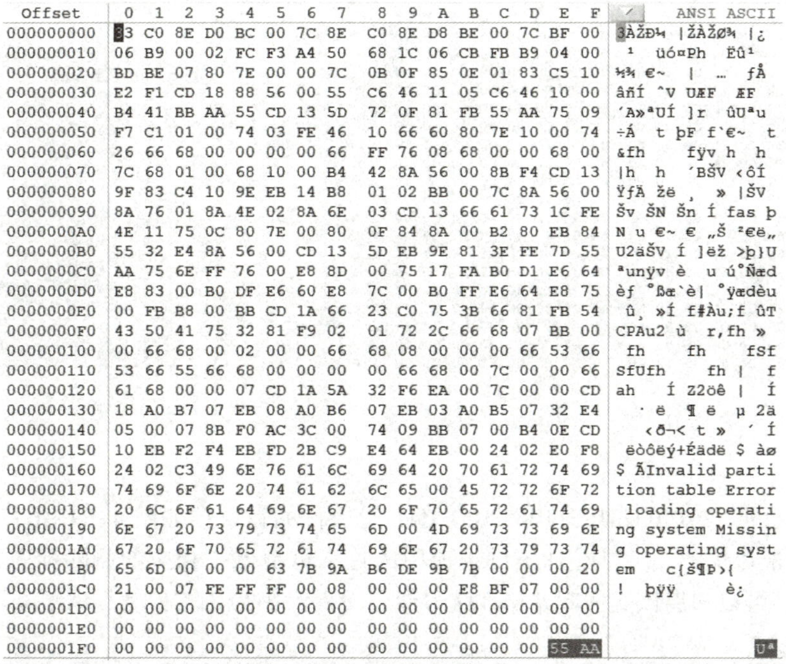

Offset	0	1	2	3	4	5	6	7	8	9	A	B	C	D	E	F	ANSI ASCII
000000000	33	C0	8E	D0	BC	00	7C	8E	C0	8E	D8	BE	00	7C	BF	00	3ÀŽÐ¼ |ŽÀŽØ¾ |¿
000000010	06	B9	00	02	FC	F3	A4	50	68	1C	06	CB	FB	B9	04	00	¹ üó¤Ph Ëû¹
000000020	BD	BE	07	80	7E	00	00	7C	0B	0F	85	0E	01	83	C5	10	½¾ €~ | … ƒÅ
000000030	E2	F1	CD	18	88	56	00	55	C6	46	11	05	C6	46	10	00	âñÍ ˆV UÆF ÆF
000000040	B4	41	BB	AA	55	CD	13	5D	72	0F	81	FB	55	AA	75	09	´A»ªUÍ]r ûUªu
000000050	F7	C1	01	00	74	03	FE	46	10	66	60	80	7E	10	00	74	÷Á t þF f`€~ t
000000060	26	66	68	00	00	00	00	66	FF	76	08	68	00	00	68	00	&fh fÿv h h
000000070	7C	68	01	00	68	10	00	B4	42	8A	56	00	8B	F4	CD	13	|h h ´BŠV ‹ôÍ
000000080	9F	83	C4	10	9E	EB	14	B8	01	02	BB	00	7C	8A	56	00	ŸƒÄ žë ¸ » |ŠV
000000090	8A	76	01	8A	4E	02	8A	6E	03	CD	13	66	61	73	1C	FE	Šv ŠN Šn Í fas þ
0000000A0	4E	11	75	0C	80	7E	00	80	0F	84	8A	00	B2	80	EB	84	N u €~ € „Š ²€ë„
0000000B0	55	32	E4	8A	56	00	CD	13	5D	EB	9E	81	3E	FE	7D	55	U2äŠV Í]ëž >þ}U
0000000C0	AA	75	6E	FF	76	00	E8	8D	00	75	17	FA	B0	D1	E6	64	ªunÿv è u ú°Ñæd
0000000D0	E8	83	00	B0	DF	E6	60	E8	7C	00	B0	FF	E6	64	E8	75	èƒ °ßæ`è| °ÿædèu
0000000E0	00	FB	B8	00	BB	CD	1A	66	23	C0	75	3B	66	81	FB	54	û¸ »Í f#Àu;f ûT
0000000F0	43	50	41	75	32	81	F9	02	01	72	2C	66	68	07	BB	00	CPAu2 ù r,fh »
000000100	00	66	68	00	02	00	00	66	68	08	00	00	00	66	53	66	fh fh fSf
000000110	53	66	55	66	68	00	00	00	00	66	68	00	7C	00	00	66	SfUfh fh | f
000000120	61	68	00	00	07	CD	1A	5A	32	F6	EA	00	7C	00	00	CD	ah Í Z2öê | Í
000000130	18	A0	B7	07	EB	08	A0	B6	07	EB	03	A0	B5	07	32	E4	· ë ¶ ë µ 2ä
000000140	05	00	07	8B	F0	AC	3C	00	74	09	BB	07	00	B4	0E	CD	‹ð¬< t » ´ Í
000000150	10	EB	F2	F4	EB	FD	2B	C9	E4	64	EB	00	24	02	E0	F8	ëòôëý+Éädë $ àø
000000160	24	02	C3	49	6E	76	61	6C	69	64	20	70	61	72	74	69	$ ÃInvalid parti
000000170	74	69	6F	6E	20	74	61	62	6C	65	00	45	72	72	6F	72	tion table Error
000000180	20	6C	6F	61	64	69	6E	67	20	6F	70	65	72	61	74	69	loading operati
000000190	6E	67	20	73	79	73	74	65	6D	00	4D	69	73	73	69	6E	ng system Missin
0000001A0	67	20	6F	70	65	72	61	74	69	6E	67	20	73	79	73	74	g operating syst
0000001B0	65	6D	00	00	00	63	7B	9A	B6	DE	9B	7B	00	00	00	20	em c{š¶Þ›{
0000001C0	21	00	07	FE	FF	FF	00	08	00	00	00	E8	BF	07	00	00	! þÿÿ è¿
0000001D0	00	00	00	00	00	00	00	00	00	00	00	00	00	00	00	00	
0000001E0	00	00	00	00	00	00	00	00	00	00	00	00	00	00	00	00	
0000001F0	00	00	00	00	00	00	00	00	00	00	00	00	00	00	55	AA	Uª

图 4-27　MBR

4）跳到分区的起始位置 2048 号扇区，也就是 exFAT 的 DBR，如图 4-28 所示。根据 DBR 中 BPB 参数知道首簇号起始扇区为 6144，根目录首簇号为 4，每簇扇区数为 256，根据这些信息可以计算出根目录起始扇区=6144+(4-2)×256，计算结果为 6656。

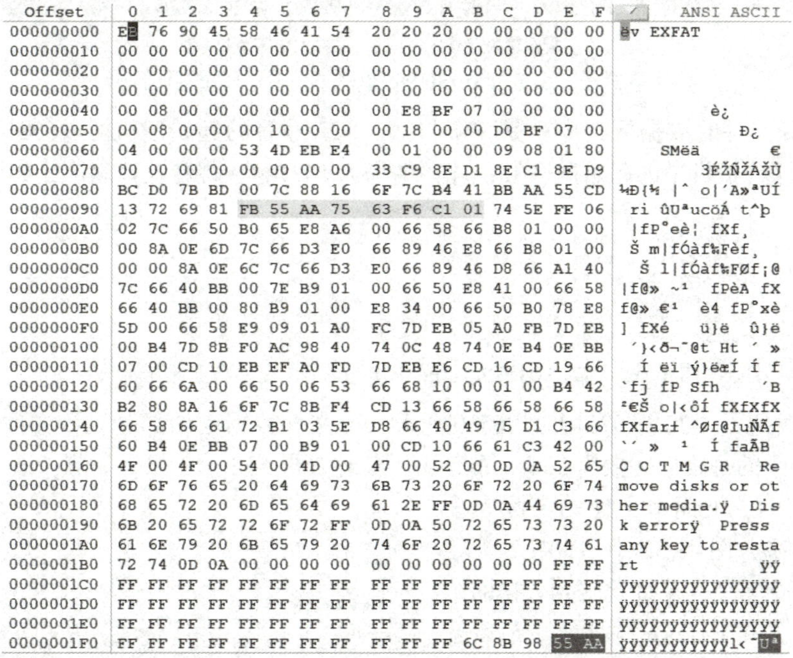

Offset	0	1	2	3	4	5	6	7	8	9	A	B	C	D	E	F	ANSI ASCII
000000000	EB	76	90	45	58	46	41	54	20	20	20	00	00	00	00	00	ëv EXFAT
000000010	00	00	00	00	00	00	00	00	00	00	00	00	00	00	00	00	
000000020	00	00	00	00	00	00	00	00	00	00	00	00	00	00	00	00	
000000030	00	00	00	00	00	00	00	00	00	00	00	00	00	00	00	00	
000000040	00	08	00	00	00	00	00	00	00	E8	BF	07	00	00	00	00	è¿
000000050	00	08	00	00	00	10	00	00	00	18	00	00	D0	BF	07	00	Ð¿
000000060	04	00	00	00	53	4D	EB	E4	00	01	00	00	09	08	01	80	SMëä €
000000070	00	00	00	00	00	00	00	00	33	C9	8E	D1	8E	C1	8E	D9	3ÉŽÑŽÁŽÙ
000000080	BC	D0	7B	BD	00	7C	88	16	6F	7C	B4	41	BB	AA	55	CD	¼Ð{½ |ˆ o|´A»ªUÍ
000000090	13	72	69	81	FB	55	AA	75	63	F6	C1	01	74	5E	FE	06	ri ûUªucöÁ t^þ
0000000A0	02	7C	66	50	B0	65	E8	A6	00	66	58	66	B8	01	00	00	|fP°eè¦ fXf¸
0000000B0	00	8A	0E	6D	7C	66	D3	E0	66	89	46	E8	66	B8	01	00	Š m|fÓàf‰Fèf¸
0000000C0	00	00	8A	0E	6C	7C	66	D3	E0	66	89	46	D8	66	A1	40	Š l|fÓàf‰FØf¡@
0000000D0	7C	66	40	BB	00	7E	B9	01	00	66	50	E8	41	00	66	58	|f@» ~¹ fPèA fX
0000000E0	66	40	BB	00	80	B9	01	00	E8	34	00	66	50	B0	78	E8	f@» €¹ è4 fP°xè
0000000F0	5D	00	66	58	E9	09	01	A0	FC	7D	EB	05	A0	FB	7D	EB	] fXé ü}ë û}ë
000000100	00	B4	7D	8B	F0	AC	98	40	74	0C	48	74	0E	B4	0E	BB	´}‹ð¬˜@t Ht ´ »
000000110	07	00	CD	10	EB	EF	A0	FD	7D	EB	E6	CD	16	CD	19	66	Í ëï ý}ëæÍ Í f
000000120	60	66	6A	00	66	50	06	53	66	68	10	00	01	00	B4	42	`fj fP Sfh ´B
000000130	B2	80	8A	16	6F	7C	8B	F4	CD	13	66	58	66	58	66	58	²€Š o|‹ôÍ fXfXfX
000000140	66	58	66	61	72	B1	03	5E	D8	66	40	49	75	D1	C3	66	fXfar± ^Øf@IuÑÃf
000000150	60	B4	0E	BB	07	00	B9	01	00	CD	10	66	61	C3	42	00	`´ » ¹ Í faÃB
000000160	4F	00	4F	00	54	00	4D	00	47	00	52	00	0D	0A	52	65	O O T M G R Re
000000170	6D	6F	76	65	20	64	69	73	6B	73	20	6F	72	20	6F	74	move disks or ot
000000180	68	65	72	20	6D	65	64	69	61	2E	FF	0D	0A	44	69	73	her media.ÿ Dis
000000190	6B	20	65	72	72	6F	72	FF	0D	0A	50	72	65	73	73	20	k errorÿ Press
0000001A0	61	6E	79	20	6B	65	79	20	74	6F	20	72	65	73	74	61	any key to resta
0000001B0	72	74	0D	0A	00	00	00	00	00	00	00	00	00	00	FF	FF	rt ÿÿ
0000001C0	FF	FF	FF	FF	FF	FF	FF	FF	FF	FF	FF	FF	FF	FF	FF	FF	ÿÿÿÿÿÿÿÿÿÿÿÿÿÿÿÿ
0000001D0	FF	FF	FF	FF	FF	FF	FF	FF	FF	FF	FF	FF	FF	FF	FF	FF	ÿÿÿÿÿÿÿÿÿÿÿÿÿÿÿÿ
0000001E0	FF	FF	FF	FF	FF	FF	FF	FF	FF	FF	FF	FF	FF	FF	FF	FF	ÿÿÿÿÿÿÿÿÿÿÿÿÿÿÿÿ
0000001F0	FF	FF	FF	FF	FF	FF	FF	FF	FF	FF	FF	6C	8B	98	55	AA	ÿÿÿÿÿÿÿÿÿÿÿl‹˜Uª

图 4-28　DBR

5）下面打开 exFAT 文件系统分区，跳转到 6656 号扇区，跳转后的界面如图 4-29 所示。根据前三个目录项的首字母“83H 81H 82H”知道这就是 exFAT 文件系统的根目录；接着向下搜索需要恢复的“20190323195119653014.docx”文件，搜索方式如图 4-30 所示。

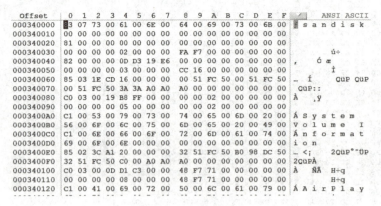
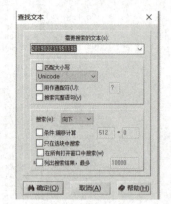

图 4-29　根目录　　　　　　　　　　　　　图 4-30　搜索 "20190323195119653014.docx" 文件

6）搜索到的 "20190323195119653014.docx" 文件的目录项如图 4-31 所示，并且该文件的目录项就在根目录中，可以看到该目录项中的首字母都做了相应的删除标志，根据 "属性 2" 中的信息，可以知道该文件起始于 377 号簇，文件大小为 81513 字节。

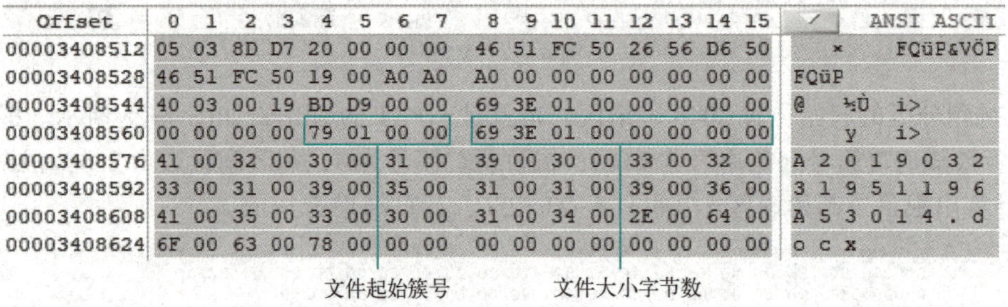

图 4-31　"20190323195119653014.docx" 文件的目录项

7）跳转到文件的数据区，也就是 377 号簇，377 号簇的起始扇区号 =（337- 根目录的簇号）× 每簇扇区数 + 根目录的起始扇区号，计算结果为 102144，跳转至该扇区，如图 4-32 所示。

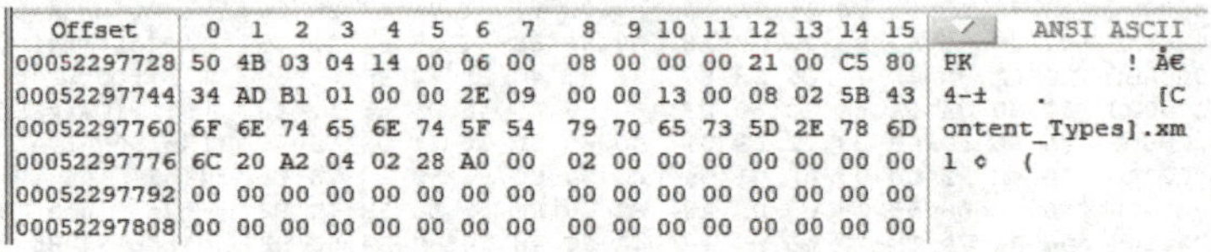

图 4-32　"20190323195119653014.docx" 文件数据起始部分

8）现在找到了 "20190323195119653014.docx" 文件数据起始部分，该文件大小为 81513 字节，由于分区的每簇扇区数为 256，每簇可以容纳 256×512 = 131072 字节，即文件实际内容是小于 1 个簇的，下面将文件的实际大小字节数提取出来，图 4-32 中 "50H" 为数据开始的第一个字节，下面跳转到数据的结束位置，跳转方式如图 4-33 所示，最后选中这部分数据将它以文件的形式保存（快捷键〈Ctrl+Shift+N〉），保存方式如图 4-34 所示，图 4-35 为文件恢复的部分内容，到此就完成了 exFAT 文件系统误删除的数据恢复。

图 4-33　跳转至 "20190323195119653014.docx" 文件数据结尾

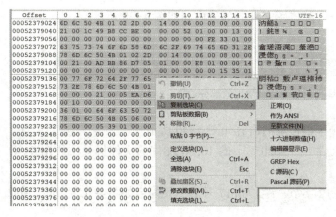

图 4-34　保存“20190323195119653014.docx”文件

2019 年全国职业院校技能大赛
赛项规程

一、赛项名称
赛项编号：GZ-2019022
赛项名称：电子产品芯片级检测维修与数据恢复
英文名称：Electronic Products Chip-Level Diagnostics, Reparation, and Data Recovery
赛项组别：高职组
赛项归属：电子信息大类

二、竞赛目的
本赛项以我国电子信息产业发展的人才需求为依托，以电子产品主板芯片级检测维修及硬盘数据恢复技术为载体，将这两方面的前沿技术及技能融入比赛内容，主要检验选手在真实的工作场景下对电子产品芯片级检测维修及数据恢复的技能运用及综合职业素养表现，全面展现职业教育改进与改革的最新成

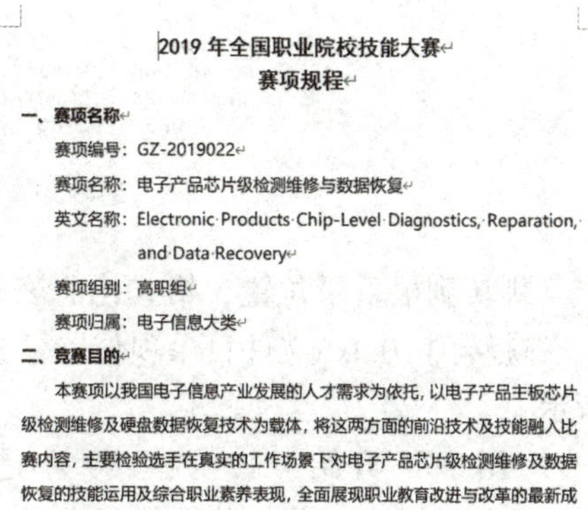

图 4-35　“20190323195119653014.docx”文件的部分内容

4.7.3　实训 3　exFAT 文件系统格式化分析实例

1. 实训目的

1）理解 exFAT 文件系统格式化操作前后的结构变化。

2）掌握 exFAT 文件系统格式化提取数据的方法。

2. 实训任务

任务素材：exFAT 文件系统误格式化恢复案例 . VHD

【任务描述】 用一个大小为 38 GB 的虚拟磁盘，根目录下面存放 5 个 . xls 文件与一个 2020 文件夹，2020 文件夹中存放了 10 个 . txt 文件，如图 4-36、4-37 所示，然后对该 U 盘进行格式化操作，以此模拟 exFAT 文件系统误格式化操作，格式化操作时选择的每簇扇区数大小、文件系统格式与格式化之前须一致，现需要分析 exFAT 文件系统格式化操作前后的结构变化以及完成格式化后的数据恢复。

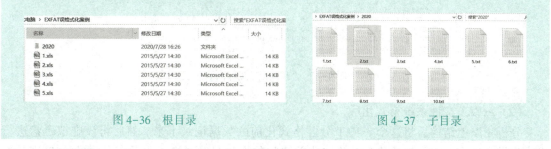

图 4-36　根目录

图 4-37　子目录

3. 实训步骤

（1）exFAT 文件系统格式化前

在 WinHex 中加载该虚拟磁盘并打开 exFAT 分区，跳转到 FAT 表位置，可看到格式化前该分区的 FAT 表的部分内容如图 4-38 所示。

Offset	0	1	2	3	4	5	6	7	8	9	A	B	C	D	E	F
000100000	F8	FF	FF	FF	FF	FF	FF	FF	03	00	00	00	FF	FF	FF	FF
000100010	FF	FF	FF	FF	FF	FF	FF	FF	00	00	00	00	00	00	00	00
000100020	00	00	00	00	00	00	00	00	00	00	00	00	00	00	00	00
000100030	00	00	00	00	00	00	00	00	00	00	00	00	00	00	00	00

图 4-38　格式化前 FAT 表的部分内容

跳转到簇位图位置，格式化前该分区簇位图文件的部分内容如图 4-39 所示。

Offset	0 1 2 3 4 5 6 7	8 9 A B C D E F
000400000	FF FF FF 01 00 00 00 00	00 00 00 00 00 00 00 00
000400010	00 00 00 00 00 00 00 00	00 00 00 00 00 00 00 00
000400020	00 00 00 00 00 00 00 00	00 00 00 00 00 00 00 00

图 4-39　格式化前簇位图文件的部分内容

跳转到根目录位置，格式化前该分区根目录的内容如图 4-40 所示。

跳转到 10.txt 文件目录项位置，文件夹"2020"下的 10.txt 文件的文件目录项如图 4-41 所示。

"10.txt"开始于 17 号簇，大小是 12 字节，跳转到 17 号簇，其内容如图 4-42 所示，到此 exFAT 分区格式化前的分析就完成了。

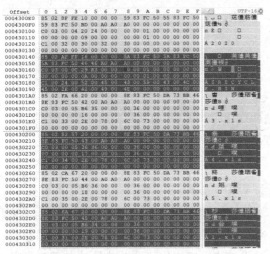

图 4-40　格式化前根目录部分内容

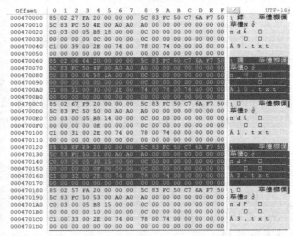

图 4-41　文件夹"2020"下的文件目录项

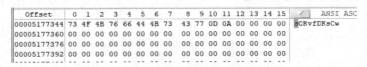

图 4-42　"10.txt"文件内容

（2）exFAT 文件系统格式化后

分析完以上结构后将这个 exFAT 分区格式化前的数据记录下来。然后将该虚拟磁盘进行格式化操作，由此观察格式化后与格式化前之间的变化，发现格式化后该分区的 FAT 表与格式化前完全一样，如图 4-43 所示。

Offset	0 1 2 3 4 5 6 7	8 9 A B C D E F
000100000	F8 FF FF FF FF FF FF FF	03 00 00 00 FF FF FF FF
000100010	FF FF FF FF FF FF FF FF	00 00 00 00 00 00 00 00
000100020	00 00 00 00 00 00 00 00	00 00 00 00 00 00 00 00
000100030	00 00 00 00 00 00 00 00	00 00 00 00 00 00 00 00

图 4-43　格式化后 FAT 表的部分内容

但这里并不是说 exFAT 格式化不改变 FAT 表，其实，exFAT 格式化会把 FAT 表第一个扇区的原有数据清零，并写入元文件和根目录对应的 FAT 项。该分区的 FAT 表第一个扇区的数据格式化前后没有变化是因为元文件及根目录占的位置及大写字符文件在格式化前后没有发生改变。

再看看格式化后的簇位图文件，该分区簇位图文件的内容如图 4-44 所示。

```
Offset     0  1  2  3  4  5  6  7   8  9  A  B  C  D  E  F
000400000  3F 00 00 00 00 00 00 00  00 00 00 00 00 00 00 00
000400010  00 00 00 00 00 00 00 00  00 00 00 00 00 00 00 00
000400020  00 00 00 00 00 00 00 00  00 00 00 00 00 00 00 00
000400030  00 00 00 00 00 00 00 00  00 00 00 00 00 00 00 00
```

图 4-44 格式化后的簇位图文件部分内容

簇位图文件的内容只有一个字节"3FH"，换算成二进制等于"00111111"，说明 2、3、4、5、6 簇被使用，其他簇为空簇，其中簇位图文件占用 2、3 两个簇，大写字符文件占用 4 号簇，根目录占用 5 号簇，系统"System Volume Information"文件夹占用 6 号簇，系统"IndexerVolumeGuid"文件占用 7 号簇。

格式化后该分区根目录的内容如图 4-45 所示。

根目录中只剩下 4 个目录项，分别是卷标的目录项、簇位图文件的目录项、大写字符文件的目录项和"System Volume Information"子目录项，其他的目录项已被清零。

再看文件夹"2020"下的文件的目录项，位于 9 号簇，如图 4-46 所示。

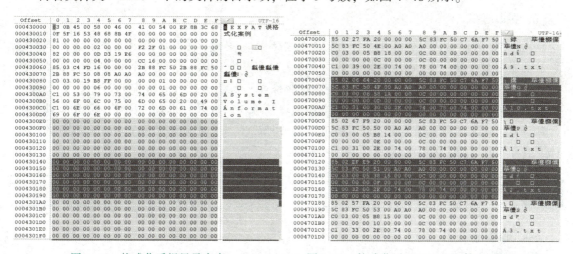

图 4-45 格式化后根目录内容　　　　图 4-46 格式化后"2020"文件夹下的目录项

可以看到文件夹"2020"下的文件"10.txt"的文件目录项依然存在，没有任何破坏。跳转到"10.txt"文件的开始位置 17 号簇，其内容如图 4-47 所示，其中数据内容是完好的。

```
Offset       0  1  2  3  4  5  6  7   8  9 10 11 12 13 14 15    ANSI ASC
00005177344  73 4F 4B 76 66 44 4B 73  43 77 0D 0A 00 00 00 00    sOKvfDKsCw
00005177360  00 00 00 00 00 00 00 00  00 00 00 00 00 00 00 00
00005177376  00 00 00 00 00 00 00 00  00 00 00 00 00 00 00 00
00005177392  00 00 00 00 00 00 00 00  00 00 00 00 00 00 00 00
```

图 4-47 格式化后"10.txt"文件内容

如果需要提取子目录下所有的文件及文件夹，只需要将该目录下的目录项全部粘贴到根目录中，即可在 WinHex 中的目录浏览器中遍历到，下面将文件夹"2020"下的全部目录项写入至根目录，写入后的内容如图 4-48 所示。

保存之后用 WinHex 重新打开分区，可以在目录浏览器中显示"2020"文件夹下的所有文件，如图 4-49 所示，最后将根目录下的文件提取出来即可。

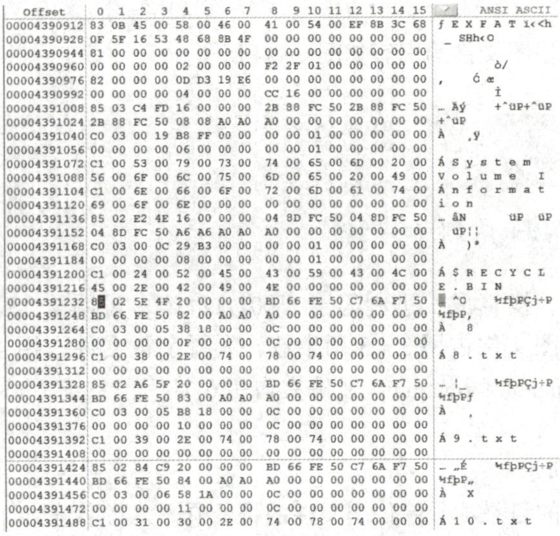

图 4-48　将 "2020" 文件夹下的目录项写入至根目录

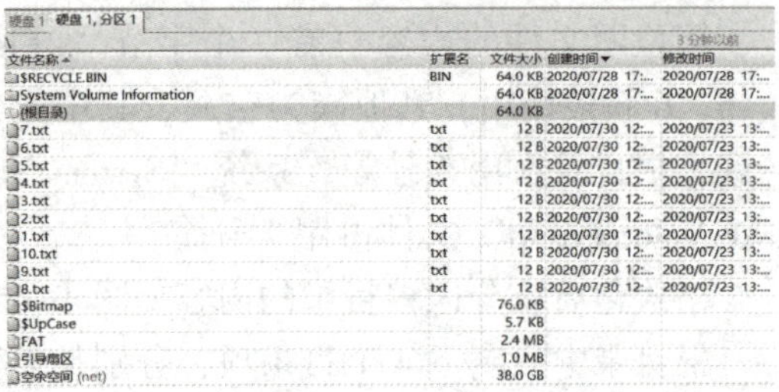

图 4-49　文件夹 "2020" 下的所有文件

3. 实训总结

【总结】通过以上实例可知，将 exFAT 文件系统格式化成 exFAT 文件系统，并且格式化前后其每簇扇区数一致，exFAT 文件系统的格式化会重建 DBR、清空两个 FAT 表、根目录重建操作；由于每簇扇区数相同，DBR 重建时和格式化前是一致的；清空 FAT 表，会导致非连续存放的数据是不能恢复完整的，但可恢复连续存放的文件；根目录重建会导致根目录下的数据是无法恢复的，子目录下的数据有恢复的可能性，也就是说 exFAT 文件系统格式化可恢复在子目录下连续存放的文件。

4.8　综合练习

一、填空题

1. exFAT 的每个 FAT 项由_____字节构成。
2. exFAT 文件系统根据目录项的作用和特点可以分为_____、_____、_____、_____四种类型。
3. exFAT 分区中用户文件目录项首字节特征值分别为_____H、_____H、_____H。
4. exFAT 文件系统由_____、_____、_____、_____、_____五个部分组成。

二、选择题

1. exFAT 文件系统中 DBR 的跳转指令是（　　）。
   A. EB 76　　　B. EB 58　　　C. EB 3C　　　D. EB 82
2. exFAT 文件系统中 FAT 表个数为（　　）。
   A. 0 个　　　B. 1 个　　　C. 2 个　　　D. 3 个
3. exFAT 文件系统中 0 号 FAT 表项的含义（　　）。

	A. 表示根目录	B. 表示介质类型为硬盘
	C. 表示文件系统为 exFAT	D. 表示大小写字符文件

4. 在 exFAT 文件系统中，"FF FF FF FF"在 FAT 表中的含义为（　　）。

    A. FAT 表起始　　B. 目录项　　C. 文件开始标识　　D. 文件结束标识

5. 在 exFAT 文件系统中，大小写字符文件的大小为（　　）。

    A. 5328 字节　　B. 56 字节　　C. 5836 字节　　D. 4096 字节

三、简答题

1. exFAT 文件系统"00 00 00 00"在 FAT 表中的含义？
2. 在 exFAT 文件系统中新建文件需要做哪些操作？
3. 如何计算 exFAT 文件系统所能容纳单个文件的大小？

4.9 大赛真题

1. 真题 1

任务素材：B005

虚拟磁盘编号	故障描述	要求
B005	该磁盘中存放了 1000 个文件，由于用户误操作，导致系统提示分区需要格式化磁盘操作，并且分区类型由原来的 exFAT 变成了 RAW 分区，如图 4-50 所示	将该磁盘中的 37.txt 文件恢复出来并记录到"数据恢复要求与成果表"中

图 4-50　RAW 分区

2. 真题 2

任务素材：B006

虚拟磁盘编号	故障描述	要求
B006	这是一个 GPT 磁盘的 exFAT 文件系统，由于用户非正常插拔操作，造成无法正常访问该盘的数据，导致打开所有分区提示该磁盘"没有初始化"，如图 4-51 所示	将该磁盘中的 100.doc 文件的后 10 个字符内容记录到"数据恢复要求与成果表"中

图 4-51　提示没有初始化

项目 5　NTFS 文件系统数据恢复

学习目标

本项目主要介绍 NTFS 文件系统的数据结构，从该文件系统的 DBR、文件记录、属性等进行了全面的分析。通过对本项目的学习，学生应掌握 NTFS 文件系统 DBR 的手工重建，对已删除的文件或文件夹进行数据恢复、分区误格式化恢复等技能。

知识目标

- 理解 NTFS 文件系统的整体结构
- 掌握 NTFS 文件系统中 30H 80H 90H A0H B0H 属性
- 掌握 NTFS 文件系统中 $MFT $Root $Bitmap 元文件

技能目标

- 掌握手工重建 NTFS 文件系统 DBR
- 掌握 NTFS 文件系统误删除的恢复
- 掌握 NTFS 文件系统误格式化的恢复
- 掌握通过簇位图文件计算 NTFS 文件系统分区大小
- 掌握通过 $MFT 元文件计算 NTFS 文件系统分区大小

素养目标

- 培养学生数据安全意识
- 培养学生掌握关键核心技术的意识

任务 5.1　NTFS 文件系统基本结构

在 NTFS 文件系统中，磁盘上的所有数据都是以文件的形式出现的，这些文件是元文件与用户文件，其中每个文件都有一个固定大小的文件记录项来描述该文件。NTFS 文件系统在创建时，会将一些重要的系统信息以文件的形式分散地存储在 NTFS 卷中，存储这些重要系统信息所对应的文件就是元文件，它是 NTFS 文件系统最重要的组成部分，元文件是隐藏的系统文件，用户不能直接对它进行访问。

NTFS 文件系统基本介绍

在 NTFS 文件系统中最重要的是 $MFT 元文件，它决定了 NTFS 文件系统中所有文件或者文件夹在 NTFS 卷上的位置，它还被用来记录卷上所有文件记录项的内容，所以它也被称为主文件表。NTFS 文件系统的总体布局如图 5-1 所示。

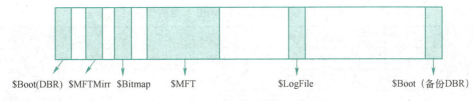

$Boot(DBR) $MFTMirr $Bitmap $MFT $LogFile $Boot（备份DBR）

图 5-1　NTFS 文件系统的总体布局

任务 5.2　NTFS 文件系统引导扇区分析

NTFS 文件系统的引导扇区是分区的第一个扇区，简称 DBR，也是$Boot 元文件的重要组成部分，其作用是完成对 NTFS 卷中的 BPB 参数的定义，将操作系统调入到内存中。NTFS 文件系统的引导扇区包括跳转指令、OEM 代号、BPB 参数、引导程序和结束标志。图 5-2 是一个完整的 NTFS 文件系统的 DBR。

NTFS 文件系统引导扇区分析

图 5-2　NTFS 文件系统的 DBR 扇区

（1）跳转指令

跳转指令占用 2 个字节，值为"EB 52"，它将程序执行流程跳转到引导程序处。

（2）OEM 代号

OEM 代号占用 8 个字节，是 NTFS 文件系统的标识。

（3）BPB 参数

BPB 参数占用 73 个字节，位于 DBR 扇区的 0BH～53H 偏移处，它记录了 NTFS 文件系统的重要信息，其中各个参数的含义见表 5-1。

表 5-1 NTFS 文件系统 BPB 参数的含义

字节偏移	字段长度/字节	字段名和含义	字节偏移	字段长度/字节	字段名和含义
0x0B	2	每扇区字节数	0x24	4	NTFS 未使用，总为 80008000
0x0D	1	每簇扇区数	0x28	8	扇区总数
0x0E	2	未用	0x30	8	$MFT 的起始簇号
0x10	3	总是 0	0x38	8	$MFTMirr 的起始簇号
0x13	2	NTFS 未使用，为 0	0x40	1	文件记录的大小描述
0x15	1	介质描述符	0x41	3	未用
0x16	2	总为 0	0x44	1	索引缓冲的大小描述
0x18	2	每磁道扇区数	0x45	3	未用
0x1A	2	磁头数	0x48	8	卷序列号
0x1C	4	隐藏扇区数	0x50	4	校验和
0x20	4	NTFS 未使用，为 0			

对图 5-2 中的 BPB 参数的详解见表 5-2。

表 5-2 BPB 参数详解

字节偏移	字节数	说明
0BH~0CH	2	每扇区字节数，记录每个扇区的大小，常见值为 512 字节
0DH	1	每簇扇区数，NTFS 文件系统是以簇为单位对文件进行分配，每簇扇区数记录着文件系统的簇大小，即一个簇由多少个扇区组成。在 NTFS 文件系统中，所有的簇从 0 开始编号，直到分区的结束，编号是从分区的 DBR 开始，也就是第一个扇区
0EH~0FH	2	未用
10H~12H	3	总是 0
13H~14H	2	未用
15H	1	介质描述符，通常为 "F8"
16H~17H	2	未用
18H~19H	2	每磁道扇区数，NTFS 未用此参数
1AH~1BH	2	磁头数，NTFS 未用此参数
1CH~1FH	4	隐藏扇区数，隐藏扇区数是指本分区之前使用的扇区数，该值与分区表中所描述的该分区的起始扇区号一致
20H~23H	4	未用
24H~27H	4	未用，总为 80008000
28H~2FH	8	扇区总数，扇区总数是指分区的总扇区数，也是分区的大小。NTFS 的 BPB 中记录的分区大小比分区表中记录的少一个扇区，因为 BPB 中不记录分区最后一个扇区，最后一个扇区是 DBR 的备份扇区
30H~37H	8	$MFT 的起始簇号，这 8 字节为 $MFT 的起始簇号，值不固定，但扇区号一般来说是固定的，位于分区的 6291456 号扇区
38H~3FH	8	$MFTMirr 的起始簇号，这 8 字节为 $MFTMirr 的起始簇号，它是 $MFT 的备份
40H	1	文件记录的大小描述，文件记录的大小通常为 1024 字节，此处值为 "F6H"，这个值为带符号数，当其为负数时，计算方法为：$2^{-1 \times 每个文件记录的簇数}$。例如：DBR 中参数值为 "F6H"，换算为十进制等于 "-10"，所以每个文件记录的大小是 $2^{-1 \times (-10)} = 2^{10} = 1024$ 字节
41H~43H	3	未用
44H	1	索引缓冲的大小描述，描述每个索引缓冲的簇数。注意这个参数也是带符号数，当为负数的时候，计算方法与"文件记录的大小描述"一致
45H~47H	3	未用
48H~4FH	8	卷序列号，这个序列号是硬盘格式化时随机产生的
50H~53H	4	校验和，一般都为 0

(4) 引导程序

NTFS 的 DBR 引导程序占用 426 字节（54H～1FDH），其作用是将系统文件装入。

(5) 结束标志

DBR 的结束标志与 MBR、EBR 的结束标志相同，都为 "55 AA"。

任务 5.3　NTFS 文件系统元文件 $MFT 分析

5.3.1　元文件 $MFT 概述

在 NTFS 文件系统中，最重要的元文件就是 $MFT，它是 NTFS 卷中所有文件和文件夹的集合。它记录着所有文件和文件夹的基本情况。包括卷的信息、引导记录、文件 $MFT 本身等的重要信息，以及文件名和文件夹名、文件安全属性、文件大小、数据运行列表等。

$MFT 元文件是用来存储文件记录的，所以又称主文件表。每个文件都有一个文件记录，每个文件记录占用 2 个扇区，也就是 1024 字节，其中 $MFT 元文件就是用来存储这些文件记录的，每个文件记录都有固定的文件记录号，从 0 开始编号。$MFT 文件通常位于逻辑分区的 6291456 扇区，具体可以通过 BPB 中 "$MFT 开始簇号" 与 "每簇扇区数" 参数值的乘积计算得到。

5.3.2　元文件 $MFT 总体结构

在 NTFS 文件系统中，每个文件记录以 "FILE" 作为开始标记，以第一个 "FF FF FF FF" 的存储形式为结束标志，其中结束位置可通过记录开始位置和记录长度计算得到。由于 NTFS 文件系统中所存储的文件或文件夹不同，所以每个文件或文件夹记录所具有的属性也不尽相同，元文件 $MFT 的总体结构大致如图 5-3 所示。

0号记录	记录头	10H属性	30H属性	80H属性	B0H属性	记录结束标志		
1号记录	记录头	10H属性	30H属性	80H属性	记录结束标志			
2号记录	记录头	10H属性	30H属性	80H属性	记录结束标志			
3号记录	记录头	10H属性	30H属性	80H属性	60H属性	70H属性	80H属性	记录结束标志
⋮				……				
N号记录	记录头	10H属性	30H属性	……		记录结束标志		

图 5-3　元文件 $MFT 的总体结构

任务 5.4　NTFS 文件系统文件记录分析

5.4.1　文件记录的结构

每个文件都可以通过文件记录进行管理，不论是元文件还是用户数据文件，它们都有文件记录，文件记录的大小为 2 个扇区，也就是 1KB（不管簇的大小是多少）。这些文件记录全部都存放在主文件记录表（Master File Table，MFT）中，该主文件记录表在物理上是连续的，其中文件记录项从 0 开始依次按顺序编号。

文件记录由文件记录头与属性列表两部分构成，通过 WinHex 查看 $MFT 文件的文件记录，结构如图 5-4 所示。

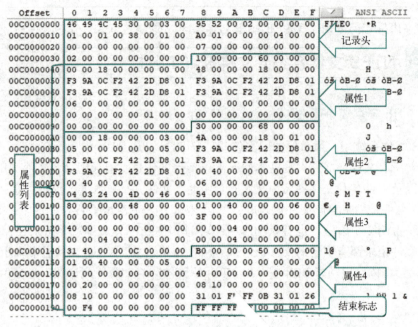

图 5-4　$MFT 文件的文件记录结构

5.4.2　文件记录头的结构

文件记录头的结构一般是固定的，从偏移地址 0x00 开始到 0x37 结束，共计 56 字节，下面来看看文件记录头的信息，如图 5-5 所示为一个文件记录的记录头信息。

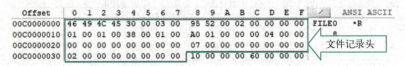

图 5-5　NTFS 的文件记录头

NTFS 文件记录头信息的含义见表 5-3。

表 5-3　NTFS 文件记录头信息

字节偏移	字节数	字段名和含义
0x00	4	文件记录标识，字符串的值为"FILE"
0x04	2	更新序列号的偏移
0x06	2	更新序列号的个数与更新数组之和，一般为 3，即 1 个更新序列号，2 个更新数组
0x08	8	日志文件序列号
0x10	2	记录被使用和删除的次数
0x12	2	硬连接数，即有多少个目录指向该文件或目录
0x14	2	第一个属性的偏移地址，相对于文件记录头开始位置偏移
0x16	2	标志，0000H 表示文件被删除，0001H 表示文件正在使用，0002H 表示目录被删除，0003H 表示目录正在使用

（续）

字节偏移	字节数	字段名和含义
0x18	4	文件记录的实际长度
0x1C	4	文件记录的分配长度
0x20	8	基本文件记录中的文件索引号，通常为 0；不为 0 表示该文件存在多个文件记录，此处值就表示下一个文件记录号
0x28	2	下一属性 ID，当增加新的属性时，将该值分配给新属性，然后该值增加，如果 $MFT 记录重新使用，则将该值置为 0
0x2A	2	边界
0x2C	4	文件记录号，从 0 开始编号
0x30	2	更新序列号，注意这两个字节会同时出现在该文件记录第一个扇区的最后两个字节处及该文件记录第二个扇区的最后两个字节处
0x32	2	更新数组，这两个字节去更新文件记录第一个扇区的最后两个字节
0x34	2	更新数组，这两个字节去更新文件记录第二个扇区的最后两个字节

5.4.3 文件记录中属性的结构

每个记录的文件记录头之后就是属性列表，它由多个属性构成，一般第 1 个属性是 10H 属性，10H 属性的偏移地址从 0x38 开始，接着后面就是第 2 个、第 3 个属性，直到结束标志就表示属性结束，一般结束标志的存储形式是 "FF FF FF FF"。

每一个属性由属性头和属性体构成，通常属性头的大小为 18H。这里以 $MFT 文件自身的文件记录中的 30H 属性为例，其结构如图 5-6 所示。

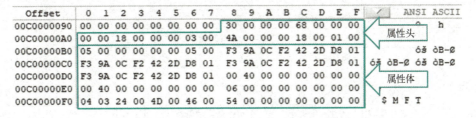

图 5-6 属性的属性头和属性体

每个属性都有一个属性头，这个属性头包含了一些该属性的重要信息，如属性类型、属性大小、名字（并非都有）及是否为常驻属性等。

常驻属性：当一个文件很小时，其所有属性体都可存放在 MFT 的文件记录中，该属性就称为常驻属性。有些属性总是常驻的，例如标准信息属性和根索引属性。

非常驻属性：由于 MFT 文件记录的大小只有 1KB，如果一个属性的属性体太大导致文件记录项存储不下，那么系统将从 MFT 文件记录之外为之分配存储区域。这些区域通常是非 MFT 区域的其他簇，不存储在 MFT 文件记录中的属性称为非常驻属性。

常驻属性与非常驻属性的属性头的前 16 字节的结构是相同的。表 5-4 和表 5-5 分别列出了常驻属性和非常驻属性的属性头。

表5-4 常驻属性头

字节偏移	字段长度/字节	含义
00H	4	属性类型
04H	4	属性大小（包括属性头和属性内容）
08H	1	是否常驻（00=常驻；01=非常驻）
09H	1	属性名长度（0表示无属性名，非0表示属性名的字符个数）
0AH	2	属性名的起始偏移（如果有的话，通常为18H，没有则为0）
0CH	2	标志，压缩（0001H）、加密（4000H）、稀疏（8000H）
0EH	2	属性ID
10H	4	属性内容的长度（非常驻属性此处为0）
14H	2	属性内容的起始偏移（如果没有属性名，则为18H）
16H	1	索引标志
17H	1	无意义（对齐8字节边界）
18H	~	属性名（如果有的话）和属性内容

表5-5 非常驻属性头

字节偏移	字段长度/字节	含义
00H	4	属性类型
04H	4	属性大小（包括属性头和属性内容）
08H	1	是否常驻（00=常驻；01=非常驻）
09H	1	属性名长度（0表示无属性名，非0表示属性名的字符个数）
0AH	2	属性名的起始偏移（如果有的话，通常为18H，没有则为0）
0CH	2	标志，压缩（0001H）、加密（4000H）、稀疏（8000H）
0EH	2	属性ID
10H	8	起始虚拟簇号（VCN）
18H	8	结束虚拟簇号（VCN）（由此确定VCN边界）
20H	2	数据运行信息（记录非常驻数据内容）的偏移地址
22H	2	压缩单位大小
24H	4	无意义（对齐8字节边界）
28H	8	属性分配大小，是这个属性所占的所有簇空间的大小
30H	8	属性真实大小，即实际占用空间
38H	8	属性内容的初始大小
40H	~	属性名（如果有的话）和数据运行信息（Run List）

(1) 属性类型

文件记录由文件记录头与属性列表两部分构成。在NTFS系统中，所有与文件相关的数据均被认为是属性，包括文件的内容，文件记录头记录了文件数据的所有属性。每个文件记录中都有多个属性，一共可分为16种。表5-6为属性类型及其含义。

表5-6 属性类型及其含义

属性类型	属性类型名	属性描述
10 00 00 00	$STANDARD_INFORMATION	标准信息：包括一些基本文件属性，如只读、系统、存档；时间属性，如文件的创建时间和最后修改时间；有多少目录指向该文件

（续）

属性类型	属性类型名	属性描述
20 00 00 00	$ATTRIBUTE_LIST	属性列表：当一个文件需要多个文件记录时，用来描述文件的属性列表
30 00 00 00	$FILE_NAME	文件名：用 Unicode 字符表示的文件名，由于 MS-DOS 不能识别长文件名，所以 NTFS 系统会自动生成一个 DOS 8.3 格式的文件名
40 00 00 00	$OBJECT_ID	对象 ID：一个具有 64 字节的标识符，其中最低的 16 字节对卷来说是唯一的
50 00 00 00	$SECURITY_DESCRIPTOR	安全描述符：主要用于保护文件以防止没有授权的访问
60 00 00 00	$VOLUME_NAME	卷名（卷标识）：该属性仅存在于$Volume 元文件中
70 00 00 00	$VOLUME_INFORMATION	卷信息：该属性仅存在于$Volume 元文件中
80 00 00 00	$DATA	文件数据：该属性为文件的数据内容、文件大小
90 00 00 00	$INDEX_ROOT	索引根节点：文件夹 B+树根节点
A0 00 00 00	$INDEX_ALLOCATION	索引分配，用于描述文件夹的位置
B0 00 00 00	$BITMAP	位图属性，用来记录文件或文件夹索引节点的使用情况
C0 00 00 00	$REPARSE_POINT	重解析点：用来存储重解析标记数据，数据格式一般为程序或文件系统过滤器
D0 00 00 00	$EA_INFORMATION	扩充属性信息：为了在 NTFS 下能实现 HPFS 的 OS/2 子系统信息与 WindowsNT 服务器的 OS/2 客户端应用所设置的扩展属性
E0 00 00 00	$EA	扩充属性：为了在 NTFS 下实现 HPFS
F0 00 00 00	$PROPERTY_SET	早期的 NTFS v1.2 中才有
00 10 00 00	$LOGGED_UTILITY_STREAM	EFS 加密属性：该属性主要用于存储实现 EFS 加密的有关加密信息，如合法用户列表、解码密钥等

(2) 属性分类

一个属性根据其是否常驻和是否有属性名，可以排列组合成四种不同的情况，分别为：常驻没有属性名、常驻有属性名、非常驻没有属性名、非常驻有属性名，下面分别分析它们的属性头。

① 常驻没有属性名的属性头结构。

常驻且没有属性名的属性头结构见表 5-7。

表 5-7 常驻没有属性名的属性头结构

字节偏移	字段长度/字节	含 义
0x00	4	属性类型（如 10H、30H 等类型）
0x04	4	包括属性头在内的本属性的长度（字节）
0x08	1	是否为常驻属性（00 表示常驻，01H 表示非常驻）
0x09	1	属性名长度（为 0 表示没有属性名）
0x0A	2	属性名的开始偏移（没有属性名）
0x0C	2	压缩、加密、稀疏标志： 0001H（表示该属性是被压缩了的）； 4000H（表示该属性是被加密了的）； 8000H（表示该属性是稀疏的）
0x0E	2	属性 ID
0x10	4	属性体的长度（L）
0x14	2	属性体的开始偏移

(续)

字节偏移	字段长度/字节	含义
0x16	1	索引标志
0x17	1	无意义
0x18	~	该属性体的内容

② 常驻有属性名的属性头结构。

常驻有属性名的属性头结构见表 5-8。

表 5-8 常驻有属性名的属性头结构

字节偏移	字段长度/字节	含义
0x00	4	属性类型（如 90H、B0H 等类型）
0x04	4	包括属性头在内的本属性的长度（字节）
0x08	1	是否为常驻属性（00 表示常驻，01H 表示非常驻）
0x09	1	属性名长度（N）
0x0A	2	属性名开始的偏移
0x0C	2	压缩、加密、稀疏标志
0x0E	2	属性 ID
0x10	4	属性体的长度（L）
0x14	2	属性体的开始偏移
0x16	1	索引标志
0x17	1	无意义
0x18	2N	属性的名字
2N+0x18	~	属性体的内容

③ 非常驻没有属性名的属性头结构。

非常驻没有属性名的属性头结构见表 5-9。

表 5-9 非常驻没有属性名的属性头结构

字节偏移	字段长度/字节	含义
0x00	4	属性类型（如 20H、80H 等类型）
0x04	4	包括属性头在内的本属性的长度（字节）
0x08	1	是否为常驻属性（为 01 表示该属性为非常驻属性）
0x09	1	属性名长度（为 0 表示没有属性名）
0x0A	2	属性名开始的偏移（没有属性名）
0x0C	2	压缩、加密、稀疏标志
0x0E	2	属性 ID
0x10	8	属性体的起始虚拟簇号（VCN）
0x18	8	属性体的结束虚拟簇号
0x20	2	Run List（数据运行列表，是一个在逻辑簇号上连续的区域）信息的偏移地址
0x22	2	压缩单位大小（2x 簇，如果为 0 表示未压缩）
0x24	4	无意义

(续)

字节偏移	字段长度/字节	含 义
0x28	8	属性体的分配大小［该属性体占的大小，这个属性体大小是该属性体所有的簇所占的空间大小（字节）］
0x30	8	属性体的实际大小（因为属性体长度不一定正好占满所有簇）
0x38	8	属性体的初始大小
0x40		属性的 Run List 信息，它记录了属性体开始的簇号、簇数等信息

④ 非常驻有属性名的属性头结构。

非常驻有属性名的属性头结构见表 5-10。

表 5-10　非常驻有属性名的属性头结构

字节偏移	字段长度/字节	含 义
0x00	4	属性类型（如 80H、A0H 等类型）
0x04	4	包括属性头在内的本属性的长度（字节）
0x08	1	是否为常驻属性（为 01 表示该属性为非常驻属性）
0x09	1	属性名长度（N）
0x0A	2	属性名开始的偏移
0x0C	2	压缩、加密、稀疏标志
0x0E	2	属性 ID
0x10	8	属性体的起始虚拟簇号（VCN）
0x18	8	属性体的结束虚拟簇号
0x20	2	数据运行列表的偏移地址
0x22	2	压缩单位大小（2^x 簇，0 表示未压缩）
0x24	4	无意义
0x28	8	属性体的分配大小（属性体所占用簇的大小字节数）
0x30	8	属性体的实际大小（属性体内容可能占用不满整个簇）
0x38	8	属性体的初始大小
0x40	2N	该属性的属性名
2N+0x40	~	属性的数据运行列表信息（记录属性体开始的簇号、簇数、簇的链接关系信息）

任务 5.5　NTFS 文件系统属性分析

在 NTFS 文件或目录的记录中，经常使用的属性有 10H 属性、30H 属性、80H 属性、90H 属性、A0H 属性和 B0H 属性。其中文件记录常用的属性有 10H 属性、30H 属性和 80H 属性；小文件夹经常使用的属性有 10H 属性、30H 属性和 90H 属性，大文件夹经常使用的属性有 10H 属性、30H 属性、90H 属性、A0H 属性与 B0H 属性。

5.5.1　10H 属性分析

10H 属性的类型名为 $STANDARD_INFORMATION（标准信息），是所有文件记录或目录记录都具有的属性，它包含了文件或目录的一些基本信息，如文件或目录创建的时间，有多少个目录指向文件或目录等，它是一个常驻无属性名的

10H 属性分析

属性。该属性位于文件记录头之后,偏移地址一般为 0x38 到 0x97,其属性头和属性体的长度均是固定的,属性头的长度为 24 字节,属性体的长度为 72 字节,10H 属性的结构见表 5-11 所示。

表 5-11 10H 属性结构

字节偏移	字段长度/字节	含义	备注
0x00	4	属性类型,10H,标准属性	属性头
0x04	4	包括属性头在内的本属性的长度(字节)	
0x08	1	是否为常驻属性(00 表示常驻,01H 表示非常驻)	
0x09	1	属性名长度(为 0 表示没有属性名)	
0x0A	2	属性名的开始偏移(没有属性名)	
0x0C	2	标志(压缩、加密、稀疏)	
0x0E	2	属性 ID	
0x10	4	属性体的长度(L)	
0x14	2	属性体的开始偏移	
0x16	1	索引标志	
0x17	1	填充	
0x18	8	文件创建时间	属性体
0x20	8	文件最后修改时间	
0x28	8	MFT 文件记录修改时间	
0x30	8	文件最后访问时间	
0x38	4	传统文件属性	
0x3C	4	最大版本数:为 0 则表示版本是没有的	
0x40	4	版本数:如果偏移 24H 处为 0 则此处也为 0	
0x44	4	分类 ID(一个双向的类索引)	
0x48	4	所有者 ID	
0x4C	4	安全 ID:文件$Secure 中$SII 索引和$SDS 数据流的关键字	
0x50	8	配额管理:配额占用情况,它是文件所占用的总字节数	
0x58	8	更新序列号	

5.5.2 30H 属性分析

30H 属性的类型名为$FILE_NAME,即文件名属性,用于存储文件名信息,它总是常驻属性,一般紧跟在 10H 属性之后。其属性最小占用 68 字节,最大占用 578 字节,可容纳最大 255 个 Unicode 字符的文件名长度。如果文件名的长度超过 8 个字符,在记录中会存在两个 30H 属性,第一个 30H 属性描述的是短文件名,第二个 30H 属性描述的是长文件名,其结构见表 5-12。

30H 属性分析

表 5-12 30H 属性结构

字节偏移	字段长度/字节	含义	
0x00	4	属性类型（30H）	属性头
0x04	4	属性长度（属性头与属性体的长度）	
0x08	1	常驻标志（00 表示常驻，01 表示非常驻）	
0x09	1	属性名长度（00 表示无属性名）	
0x0A	2	属性名的开始偏移	
0x0C	2	标志（0001H：压缩，4000H：加密，8000H：稀疏）	
0x0E	2	属性 ID 标识	
0x10	4	属性体长度（L）	
0x14	2	属性体内容起始偏移	
0x16	1	索引标志	
0x17	1	填充	
0x18	8	父目录的文件参考号	属性体
0x20	8	文件创建时间	
0x28	8	文件修改时间	
0x30	8	MFT 修改时间	
0x38	8	文件最后访问时间	
0x40	8	文件分配大小	
0x48	8	文件实际大小	
0x50	4	文件标志 0x0001 只读 0x0002 隐藏 0x0004 系统 0x0020 存档 0x0040 设备 0x0080 常规 0x0100 临时 0x0200 稀疏文件 0x0400 重解析点 0x0800 压缩 0x1000 脱机 0x2000 未编入索引 0x4000 加密 0x10000000 目录（从 MFT 文件记录中复制的相应的位） 0x20000000 索引视图（从 MFT 文件记录中复制的相应的位）	
0x54	4	EAS（扩展属性）和 Reparse（重解析点）使用	
0x58	1	文件名长度（字符数 L）	
0x59	1	文件名命名空间（Filename Namespace）	
0x5A	2L	Unicode 文件名	

5.5.3 80H 属性分析

80H 类型属性即 $DATA 属性，该属性容纳着文件的内容，文件大小一般指的就是未命名数据流的大小。该属性常见的可分为 3 种情况，即有属性头无属性体、常驻属性、非常驻属性。

80H 属性分析（上）

1. 有属性头无属性体

对于有属性头而无属性体的 80H 属性来说，它就是一种只有文件名，而没有文件内容的属性。如图 5-7 所示为 "20211108.txt" 文件的文件记录项，它的 80H 属性结构只有属性头而没有属性体，在资源管理器中查看该文件的属性时，其文件的大小也为 0 字节。

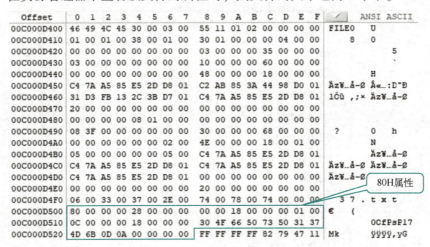

图 5-7 有属性头无属性体的 80H 属性

2. 常驻属性

80H 常驻属性分为属性头和属性体两部分，其中属性体的内容全部存储在文件记录项中。80H 常驻属性结构见表 5-13 所示。

表 5-13 80H 常驻属性结构

字节偏移	字节数	含义
0x00	4	属性类型（80H）
0x04	4	包括属性头在内的本属性的字节长度
0x08	1	常驻与非常驻标志；0x01 表示非常驻属性，0x00 表示常驻属性
0x09	1	属性名的名称长度，00 表示没有属性名
0x0A	2	属性名的名称偏移
0x0C	2	标志（压缩、加密、稀疏等）
0x0E	2	属性 ID 标识
0x10	4	属性体长度
0x14	2	属性内容起始偏移
0x16	1	索引标志
0x17	1	填充
0x18	~	文件内容

某文件记录的 80H 属性如图 5-8 所示，可以看到这个属性的前面部分是属性头，阴影部分是属性体，属性体的内容正是该文件写入的内容，也就是 80H 属性为常驻属性的情况。

项目 5 NTFS 文件系统数据恢复

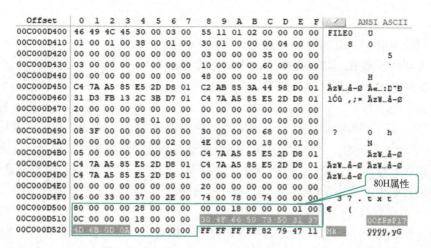

图 5-8 某文件记录的 80H 属性

3. 非常驻属性

80H 非常驻属性结构见表 5-14 所示。

表 5-14 80H 非常驻属性结构

字节偏移	字节数	含 义
0x00	4	属性类型（80H）
0x04	4	包括属性头在内的本属性的字节长度
0x08	1	常驻与非常驻标志；0x01 表示非常驻属性，0x00 表示常驻属性
0x09	1	文件名长度（00 表示没有属性名）
0x0A	2	名称偏移值（没有属性名）
0x0C	2	压缩、加密、稀疏标志； 0001H 表示压缩；4000H 表示加密；8000H 表示稀疏 此处为 0000H，表示未压缩
0x0E	2	属性 ID 标识
0x10	8	起始虚拟簇号（VCN）
0x18	8	结束虚拟簇号（VCN）
0x20	2	数据运行列表偏移地址（相对于属性类型开始偏移）
0x22	2	压缩单位大小（为 0 表示未压缩）
0x24	4	填充
0x28	8	为流分配的单元大小（按分配簇的实际大小来计算），即系统分配文件的空间大小字节数
0x30	8	流的实际大小，即文件的实际大小字节数
0x38	8	流已初始化大小，即文件压缩后的大小字节数
0x40	~	数据运行列表（记录 80H 属性体的起始簇号、大小以及链接关系）

在 NTFS 文件系统中，如果文件的内容在文件记录项中存储不下的话，此时 80H 常驻属性就会变成 80H 非常驻属性，这个文件的内容就会由其他簇来存储，其中具体存放的位置由数据运行列表记录，文件的数据在 NTFS 卷中又分为连续存储与非连续存储，当文件记录的 80H 属性只存在一个数据运行列表时，说明数据是连续存储的；存在多个数据运行列表时说明数据是非连续存储的。

(1) 存在一个数据运行列表

在文件记录 80H 非常驻属性中，如果只有一个数据运行列表，说明该文件在 NTFS 文件系统中的数据存储是连续的，此时 80H 属性数据运行列表如图 5-9 所示。

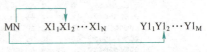

图 5-9　80H 属性数据运行列表

在这里 MN 表示的是一个字节，其中 M 为这个字节的高 4 位，表示文件内容的起始簇号占 M 个字节；N 是该字节的低 4 位，表示文件内容的簇数占 N 个字节。此处文件内容的起始簇号 $= Y1_M \cdots Y1_2 Y1_1$，此处占用 M 个字节，需要注意的是这个起始簇号的值是一个正整数。文件内容所占簇数 $= Y1_M \cdots Y1_2 Y1_1$，此处占用 N 个字节，也是一个正整数。需要注意的是 NTFS 的数据存储形式采用的是小端模式。

(2) 存在多个数据运行列表

在文件记录 80H 非常驻属性中，如果存在多个数据运行列表，说明该文件在 NTFS 文件系统中的数据存储是非连续的，此时 80H 属性数据运行列表可以表示为（以三个为例）：

$MN \quad X1_1 X1_2 \cdots X1_N \quad Y1_1 Y1_2 \cdots Y1_M$ （注：该值是一个正整数或零）

$PQ \quad X2_1 X2_2 \cdots X2_Q \quad Y2_1 Y2_2 \cdots Y2_P$ （注：该值是一个整数，可正可负）

$RS \quad X3_1 X3_2 \cdots X3_S \quad Y3_1 Y3_2 \cdots Y3_R$ （注：该值是一个整数，可正可负）

80H 属性分析（下）

数据运行列表结构含义见表 5-15 所示。

表 5-15　数据运行列表结构含义

段号	数据运行列表	各数据段的起始簇号	所占簇数
1	$MN \; X1_1 X1_2 \cdots X1_N \; Y1_1 Y1_2 \cdots Y1_M$	$Y1_M \cdots Y1_2 Y1_1$	$X1_N \cdots X1_2 X1_1$
2	$PQ \; X2_1 X2_2 \cdots X2_Q \; Y2_1 Y2_2 \cdots Y2_P$	$Y1_M \cdots Y1_2 Y1_1 + Y2_P Y2_2 \cdots Y2_1$	$X2_Q \cdots X2_2 X2_1$
3	$RS \; X3_1 X3_2 \cdots X3_S \; Y3_1 Y3_2 \cdots Y3_R$	$Y1_M \cdots Y1_2 Y1_1 + Y2_P Y2_2 \cdots Y2_1 + Y3_R Y3_2 \cdots Y3_1$	$X3_S \cdots X3_2 X3_1$

某文件的文件记录号为 1530，该记录的 80H 属性如图 5-10 所示，其中框起来的部分为数据运行列表。

```
Offset     0  1  2  3  4  5  6  7  8  9  A  B  C  D  E  F      ANSI ASCII
00C0017360 80 00 00 00 50 00 00 00 00 00 00 00 00 00 01 00     €   P
00C0017370 00 00 00 00 00 00 00 00 6F EA 04 00 00 00 00 00             oê
00C0017380 40 00 00 00 00 00 00 00 A7 4E 00 00 00 00 00 00     @       §N
00C0017390 11 02 16 21 10 A4 01 11 04 ED 00 00 00 00 00 00        ! ¤  í
00C00173A0 43 70 EA 04 77 6E 26 0D 43 70 EA 04 77 6E 26 0D     Cpê wn& Cpê wn&
00C00173B0 FF FF FF FF 00 00 00 00 00 00 00 00 00 00 00 00     ÿÿÿÿ
00C00173C0 00 00 00 00 00 00 00 00 00 00 00 00 00 00 00 00
```

图 5-10　1530 号记录的 80H 属性

1530 号记录的数据运行列表如下：

<u>11 02 16</u> <u>21 10 A4 01</u> <u>11 04 ED</u>

1530 号记录 80H 属性中存在 3 个数据运行列表见表 5-16 所示。

表 5-16　1530 号记录 80H 属性的数据运行列表含义

段号	数据运行列表	各段起始簇号		各段所占簇数	
		十六进制	十进制	十六进制	十进制
1	11 02 16	16H	22	16H	2
2	21 10 A4 01	16H+01A4H	22+420=442	01A4H	16
3	11 04 ED	16H+01A4H+EDH	22+420+(−19)= 423	04H	4

对表 5-15 中各数据段数据运行列表说明如下。

1）第 1 个数据运行列表 11 02 16，此处的文件内容的起始簇号为 16H，转换十进制为 22 号簇，文件内容占用 2 个簇。

2）第 2 个数据运行列表 21 10 A4 01，此处的文件内容的起始簇号为 16H+01A4H，此处 01A4 是带符号数，十进制值为 420，因此文件内容起始簇号为 22+420=442 号簇，文件的内容占用 10H，转换成十进制为 16。

3）第 3 个数据运行列表 11 04 ED，此处的文件内容的起始簇号为 16H+01A4H+EDH，注意此处 EDH 是带符号的，其十进制值为-19，上个数据运行列表的起始簇号为 442，因此第三个数据运行列表中的起始簇号为 22+420+(-19)=423 号簇。文件的内容占用的簇数为 4。

从数据运行列表可知，该文件的内容被划分为 3 段，分散地存储在 NTFS 卷中，占用簇号分别为 22~23、442~457 和 423~426，一共占用 22 个簇。

5.5.4 90H 属性分析

90H 属性即$INDEX_ROOT，是索引根属性，该属性只有在文件夹记录中才有，并且它一定是常驻有属性名的属性，主要用来记录索引项，索引项与 FAT 系列的目录项类似，NTFS 文件系统的索引用来描述文件或文件夹的 MFT 记录号、文件大小、时间和日期等信息。由于 90H 属性是常驻属性，因此它的属性内容都存放在文件记录项中。

NTFS 对索引目录的管理采用的是 B+树结构，90H 属性是 B+树结构的索引根节点，对于文件夹记录大致可分为两种情况，即文件夹中存储文件名数量少与存储文件名数量多的情况。

（1）文件夹中存储的文件的数量较少

90H 属性一般是针对文件夹中存储文件名数量少的情况，文件夹中的所有文件名都存放在 90H 属性中，90H 属性基本结构如图 5-11 所示，90H 属性中存储的文件名基本结构由 90H 标准属性头、索引根、索引头以及少量的索引项构成，这里的索引项就是存放文件名的相关信息，比如 MFT 记录号、文件大小、时间和日期等信息。

由于 90H 属性记录的是文件名的相关信息，因此只有文件夹才会有这个属性，如图 5-12 所示是 90H 属性在文件夹中的文件记录项的结构，一般由文件记录头、10H 属性、30H 属性、90H 属性构成，其中 90H 属性下面就记录了文件名的相关信息，注意这里只能存放少量的文件名，一般来说是 6 个，由于文件记录项的大小只有 1024 字节，因此实际存放的数量还要看文件名的长短。

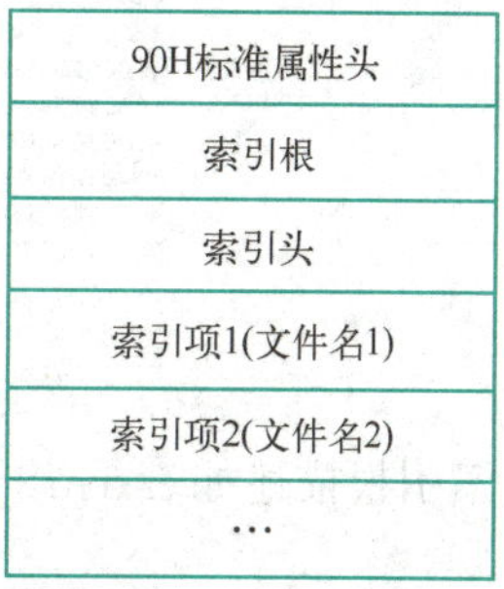

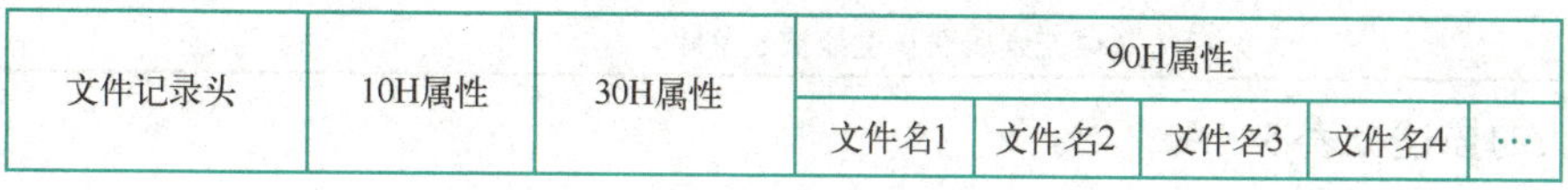

图 5-11 90H 属性基本结构图

图 5-12 文件记录项结构

下面看个具体例子,在一个 WD 文件夹中存放 4 个文件,这 4 个文件都被存储在 WD 文件记录的 90H 属性中,90H 属性的信息如图 5-13 所示,可看到这个属性里面包括标准属性头、索引根、索引头、索引项、结束标志,其中索引项一共有 4 个,分别是 b001.xls、b002.xls、b003.xls、b004.xls,索引项里面记录了每个文件的基本信息。

90H 属性头描述见表 5-17 所示。

表 5-17 90H 属性头描述

字节偏移	字段长度/字节	描述
0x00	4	90H 属性
0x04	4	属性长度,属性头与属性体的长度
0x08	1	总为 0
0x09	1	属性名的名字长度
0x0A	2	属性名的偏移
0x0C	2	标志(压缩、加密、稀疏等)
0x0E	2	属性 ID 标识
0x10	4	属性体长度
0x14	2	属性体开始偏移
0x16	1	索引标志
0x17	1	无意义,填充至 8 字节的倍数
0x18	8	属性名为$I30,即文件名索引

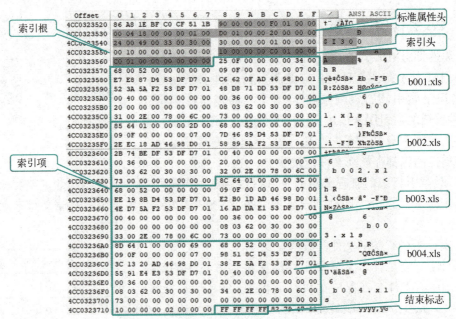

图 5-13 WD 文件夹记录项的 90H 属性

索引根描述如表 5-18 所示。

表 5-18 索引根描述

字节偏移	字段长度/字节	描述
0x00	4	属性类型
0x04	4	校对规则
0x08	4	每个索引缓冲区的分配大小(字节数)
0x0C	1	每个索引缓冲区的簇数
0x0D	3	无意义(填充到属性长度能被 8 整除)

索引头的描述见表 5-19。

表 5-19 索引头描述

字节偏移	字段长度/字节	描述
0x00	4	第一个索引项的偏移

(续)

字节偏移	字段长度/字节	描述
0x04	4	索引项的总大小
0x08	4	索引项的分配大小
0x0C	1	标志：当该字节为00时，表示其为小索引（适合于索引根）；当该字节为01时，表示其为大索引（适合于索引分配）
0x0D	3	无意义（填充到属性长度能被8整除）

索引头后面有着不同长度的索引项的序列，由一个带有最后一个索引项标志的特殊索引项来结束。当一个目录比较小，可以全部存储在索引根属性中时，该目录就只需要这一个属性来描述。而如果目录太大不能全部存储在索引根中，就会有两个附加的属性出现：一个是索引分配属性，描述B+树目录的子节点；另一个是索引位图属性，描述索引块的索引分配属性使用的虚拟簇号。根目录$Root包含它自身的一个索引项。常用索引项见表5-20。

表5-20　常用索引项描述

字节偏移	字段长度/字节	描述
0x00	8	该文件的MFT参考号
0x08	2	索引项的大小（相对索引项开始的偏移）
0x0A	2	文件名属性体大小
0x0C	2	索引标志：此处为1表示这个索引项包含子节点；为2表示这是最后一个项
0x0E	2	用0填充，无意义
0x10	8	父目录的MFT文件参考号
0x18	8	文件创建时间
0x20	8	文件最后修改时间
0x28	8	文件记录最后修改时间
0x30	8	文件最后访问时间
0x38	8	文件的分配大小
0x40	8	文件的实际大小
0x48	8	文件标志
0x50	1	文件名的长度
0x51	1	文件名的命名空间
0x52	2F	文件名
2F+0x52	P	填充到能被8整除（无意义）
P+2F+0x52	8	子节点的索引所在的VCN（需要有子节点时才有）

（2）文件夹中存储的文件名数量较多

对于文件夹中存储的文件名数量比较多的情况，如图5-14为该情况下90H属性的结构，当90H属性无法存储时，就需要将文件夹中所存储的文件名移动到一个索引节点中去存储，这里就需要用到A0H属性和B0H属性了，其中索引节点号以数

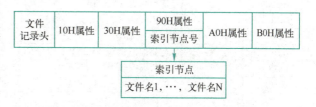

图5-14　文件名数量较多时90H属性的结构

据运行列表的形式存储在A0H属性中，B0H属性用来记录这些索引节点的状态为可用。

在之前的WD文件夹中再存放6个文件，此时文件夹中就存在10个文件，一般来说超过6个文件90H属性就无法存放，此时就该以索引节点的形式存放这10个索引项，索引项具体

存放的位置记录在该文件记录项的 B0H 属性的数据运行列表中，如图 5-15 所示为 WD 文件记录项的 90H、A0H、B0H 属性，可以看到 90H 属性中并没有直接存放文件名的索引项，其中只记录了索引节点号，这个例子的节点号为 0，该节点的具体信息在 B0H 属性的数据运行列表中记录，此处的数据运行列表为 "41 01 9E EA D4 01"，也就是这个节点的起始簇号为 01D4EA9E H，大小为 1 簇，跳转到节点的起始簇号就能看到 WD 文件夹下存放的文件。A0H 属性后面紧跟着的是 B0H 属性，它是用来记录节点是否在使用，如果使用，就用 1 表示，如果没有使用，就用 0 表示。

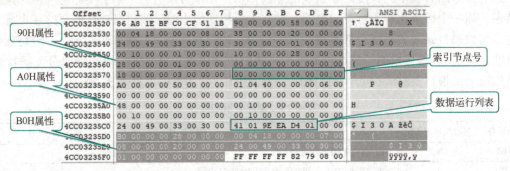

图 5-15 WD 文件记录项的 90H、A0H、B0H 属性

5.5.5 A0H 属性分析

A0H 类型属性，即 $INDEX_ALLOCATION，它是索引分配属性，也是一个索引（如目录）的基本结构，存储着组成索引的 B+树目录所有子节点的定位信息。

A0H 属性分析

当文件夹中的文件比较少时，文件夹中的所有文件名都存放在文件记录的 90H 属性中，此时文件夹记录中并没有 A0H 属性；当文件夹中的文件比较多时（大于 6 个），文件夹记录就会存在 A0H 属性，A0H 属性结构见表 5-21。

表 5-21 A0H 属性结构

字节偏移	字节数	描 述
0x00	4	属性类型（A0H）
0x04	4	属性长度（属性头与属性体的总长度）
0x08	1	常驻标志（01 表示非常驻）
0x09	1	属性名长度（00 表示无属性名）
0x0A	2	属性名的开始偏移
0x0C	2	标志（0001H：压缩，4000H：加密，8000H：稀疏）
0x0E	2	属性 ID 标识
0x10	8	起始虚拟簇号（VCN）
0x18	8	结束虚拟簇号（VCN）
0x20	2	数据运行列表偏移位置
0x22	2	压缩标志
0x24	4	填充 0
0x28	8	索引文件分配大小字节数
0x30	8	索引文件实际大小字节数
0x38	8	索引文件初始化大小字节数
0x40	8	属性名（一般为$I30，即为文件名索引）
0x48	~	数据运行列表（记录 A0H 属性体的起始簇号、大小以及链接关系）

下面来看个 A0H 属性的实例,在 NTFS 文件系统中的文件夹下存放了 100 个文件,如图 5-16 所示为它的 A0H 属性信息。

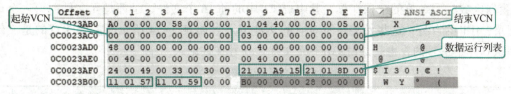

图 5-16 A0H 属性信息

在 A0H 属性中,偏移 0x10~0x17 处记录了虚拟簇的起始簇号,在偏移 0x18~0x1F 处记录了虚拟簇的结束簇号。可以看到 A0H 属性中的起始 VCN 为 0,结束 VCN 为 3,一共占用 4 个簇,由于 VCN 与 LCN(逻辑簇号)是一一对应的关系,因此就要找到与这 4 个虚拟簇所对应的逻辑簇,其中逻辑簇号的描述记录在 A0H 属性的数据运行列表中,从图 5-16 可知,A0H 属性一共有 4 段数据运行列表,其运行列表中内容的具体说明见表 5-22。

表 5-22 A0H 属性的数据运行列表具体说明表

序号	数据运行列表	起始 LCN	所占簇数
1	21 01 A9 15	0x15A9(5545)	1
2	21 01 8D 00	0x15A9+0x8D(5545+141=5686)	1
3	11 01 57	0x15A9+0x8D+0x57(5545+141+87=5773)	1
4	11 01 59	0x15A9+0x8D+0x57+0x59(5545+141+87+89=5862)	1

A0H 属性体的 LCN 与 VCN 对应关系见表 5-23。

表 5-23 A0H 属性体的 LCN 与 VCN 对应关系表

簇号 LCN/VCN	起始簇号	下个簇号	下个簇号	结束簇号
VCN(十进制)	0	1	2	3
LCN(十进制)	5545	5686	5773	5862

5.5.6 B0H 属性分析

B0H 类型属性即$BITMAP,也叫位图属性,由属性头与属性体组成,其中属性体由一系列二进制位构成,其作用是为了记录虚拟簇与文件记录的使用情况。该属性目前用在索引和$MFT两个地方。

对于索引来说,每一位代表索引节点的分配情况,如果对应的位图值为 0,表示该位所对应的索引节点未分配;如果该位值为 1,表示该位对应的索引节点已分配。在文件夹记录中,B0H 属性与 A0H 属性总是成对出现的,B0H 属性位于 A0H 属性之后。

对于$MFT 来说,每一位代表一个文件记录的使用情况,如果该值为 0,表示该位对应的文件记录号未使用;如果该值为 1,表示该位所对应的记录号已使用。由于文件记录比较多,所以元文件$MFT0 号记录的 B0H 属性总是非常驻属性。

任务 5.6 NTFS 文件系统元文件分析

在 NTFS 文件系统中元文件主要有 16 个,用户是不能访问这些元文件的,它们的文件名的第一个字符都是"$",表示该文件是隐藏的,用户无法访问和修改。

在 NTFS 文件系统中,磁盘上的所有数据都是以文件的形式出现的。每个文件都有一个文件记录，每个文件记录占用 2 个扇区，其中 $MFT 元文件就是用来存储这些文件记录的。$MFT 文件通常位于逻辑分区的 6291456 号扇区，具体可以通过 BPB 中"$MFT 开始簇号"与"每簇扇区数"参数值的乘积计算。其中 $MFT 中的前 16 个文件记录都是元文件，第一个记录是记录 $MFT 的自身，这些元文件所对应的文件记录号如表 5-24 所示，需要注意的是文件记录是从 0 开始编号的，也就是说 $MFT 元文件是 0 号文件记录。

表 5-24 元文件所对应的文件记录号

文件记录号	元文件类型	功　能
0 号文件记录	$MFT	主文件表本身，是每个文件的索引
1 号文件记录	$MFTMirr	主文件表的备份（一般记录前 4 个文件记录）
2 号文件记录	$LogFile	事务型日志文件
3 号文件记录	$Volume	卷文件，记录卷标等信息
4 号文件记录	$AttrDef	属性定义列表文件
5 号文件记录	$Root	根目录文件，管理根目录
6 号文件记录	$Bitmap	位图文件，记录了分区中簇的使用情况
7 号文件记录	$Boot	引导文件，记录了用于系统引导的数据情况
8 号文件记录	$BadClus	坏簇列表文件
9 号文件记录	$Quota（NTFS4）	在早期的 Windows NT 系统中此文件为磁盘配额信息
10 号文件记录	$Secure	安全文件
11 号文件记录	$UpCase	大小写字符转换表文件
12 号文件记录	$Extend metadata directory	扩展元数据目录
13 号文件记录	$Extend\$Reparse	重解析点文件
14 号文件记录	$Extend\$UsnJrnl	加密日志文件
15 号文件记录	$Extend\$Quota	配额管理文件
16 记录号文件记录	$Extend\$ObjId	对象 ID 文件
17~22 号记录号文件记录		系统保留的记录
23 号文件记录		开始存放用户文件的记录

本章节主要对数据恢复中常用的一些元文件进行分析，即根目录元文件（$Root）与位图元文件（$Bitmap）。

5.6.1 $Root 分析

元文件 $Root 是用来管理根目录的，它位于元文件 $MFT 中的 5 号文件记录，其文件名为"."，在 NTFS 文件系统中，根目录是一个普通的目录，如果分区有一个重解析点，那么根目录就会有一个命名数据流，称作 $MountMgrDatabase；如果分区没有重解析点，则没有这个命名数据流。

例：某 NTFS 文件系统的 5 号文件记录，也是根目录，它包含了 10H 属性、30H 属性、40H 属性、90H 属性、A0H 属性、B0H 属性、100H 属性，这 7 个属性，如图 5-17 所示。对这些属性的具体说明见表 5-25。

表 5-25 根目录的文件记录说明

属性类型	说　明
10H 属性	10H 属性定义了根目录创建的时间、最后修改时间、该 MFT 修改时间、该文件最后访问时间、文件标志（此处值为 06H，表示其为隐藏、系统属性）等信息
30H 属性	30H 属性定义了根目录的父目录的文件参考号为根目录本身、根目录的一些时间属性、系统分配给根目录的大小为 0 字节、实际使用的大小为 0 字节、文件标志、文件名长度、文件命名空间以及文件名。 文件标志说明：此处值为 10 00 00 06H（偏移地址 0xE8~0xEB），其中 10000000H 表示目录，00000004H 表示系统 00000002H 表示隐藏，因此根目录的文件标志为隐藏系统的目录。 文件命名说明：此处值为 01 03 2E 00H（偏移地址 0xF0~0xF7），说明该文件的文件名长度为 1 个字符，目录命名空间为 3，目录名为"."，因此该文件的文件名的 Unicode 码为"."

(续)

属性类型	说明
40H 属性	40H 属性定义了该文件的对象 ID
90H 属性	90H 属性是索引根属性，为非常驻属性，属性名为"$I30"，表示其为文件名索引。属性中定义了 90H 属性的索引属性类型为 30H，也就是 30H 类型的索引；定义了单位字节的索引分配的大小、每条索引记录的簇数等信息
A0H 属性	根目录的索引分配属性定义了根目录索引缓冲区的起始 VCN 和结束 VCN，以及数据流的起始 LCN 和占用的簇数。本例中根目录索引缓冲区开始于 0464H 簇，占 2 个簇。根目录 A0H 属性的数据流是一些索引项的集合
B0H 属性	根目录的 B0H 属性被命名为"$I30"，表示其为目录。该属性是由一系列的位构成的虚拟簇使用情况表，它标记了根目录中已被使用的虚拟簇。当前属性的属性体为"03H"，也就是说只占用了 0~2 号 VCN
100H 属性	100H 属性为 EFS 加密属性，用来存储根目录相关的加密信息

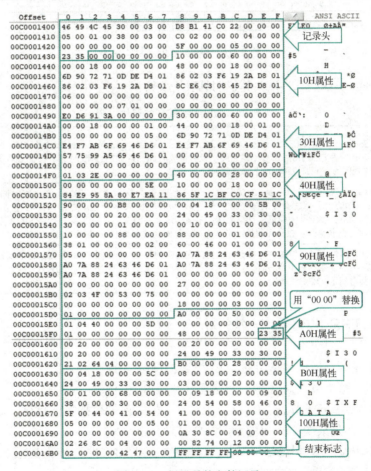

图 5-17　根目录的文件记录

5.6.2　$Bitmap 分析

$Bitmap 元文件用来管理卷上簇的使用情况。它的数据流由一系列的位构成，每一位代表一个 LCN。低位代表了前面的簇，高位代表了后面的簇，其数据流的第一个字节的第 0 位代表了卷中 0 号簇的使用情况，1 位代表了卷中 1 号簇的使用情况，2 位代表了卷中 2 号簇的使用情况，以此类推。当该位的值为 1 表示其对应的簇已经分配给文件使用，值为 0 表示未分配给文件使用。

元文件$Bitmap 一般由 10H 属性、30H 属性、80H 属性 3 个属性构成，如图 5-18 所示。

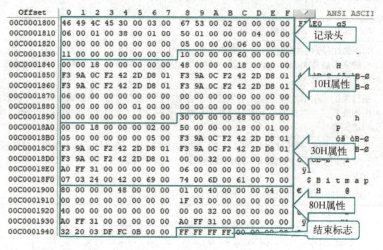

图 5-18　$Bitmap 的文件记录

对元文件$Bitmap 这些属性的具体说明见表 5-26。

表 5-26　$Bitmap 的文件记录说明

属性类型	说　　明
10H 属性	10H 属性定义了$Bitmap 创建时间、最后修改时间、该 MFT 修改时间、文件最后访问时间、文件标志（此处值为 06H，表示隐藏、系统属性）等信息
30H 属性	30H 属性定义了$Bitmap 的父目录的文件参考号为根目录、$Bitmap 的一些时间属性、系统分配给$Bitmap 的大小（这里为 320000H 字节）及实际使用的大小（这里为 31FFA0H 字节）；定义了文件的标志为 06H，表示其为隐藏、系统文件；定义了该文件的文件名长度为 7 个字符、命名空间为 3，即 Win32 & DOS 命名空间；在属性的最后定义了该文件的文件名为 Unicode 字符串 "$Bitmap"
80H 属性	80H 属性定义了位图文件数据的数据流在卷中的位置，再次定义了系统分配给该属性的大小和实际使用的大小。在本例中$Bitmap 的起始 VCN 号为 0，最后的 VCN 号为 031FH，起始 LCN 为 0BFCDFH 簇，总共占用了 0320H 个簇

任务 5.7　NTFS 的索引结构分析

B+树的数据结构分析

NTFS 文件系统的存储机制采用的是 B+树数据结构，B+树是一个 N 叉树，每个节点通常有多个孩子，一棵 B+树包含根节点、内部节点和叶子节点。B+树的特点是：能够保持数据稳定有序；其插入与修改拥有较稳定的对数时间复杂度；B+树的元素是自底向上插入的。

NTFS 将索引项按照 B+树的结构保存，使得在包含很多文件的目录中查找文件时效率非常高。一般来说，NTFS 只需要扫描所有索引项中的一小部分即可。在这一点上，FAT 文件系统只能使用线性查找，也就是说，为了查找一个文件，很大程度上需要查询这个目录中的几乎每一个文件项。

NTFS 的目录是由 B+树的索引缓冲区管理的，每个索引缓冲区在 NTFS 中一般是 4 KB 的固定大小，也就是 8 个扇区，索引缓冲区里面存储的是索引项信息，其位置和大小由目录的文件记录中 A0H 属性的数据运行列表定义，如图 5-19 所示。

从图 5-19 中 A0H 属性的数据运行列表可以看到（阴影部分），索引缓冲区的起始簇号是 24H，换算为十进制就是 36 号簇，大小为 1 个簇，如图 5-20 所示。

在图 5-20 的索引缓冲区中，最前面是一个标准索引头，后面有 3 个索引项。标准索引头的结构见表 5-27。

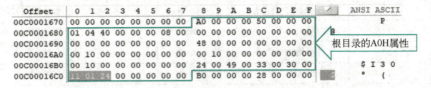

图 5-19　根目录的 A0H 属性

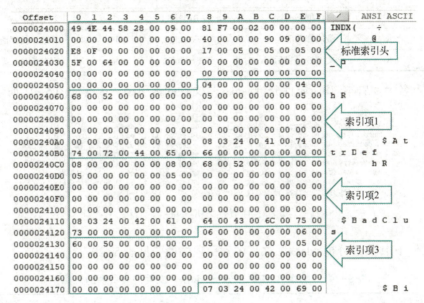

图 5-20　索引缓冲区

表 5-27　标准索引头的结构

字节偏移	字段长度/字节	描述
0x00	4	头标志，总是"INDEX"
0x04	2	更新序列号的偏移
0x06	2	更新序列号与更新数组大小字节数
0x08	8	日志文件序列号
0x10	8	本索引缓冲区在索引分配中的 VCN
0x18	4	索引项的偏移
0x1C	4	索引项大小
0x20	4	索引项分配大小
0x24	1	如果不是叶节点，置 1，表示还有子节点
0x25	3	用 0 填充
0x28	2	更新序列
0x2A	2S-2	更新序列数组，此处 S 表示"更新序列号与更新数组大小字节数"

注意：标准索引头中 0x18 处"索引项的偏移"是相对当前位置计算的，而不是相对标准索引头的起始点计算的，所以，实际索引项的偏移应该是在 0x58 处。

在标准索引头之后就是索引项，索引项的结构见表 5-28。

表 5-28 索引项的结构

字节偏移	字段长度/字节	描述	字节偏移	字段长度/字节	描述
0x00	8	文件的 MFT 参考号	0x30	8	最后访问时间
0x08	2	索引项大小	0x38	8	文件分配大小
0x0A	2	文件名属性体大小	0x40	8	文件实际大小
0x0C	2	索引标志	0x48	8	文件标志
0x0E	2	填充（长度能被 8 整除）	0x50	1	文件名长度（F）
0x10	8	父目录的 MFT 文件参考号	0x51	1	文件名命名空间
0x18	8	文件创建时间	0x52	2F	文件名
0x20	8	最后修改时间	2F+0x52	P	填充（长度能被 8 整除）
0x28	8	文件记录最后修改时间	P+2F+0x52	8	子节点索引缓冲区的 VCN

这是一个名为"脚本_10H 属性分析.docx"文件的索引项，内容如图 5-21 所示。

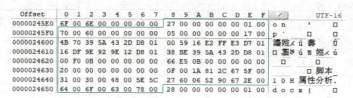

图 5-21 "脚本_10H 属性分析.docx"文件的索引项

对"脚本_10H 属性分析.docx"文件的索引项的说明见表 5-29。

表 5-29 "脚本_10H 属性分析.docx"文件的索引项的说明

字节偏移	字段长度/字节	说明
0x00	8	文件的 MFT 参考号为 0x27
0x08	2	索引项大小为 0x70 字节
0x0A	2	文件名偏移为 0x60
0x0C	2	索引标志，文件名索引
0x0E	2	填充到能被 8 整除，用 0 填充
0x10	8	父目录的 MFT 文件参考号，为 0x05，表示根目录
0x18	8	文件创建时间：2022/03/01 16:07:10
0x20	8	最后修改时间：2021/11/28 10:30:18
0x28	8	文件记录最后修改时间：2022/01/26 18:22:08
0x30	8	最后访问时间：2022/03/01 16:07:10
0x38	8	文件分配大小，0x0BF000=782336 字节
0x40	8	文件实际大小，0x0BE566=779622 字节
0x48	8	文件标志，0x20，表示文档
0x50	1	文件名长度，0x0F 个字符
0x51	1	文件名命名空间
0x52	16	文件名为"脚本_10H 属性分析.docx"

任务 5.8 NTFS 文件系统数据恢复实训

5.8.1 实训 1 NTFS 文件系统手工重建 DBR 案例

1. 实训目的

1）掌握 NTFS 文件系统 DBR 重建方法。
2）掌握 NTFS 文件系统 BPB 中重要参数计算方法。

NTFS 文件系统
手工重建 DBR
案例

2. 实训任务

NTFS 文件系统手工重建 DBR 案例.VHD

【任务描述】接到某客户的移动硬盘，打开时出现了"使用驱动器 G：中的光盘之前需要将其格式化"与"无法访问 G:\"的提示，如图 5-22、图 5-23 所示，询问客户了解到，该硬盘没有进行格式化操作，划分了一个分区，其文件系统为 NTFS，现需要将移动硬盘的数据恢复出来。

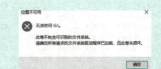

图 5-22 提示格式化磁盘　　　　图 5-23 提示"无法访问 G:\"

3. 实训步骤

【任务分析】在硬盘能识别的情况下，说明移动硬盘无物理故障，使用计算机管理中的磁盘管理工具查看该分区，其文件系统为 RAW，如图 5-24 所示，数据恢复工程师根据硬盘给出的提示怀疑是 DBR 被破坏导致的，NTFS 文件系统的 DBR 被破坏分为两种情况，一种情况是 DBR 被破坏，而 DBR 的备份是完好的；另一种情况是 DBR 与 DBR 备份均遭到

图 5-24 被破坏的分区显示为 RAW 格式

破坏。该客户的硬盘属于后者，如果遇到只有 DBR 遭到破坏，只需使用 WinHex 将备份复制至 DBR 的位置即可修复。下面是具体对该客户的硬盘分区 DBR 进行手工修复实例的步骤。

1）首先制作磁盘的镜像文件，可以用 R-STUDIO、WinHex 或其他工具。
2）用 WinHex 软件打开所要修复的磁盘。
3）打开之后就是 0 扇区 MBR 的十六进制界面，如图 5-25 所示。根据 MBR 中的 BPB 参数可以看到该分区的分区表信息存在，其分区总大小为 134211584 个扇区，起始扇区位置为 0800H，换算成十进制之后为 2048 扇区，跳转至起始扇区 DBR，发现其 DBR 遭到破坏，如图 5-26 所示，接下来查看 DBR 备份是否遭到破坏，跳转到 DBR 备份所在扇区（即整个磁盘的 134213631 扇区，134213631 = 2048+134211584-1）。发现 NTFS 文件系统的 DBR 备份所在扇区的值全为"00"，即 DBR 备份已损坏。因此，要恢复 NTFS 文件系统的 DBR，可以将一个完

好的 NTFS 的 DBR 复制到第 2048 扇区，然后再修改 DBR 中相应的 BPB 参数。

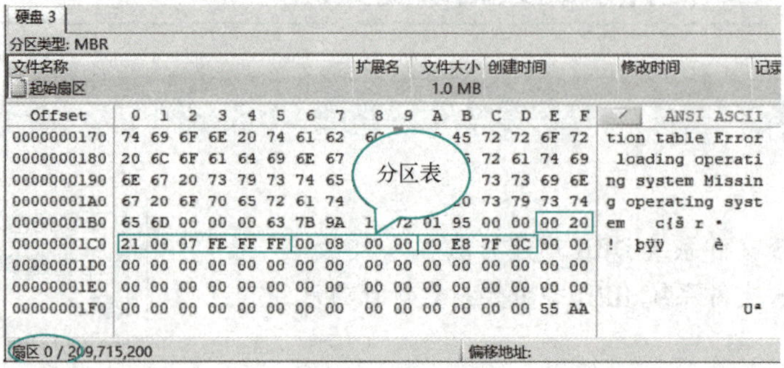

图 5-25 MBR 中的 BPB 参数

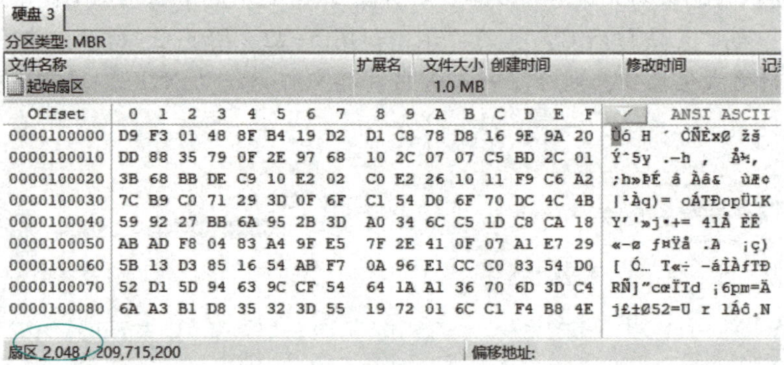

图 5-26 被破坏的 DBR

4）需要计算的 NTFS 文件系统 DBR 中的 BPB 参数见表 5-30。

表 5-30 需要计算的 NTFS 文件系统中 DBR 的 BPB 参数

字节偏移	字节数	含　义	字节偏移	字节数	含　义
0x0D	1	每簇扇区数	0x38	8	元文件$MFTMirr 的起始簇号
0x1C	4	隐藏扇区数	0x40	1	每个$MFT 记录大小的描述
0x28	8	扇区总数	0x44	1	每个索引大小的描述
0x30	8	元文件$MFT 的起始簇号			

5）计算隐藏扇区数与扇区总数。

MBR 中的分区表信息为 "00 20 21 00 07 FE FF FF 00 08 00 00 00 E8 7F 0C"，其中分区的起始扇区由 "00 08 00 00" 四个字节表示，即隐藏扇区数为 2048（即 0x0800，在 DBR 中的存储形式为 00 08 00 00）。

扇区总数由 "00 E8 7F 0C" 四个字节表示，转换成十进制为 209709056（即 0x 0C 7F E8 00，在 DBR 中的存储形式为 00 E8 7F 0C）。

6）计算每簇扇区数。

计算每簇扇区数可以有以下 5 种方法。

① 分区表得知，DBR 在整个硬盘的扇区号，查找元文件$MFT，找到后记录下元文件$MFT（注：不要与元文件$MFTMIT 混淆）所在扇区号，从元文件$MFT 记录的 80H 属性的数

据运行到表记录下元文件$MFT 的开始簇号；元文件$MFT 所在扇区数减去 DBR 在整个硬盘的扇区号再除以元文件$MFT 的开始簇号即得到每个簇的扇区数。

② 查找元文件$MFT，找到后记录下元文件$MFT 所在扇区号，从元文件$MFT 记录的 80H 属性的数据运行列表得到元文件$MFT的开始簇号；查找元文件$MFTMirr，找到记录下元文件$MFTMir 所在扇区号，从元文件$MFTMirr 记录的 80H 属性的数据运行列表得到元文件$MFTMirr的开始簇号；用元文件$MFT 的开始扇区号与元文件$MFTMirr 的开始扇区号之差除以元文件$MFT 的开始簇号与元文件$MFTMirr 的开始簇号之差即得到每个簇的扇区数。

③ 从分区表得到 NTFS 中的总扇区数，查找元文件$BadClus，找到后从元文件$BadClus 记录的 80H 属性得到坏簇号，分区表中的总扇区数除以元文件$BadClus 的坏簇号的结果取近似值即得到每个簇的扇区数。

④ 从分区表得到 NTFS 中的总扇区数，查找元文件$Bitmap，找到后从元文件$Bitmap 记录的 80H 属性得知实际流的大小，分区表中的总扇区数除以元文件$Bitmap 实际流的大小，再除以 8，取近似值即得到每个簇的扇区数。

⑤ 查找元文件$MFT，找到后取任意记录的 80H 非常驻属性，从 80H 属性中得到"为流分配的单元大小"，从 80H 属性的数据运行列表中得到所占簇数。"为流分配的单元大小"除以所占簇数，再除以 512 即得到每个簇的扇区数。

由于篇幅限制，这里只介绍最后一种方法，其他 4 种方法请自行研究。

查找元文件$MFT 记录，一般来说该文件在分区的 6291456 扇区，即元文件$MFT 的位置为 6293504 = 2048+6291456，跳转至该扇区，如图 5-27 所示。如果跳转过去没有发现 0 扇区，则向下开始查找，查找方式如图 5-28 所示。

由图 5-27 可知，元文件$MFT 分配的单元大小为 262144（即 0x040000，存储形式为 00 00 04 00 00 00 00 00），元文件$MFT 所占用簇数为 64（即 0x40，在 DBR 中的存储形式为 40）。

图 5-27　元文件$MFT　　　　　　　　图 5-28　查找元文件$MFT

根据前面的方法⑤可计算出：每簇扇区数=元文件$MFT 分配的单元大小÷元文件$MFT 所占簇数÷512＝262144÷64÷512＝8。

元文件$MFT 的开始簇号为 786432（即 0x0C0000，存储形式为 00 00 0C 00 00 00 00 00）。

跳转到 1 号$MFT 项（元文件$MFT 的位置为 0 号 MFT 项），即为$MFTMirr 元文件，从该记录的 80H 属性的数据运行列表可知，元文件$MFTMirr 的开始簇号为 2（即 0x02，在 DBR 中的存储形式为 02 00 00 00 00 00 00 00）。

7）计算每个$MFT 记录大小和每个索引节点大小的存储形式，每个簇的扇区数、$MFT 记录大小与索引节点大小描述关系见表 5-31。

表 5-31 每个簇的扇区数、$MFT 记录大小与索引节点大小描述关系对应表

序号	扇区数/簇	元文件$MFT 记录大小	元文件$MFT 记录大小在 DBR 中的存储形式	索引节点大小描述	索引节点大小描述在 DBR 的存储形式
1	1	2 簇	02	8 簇	08
2	2	1 簇	01	4 簇	04
3	4	1024 字节	F6	2 簇	02
4	8	1024 字节	F6	1 簇	01
5	16	1024 字节	F6	4096 字节	F4
6	32	1024 字节	F6	4096 字节	F4
7	64	1024 字节	F6	4096 字节	F4
8	128	1024 字节	F6	4096 字节	F4

由于每簇扇区数大小为 8，由表 5-31 可知：

每个$MFT 记录大小为 1024 字节，在 DBR 中的存储形式为 F6。

每个索引节点的大小为 1 簇，在 DBR 中的存储形式为 01。

8）由上述可知在 DBR 需要修改的 BPB 参数见表 5-32。

表 5-32 计算出的 NTFS 文件系统 DBR 中的 BPB 参数

字节偏移	字段长度/字节	含 义	十进制值	值（在 DBR 中的存储形式）
0x0D	1	每簇扇区数	8	08
0x1C	4	隐藏扇区数	2048	00 08 00 00
0x28	8	扇区总数	209709056	00 E8 7F 0C 00 00 00 00
0x30	8	元文件$MFT 的起始簇号	786432	00 00 0C 00 00 00 00 00
0x38	8	元文件$MFTMirr 的起始簇号	2	02
0x40	4	$MFT 记录大小	1024	F6
0x44	1	索引节点大小	1	01

9）将同一版本的 NTFS 文件系统的 DBR 复制到该硬盘的 2048 扇区处，修改后的 DBR 参数如图 5-29 所示。

10）DBR 中的 BPB 参数修改后，将该扇区数据复制到 134213631 扇区（该扇区为 DBR 备份），保存并退出，最后在计算机管理工具的磁盘管理工具中重新打开该分区，恢复出的数据如图 5-30 所示。

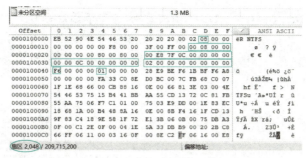

图 5-29　修改后的 DBR 参数

图 5-30　恢复出的数据

5.8.2　实训 2　NTFS 文件系统误删除恢复实例

1. 实训目的

1）理解 NTFS 文件系统删除操作前后的结构变化。

2）掌握 NTFS 文件系统误删除后的恢复方法。

3）掌握手工提取 NTFS 文件系统误删除数据的方法。

4）理解 exFAT 文件系统删除至回收站与永久删除的区别。

2. 实训任务

NTFS 文件系统误删除恢复案例.VHD

【任务描述】现有一个大小为 50 GB 的虚拟磁盘，里面有个"robot variable table.xls"文件被永久性地误删除，删除后没对磁盘做任何操作，现需要将"robot variable table.xls"文件的数据恢复出来。

3. 实训步骤

【任务分析】对于 NTFS 文件系统下的删除可具体分为两种情况，第一种是删除时存到回收站，这种删除方式可以直接在回收站中将文件还原回来，如果是非系统盘中的文件，可在"$RECYCLE.BIN"文件夹下找到删除的文件，注意该文件夹是系统隐藏属性，要访问该文件时需要在"文件夹选项"下的"高级设置"中取消"隐藏受保护的操作系统文件（推荐）"复选框，如图 5-31 所示。第二种删除是永久性的删除，这种删除是直接删除，可以将占用空间返还。下面讨论 NTFS 文件系统永久性删除的实质。在 NTFS 分区中创建一个"NTFS_Del_Test.txt"文件，然后将其永久性删除，删除前该文件的$MFT 文件记录项如图 5-32 所示，删除后文件的$MFT 文件记录项如图 5-33 所示。从图 5-33

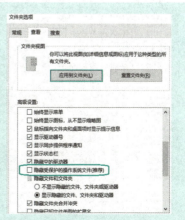

图 5-31　取消"隐藏受保护的操作系统文件（推荐）"复选框

中可以看出，"NTFS_Del_Test.txt"的文件记录的状态字节已经由01（文件在使用中）变为00（文件被删除），而30H属性中的文件名、80H属性中的文件大小、Run List、数据内容等重要信息则没有任何改变。知道了NTFS文件系统永久性删除的实质后，接下来就恢复"robot variable table.xls"文件。

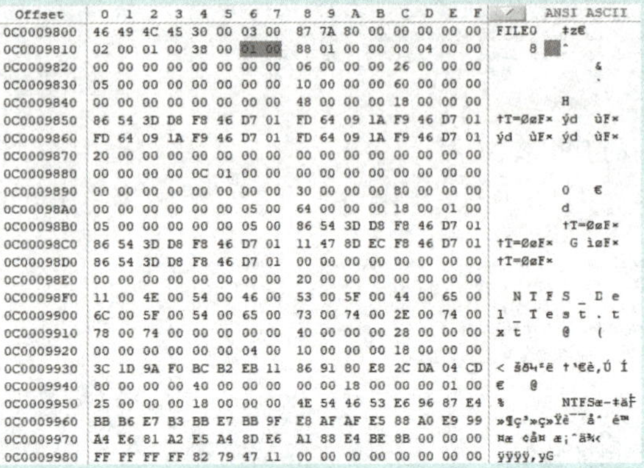

图 5-32　永久删除前的"NTFS_Del_Test.txt"文件记录项

图 5-33　永久删除后的"NTFS_Del_Test.txt"文件记录项

1）用 WinHex 软件打开虚拟磁盘"NTFS 文件系统误删除恢复案例.VHD"，如图 5-34 所示，可以在目录栏中看到该磁盘的分区信息，该磁盘只有一个分区，想必数据就是在该分区中，双击打开"分区 1"，发现该分区为 NTFS 文件系统，如图 5-35 所示。

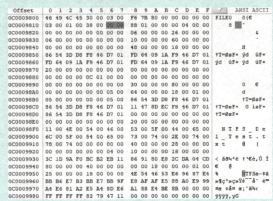

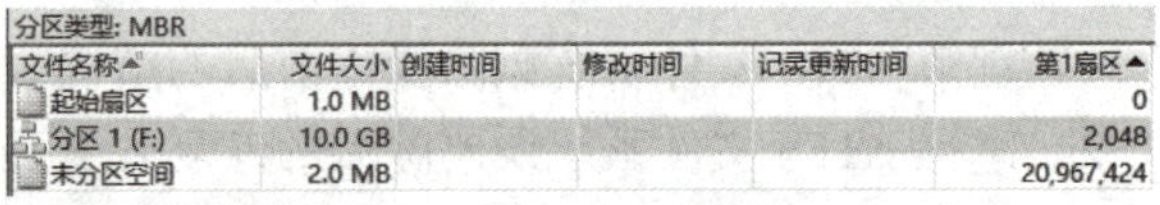

图 5-34　目录栏

2）打开 NTFS 文件系统 DBR 的模板工具"Boot Sector NTFS"，如图 5-36 所示，由此可知，每簇扇区数大小为 8，$MFT 的起始簇号为 786432，下面跳转到$MFT 的起始簇，起始扇区号为 786432×8＝6291456，该位置就是$MFT 的文件记录项，如图 5-37 所示。

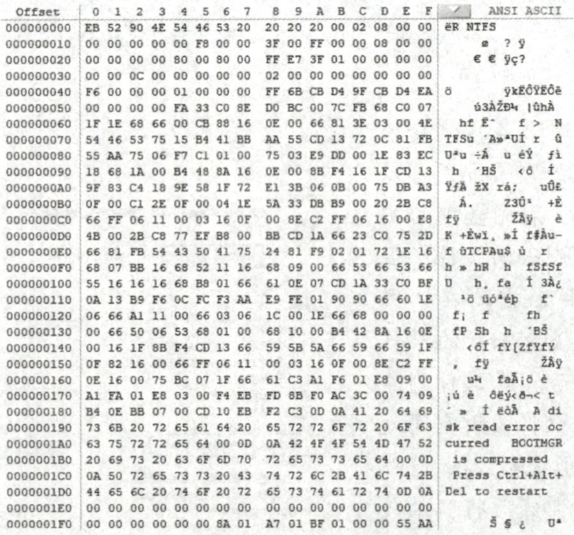

图 5-35　NTFS 文件系统 DBR

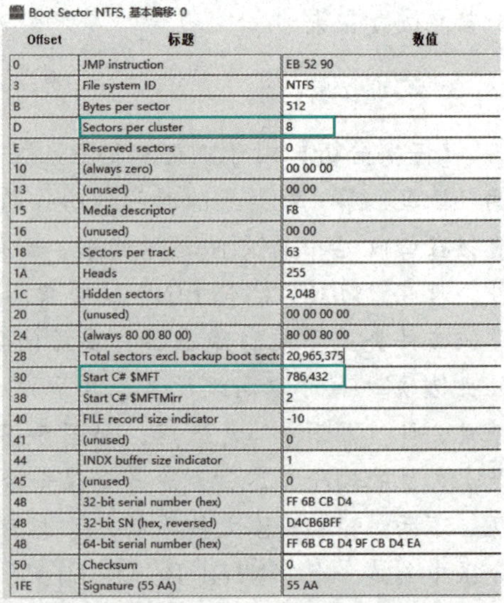

图 5-36　Boot Sector NTFS

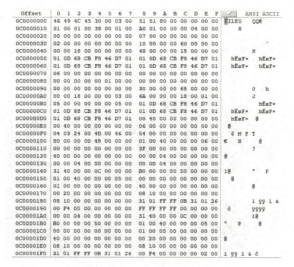

图 5-37 $MFT 文件记录项

3)从前面的分析可知,由于"robot variable table.xls"文件是被永久性删除的,删除后未对磁盘做写入操作,因此可以判断该文件的文件记录项并没有被覆盖,下面只需找到该文件的文件记录项就能恢复该文件的内容。现在找到了$MFT 的文件记录项起始位置,"robot variable table.xls"文件的文件记录项也应该在该位置的后面,因此向下查找该文件的文件名即可找到该文件的文件记录项,具体操作如图 5-38 所示,注意查找 NTFS 文件系统的文本时,需要用 Unicode 编码。在 6291596 号扇区搜索到"robot variable table.xls"文件的文件记录项,如图 5-39 所示。

图 5-38 搜索"robot variable table.xls"文件   图 5-39 "robot variable table.xls"文件记录项

4)"robot variable table.xls"文件记录项由 MTF 头和属性组成,如图 5-40 所示,其中属性包括 10H、30H、40H、80H,我们只需知道 30H(文件名属性)与 80H 属性(数据流属性),下面具体分析这两个属性。

5)30H 属性分析。图 5-41 所示为"robot variable table.xls"文件的 30H 属性,该属性描述了文件的文件名、父目录参考号、文件实际大小、创建时间、修改时间等。图 5-42 所示为模板工具"NTFS FILE Record"解释出的 30H 属性参数,由此可知该文件的实际大小为 39936 字节,文件名为“robot variable table. xls”。

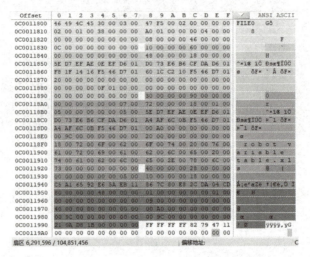

图 5-40 “robot variable table. xls”文件的 MFT 头与属性

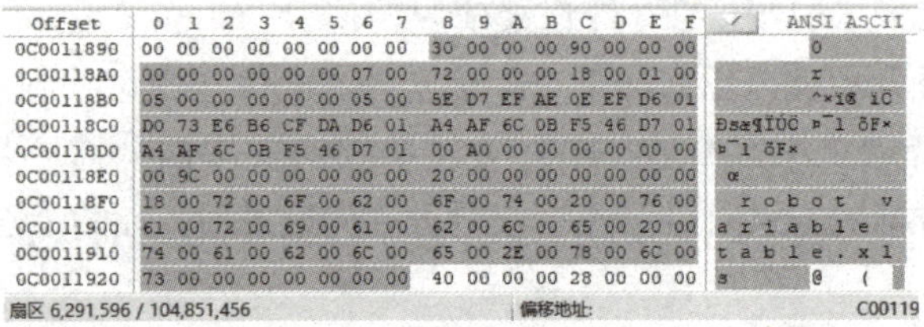

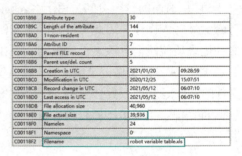

图 5-41 30H 属性

C0011898	Attribute type	30	
C001189C	Length of the attribute	144	
C00118A0	1=non-resident	0	
C00118A6	Attribut ID	7	
C00118B0	Parent FILE record	5	
C00118B6	Parent use/del. count	5	
C00118B8	Creation in UTC	2021/01/20	09:28:59
C00118C0	Modification in UTC	2020/12/25	15:07:51
C00118C8	Record change in UTC	2021/05/12	06:07:10
C00118D0	Last access in UTC	2021/05/12	06:07:10
C00118D8	File allocation size	40,960	
C00118E0	File actual size	39,936	
C00118F0	Namelen	24	
C00118F1	Namespace	0	
C00118F2	Filename	robot variable table.xls	

图 5-42 30H 属性参数

6）80H 属性分析。图 5-43 所示为“robot variable table. xls”文件的 80H 属性，该属性描述了文件的大小、文件的 Run List（簇流列表），如图 5-44 所示为该文件的 Run List，这里将 21H 划分为两部分，其中 1 指向后面的一个字节 0AH，换算成十进制为 10，表示文件内容的大小为 10 号簇；2 指向最后两个字节 D8 1B，转换成十进制为 7128，表示文件内容的起始簇号为 7128 号簇，需要注意文件大小为无符号整型，即只能为正数，文件内容的起始簇号为有符号整型，即可负可正。

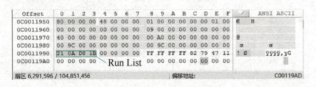

图 5-43 80H 属性

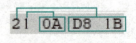

图 5-44 Run List

7）从前面可知“robot variable table. xls”文件只有一段数据流，即文件是连续存放的，该文件的起始簇号为 7128，文件大小为 10 簇，并且每簇扇区数为 8，因此可以算出该文件的起始扇区数=起始簇号×每簇扇区数=7128×8=57024，下面跳转到该分区的 57024 号扇区，如图 5-45 所示，可以看到该扇区正是文档文件头的起始，在 Run List 中描述了文件的大小为 10 簇，可以算出文件大小扇区数为 80 扇区，由于文件是连续存放的，只需将 57024~57104 扇区的数据提取出来即可完成文件的恢复，将被删除的“robot variable table. xls”文件的数据区的内容全部选中，并另存为一个新文件，如图 5-46 所示。

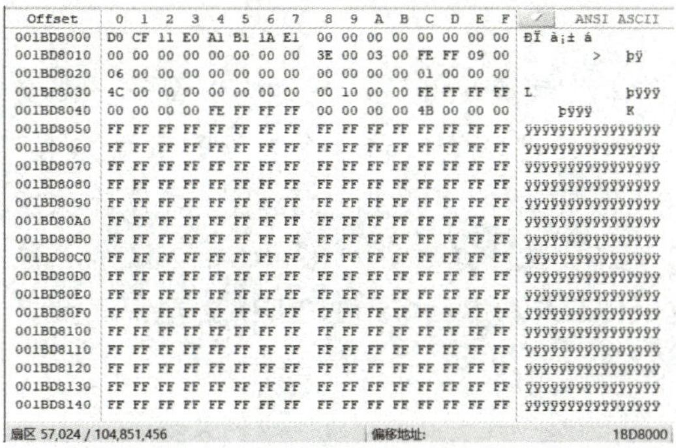

图 5-45　57024 号扇区

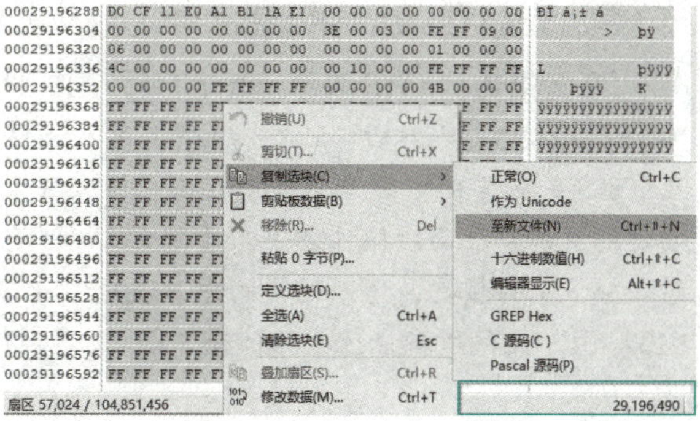

图 5-46　将 "robot variable table. xls"
文件的数据区选中并另存为一个新文件

8）将该文件数据区中的这些十六进制值保存到桌面上，并命名为 "robot variable table. xls"，该文件就是用 WinHex 从 NTFS 分区中恢复出来的被删除的 "robot variable table. xls" 文件的数据区的内容。双击该文件，如图 5-47 所示。为了确保恢复出来的文件的准确性，还需要与 30H 属性中记录的文件的实际大小做对比，如图 5-48 所示为恢复出来的文件大小，实际大小为 39936 字节，与前面 30H 属性中记录的大小一致，很明显，该文件的内容就是被删除的 "robot variable table. xls" 文件。

9）以上的过程也是 80H 属性为非常驻的文件被删除后的恢复过程。对于 80H 属性为常驻的文件，被删除后更容易恢复，因为数据就在 80H 属性中，直接提取出来即可。到此 "robot variable table. xls" 文件的误删除恢复完成。

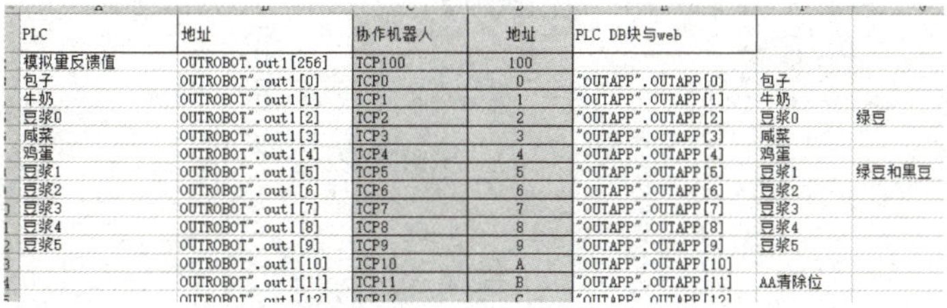

图 5-47　被恢复出来的文件中的内容

图 5-48　被恢复出来文件的大小

5.8.3　实训 3　手工遍历 NTFS 的 B+ 树结构实例

1. 实训目的

1）理解 B+ 树结构原理。
2）掌握手工遍历 NTFS 文件系统数据。
3）掌握 NTFS 文件系统手工提取文件数据。

手工遍历 NTFS
的 B+ 树结构
实例

2. 实训任务

手工遍历 NTFS 的 B+树结构 . VHD

【任务描述】 NTFS 文件系统采用的是 B+树结构来管理整个分区的数据，下面用一个实际例子来体会一下 B+树结构，用手工遍历 NTFS 的 B+树的方法定位一个文件的数据内容，在 NTFS 分区 F 的根目录下有 100 个 .xls 文件，如图 5-49 所示，其中"55.xls"文件是我们的访问目标。下面的操作方法与步骤是以 NTFS 的工作方式手工定位到"58.xls"这个文件所在分区中的位置，请以同样的方式遍历"手工遍历 NTFS 的 B+树结构 . VHD"虚拟磁盘中"134.xls"文件所在分区中的位置。

图 5-49　NTFS 分区 F 的根目录

3. 实训步骤

（1）定位 DBR

用 WinHex 软件打开虚拟磁盘"手工遍历 NTFS 的 B+树 . VHD"，通过分区 F 所在硬盘的分区表定位到 F 盘的开始位置，如图 5-50 为 MBR 扇区，可以看到该磁盘只有一个分区，该分区为 NTFS 文件系统，分区的起始位置为 00000800H，转换十进制为 2048 号扇区。这个扇区就是 F 盘的 DBR 扇区。

图 5-50　MBR 扇区

（2）定位$MFT

访问 DBR 扇区的 BPB，如图 5-51 所示为 DBR 扇区的模板，通过"$MFT 起始簇号""每簇扇区数"这两个参数的值便可计算出$MFT 的开始扇区，即$MFT 的开始扇区数＝$MFT 起始簇号×每簇扇区数＝786432×8＝6291456。

（3）定位根目录的文件记录

定位到 6291456 号扇区（注意该扇区是相对分区 DBR 的偏移），该扇区就是$MFT，在$MFT中寻找根目录的文件记录，5 号文件记录为根目录，每个文件记录为 2 个扇区大小，因此相对于当前扇区位置向下偏移 10 个扇区就是根目录的文件记录，即 6291466 号扇区，跳转至该扇区其内容分别如图 5-52、图 5-53 所示。

项目 5　NTFS 文件系统数据恢复

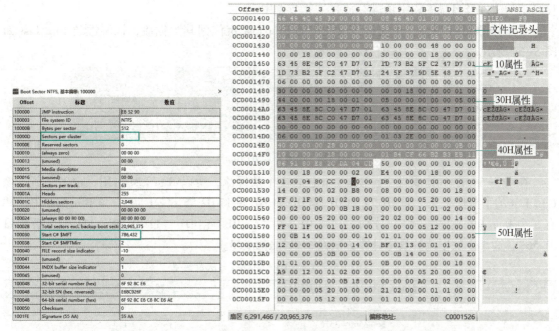

图 5-51　NTFS 分区 DBR

图 5-52　根目录的文件记录第一个扇区

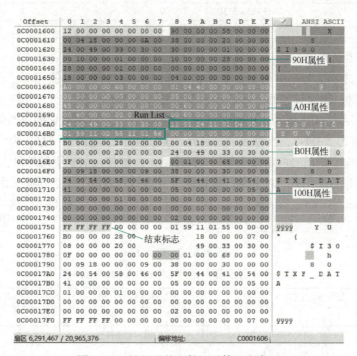

图 5-53　根目录的文件记录第二个扇区

（4）分析索引属性

在根目录的文件记录中有 8 个属性，目录在 NTFS 文件系统中其实就是一个文件名的索引，所以目录的文件记录中一定有索引属性。对于小目录来说，有索引根（90H）属性就够了；而对于大目录来说，还需要有索引分配（A0H）属性。本例中的根目录是一个大目录，在它的文件记录中有一个 90H 属性，但里面没有实质的索引项，所以重点要放在下面的 A0H 属性上。这是一个索引分配属性，该属性的数据流就是索引缓冲区，也就是 B+树的节点。根目录下的文件及目录的索引项就存放在这些节点中。

具体分析 A0H 属性，可通过该属性中的 Run List 定位到其数据流，该属性的 Run List 如图 5-54 所示。

图 5-54 A0H 属性的 Run List

在图 5-54 的 A0H 属性中，Run List 包含多个数据流，所以 Run List 占用了很多字节。该 Run List 的字节应该是"11 01 24 21 01 D4 0D 11 01 59 11 02 55 11 01 56"。该 Run List 中一共有 5 个 Data Run（数据流），分别为"11 01 24""21 01 D4 0D""11 01 59""11 02 55""11 01 56"，这 5 个数据流的具体计算方法及结果见表 5-33。

表 5-33　5 个 Data Run 的计算方法及结果

数据流编号	数据流起始 LCN（逻辑簇号）	数据流长度（簇）
1	36	1
2	36+3540=3576	1
3	3576+89=3665	1
4	3665+85=3750	2
5	3750+86=3836	1

（5）分析位图属性

在 A0H 属性的 Run List 所列出的数据流分配中，哪些簇实际使用了，哪些簇没有使用，这是由位图（B0H）属性管理的，所以还需要分析一下 B0H 属性。

如图 5-55 所示为 B0H 属性。该属性是一个常驻属性，重点关心它的属性体，属性体的大小为 8 个字节，其值为"3FH"，换算成二进制为"00111111"，它的含义是，为"1"表示已分配，为"0"表示未分配，当前分配给索引项的空间中有 6 个被使用的索引缓冲区，结合表 5-33 中 5 个 Data Run 的 LCN 分配结果，就能跟其虚拟簇号（VCN）对应上了，对应关系见表 5-34。

```
0C00016C0  B0 00 00 00 28 00 00 00  00 04 18 00 00 00 07 00
0C00016D0  08 00 00 00 20 00 00 00  24 00 49 00 33 00 30 00     B0H属性
0C00016E0  3F 00 00 00 00 00 00 00
```

图 5-55 B0H 属性

表 5-34　索引缓冲区的 LCN 与 VCN 对应关系

数据流编号	数据流起始 LCN（逻辑簇号）	数据流起始 VCN（虚拟簇号）	数据流长度（簇）
1	36	0（已用）	1
2	36+3540=3576	1（已用）	1
3	3576+89=3665	2（已用）	1
4	3665+85=3750	3（已用）	2
5	3750+86=3836	5（已用）	1

（注：该分区每簇扇区数为 8，每索引缓冲区大小为 1 簇）

（6）遍历 B+树

分析完索引缓冲区的 LCN 与 VCN 的对应关系，下一步就可以开始遍历 B+树了。

从表 5-34 可知，B+树的节点分别存放在 LCN 为 36、3576、3665、3750 和 3836 的各个簇中。到这些簇中遍历一下，结果发现在 3750 号簇所在的索引缓冲区中的节点含有子节点，如图 5-56 所示。

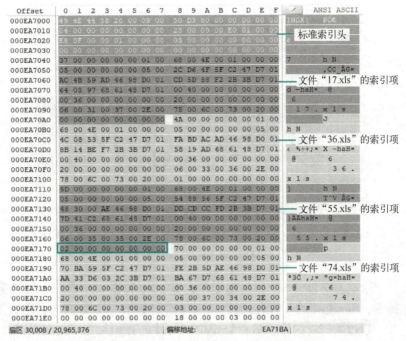

图 5-56 包含子节点的四个索引项

通过分析图 5-56 中的这四个索引项，发现它们都包含子节点。我们的目标文件 "58.xls" 的文件名大于 "55.xls"，小于 "74.xls"，所以文件 "58.xls" 的节点一定在 "55.xls" 的子节点中。由图 5-56 中 "55.xls" 的索引项可以看出，其子节点的起始 VCN 是 "02H"，换算为十进制等于 2，查看表 5-34 中索引缓冲区 LCN 与 VCN 对应关系，可知 VCN 的 2 号簇对应 LCN 的 3665 号簇。

现在可以跳转到 3665 号簇，在该索引缓冲区中进行顺序遍历，很快发现目标文件 "58.xls" 就在该节点里面，如图 5-57 所示。

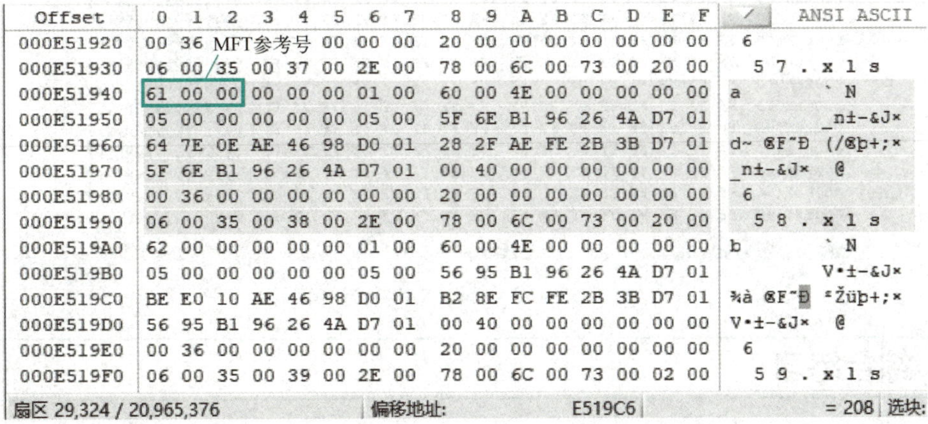

图 5-57 文件 "58.xls" 的索引项

（7）访问目标文件 "58.xls" 的文件记录

从 "58.xls" 的索引项中可以获得其 $MFT 参考号，也就是其文件记录号，为 "61H"，也就是十进制的 97。跳转至 $MFT 文件起始扇区 6291456，定位 97 号文件记录所在扇区数 = $MFT 文件起始扇区 + MFT 参考号 ×2 = 6291650，跳转至该扇区即是 "58.xls" 的文件记录所在扇区号，内容如图 5-58 所示。

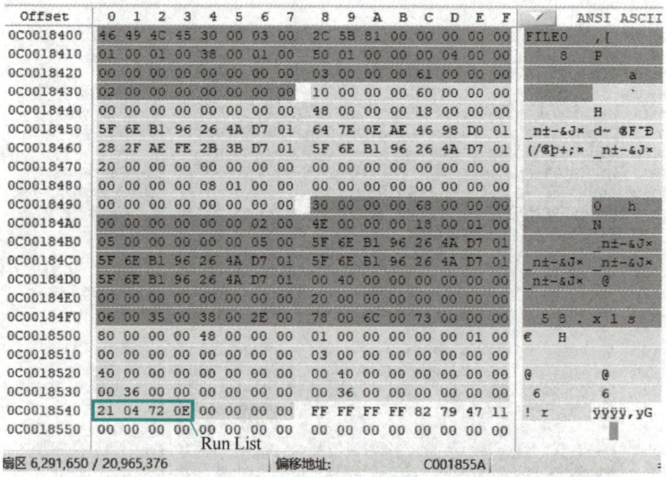

图 5-58 "58.xls" 的文件记录项

很明显，该记录就是文件"58.xls"的记录，其 80H 属性用来管理文件的数据。该 80H 属性为非常驻属性，Run List 的取值为"21 04 72 0E"，只有一个数据流，说明文件是连续存放的，没有碎片。通过数据流的具体值可以定位到文件的开始 LCN 为 3698 簇，占用 4 个簇，如图 5-59 所示为"58.xls"文件头部内容，通过 80H 属性还能查看到文件的实际大小是 13824 字节。到此为止，我们就成功地定位了文件"58.xls"的数据存储地址。

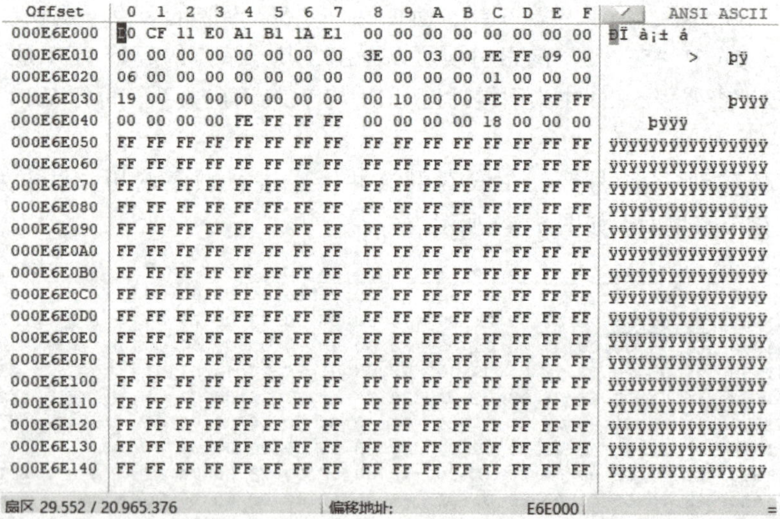

图 5-59 "58.xls"文件头部内容

5.9 综合练习

一、填空题

1. NTFS 文件系统的 MFT 文件记录项包括_____和_____两部分。
2. 某文件的 80H 属性的属性内容为"32 19 01 0A B0 16 00 00"，那么这个文件的起始簇号为_____，文件占用了_____个簇。
3. NTFS 文件系统中 VCN 表示_____，LCN 表示_____。
4. NTFS 文件系统中文件记录参考号的偏移位置_____。

5. NTFS 文件系统中常驻属性用_____表示，非常驻属性用_____表示。

二、选择题

1. 元数据文件指的是（　　）。
   A. 由最原始的数据信息组成的文件
   B. 由最细微的原子数据组成的文件
   C. 在分区中记录各项管理信息的数据组成的文件
   D. 在分区中各种基本数据组织而成的文件
2. NTFS 分区的引导扇区备份放在（　　）。
   A. 这个分区的 2 号扇区上　　　　B. 这个分区的 6 号扇区上
   C. 这个分区之后的一个扇区　　　D. 这个分区的最后一个扇区
3. NTFS 分区中 0 簇是（　　）。
   A. 从 0 扇区开始的　　　　　　　B. 从引导扇区之后开始的
   C. 从$Boot 元文件之后开始的　　D. 从$MFT 元文件处开始的
4. 如果某个文件记录项记录了一个正常的目录，则下列说法正确的是（　　）。
   A. 文件记录头的偏移 16H 处值为"00"　B. 文件记录头的偏移 16H 处值为"01"
   C. 文件记录头的偏移 16H 处值为"10"　D. 文件记录头的偏移 16H 处值为"11"

三、简答题

1. NTFS 文件系统中移动短文件名对 MFT 和索引目录的影响？
2. NTFS 文件系统中删除文件对索引目录的影响？

5.10　大赛真题

1. 真题 1

任务素材：B007

虚拟磁盘编号	故 障 描 述	要　　求
B007	该磁盘中存放了 1000 个文件，由于病毒的破坏，系统提示分区需要格式化磁盘操作，并且造成数据丢失，如图 5-60 所示	将该磁盘中的所有文件恢复出来，并将 99925.txt 文件的后 10 个字符记录到"数据恢复要求与成果表"中

2. 真题 2

任务素材：B008

虚拟磁盘编号	故 障 描 述	要　　求
B008	这是一个 GPT 磁盘的 NTFS 文件系统，由于用户误操作，导致打开所有分区提示该磁盘"没有初始化"，如图 5-61 所示	将该磁盘中的所有文件恢复出来，并将 71242.doc 文件的内容记录到"数据恢复要求与成果表"中

图 5-60　提示 B007 磁盘格式化操作　　　图 5-61　提示没有初始化

项目 6　常用文件修复

学习目标

本项目主要介绍常见文件的修复，分别从图像文件、复合文档与压缩文件的底层数据结构进行全面分析。通过对本项目的学习，学生应掌握 JPG、PNG 与 BMP 格式的图像文件的修复，能够掌握复合文档修复以及压缩文件修复的能力。

知识目标
- 理解 JPG 图像文件数据结构
- 理解 PNG 图像文件数据结构
- 理解 BMP 图像文件数据结构
- 掌握复合文档文件头结构
- 掌握 ZIP 文件格式结构

技能目标
- 能够对损坏的 JPG 图像文件进行修复
- 能够对损坏的 PNG 图像文件进行修复
- 能够对损坏的 BMP 图像文件进行修复
- 能够对损坏的复合文档文件进行修复
- 能够对损坏的 ZIP 文件进行修复

素养目标
- 培养学生数据安全意识
- 培养学生掌握文档修复关键核心技术的意识

任务 6.1　JPG 图片文件修复

6.1.1　JPG 图像文件概述

JPEG 的文件格式一般有 .jpg 和 .jpeg 两种文件扩展名，它们的实质是相同的，我们可以把 .jpg 的文件改名为 .jpeg，而对文件本身不会有任何影响，因此后面所讲解的 JPG 图像也属于 JPEG 图像。JPEG 格式可以分为标准 JPEG、渐进式 JPEG 和 JPEG2000 三种格式。

标准 JPEG：该类型的图片文件在网络上应用较多，只有图片完全被加载和读取完毕之后，才能看到图片的全貌；它是一种很灵活的图片压缩方式，用户可以在压缩比和图片品质之间进行权衡。不过，通常来讲，其压缩比在 10∶1 到 40∶1 之间，压缩比越大，品质就越差，压缩比越小，品质就越好。JPEG 格式压缩的主要是高频信息，对色彩的信息保留较好，适合应用于互联网，可减少图像的传输时间，可以支持 24 bit 真彩色，也普遍应用于需要连续色调的图像。JPEG 由于可以提供有损压缩，因此压缩比可以达到其他传统压缩算法无法比拟的程度。

其压缩模式有以下几种：顺序式编码（Sequential Encoding）、递增式编码（Progressive Encoding）、无失真编码（Lossless Encoding）和阶梯式编码（Hierarchical Encoding）。JPEG 的压缩，分为四个步骤：

1）颜色转换：由于 JPEG 只支持 YUV 颜色模式，而不支持 RGB 颜色模式，所以在将彩色图像进行压缩之前，必须先对颜色模式进据转换。转换完成之后还需要进行数据采样。一般采用的采样比例是 2∶1∶1 或 4∶2∶2。由于在执行了此项工作之后，每两行数据只保留一行，因此，采样后图像数据量将压缩为原来的一半。

2）DCT 变换：DCT（Discrete Cosine Transform）是将图像信号在频率域上进行变换，分离出高频和低频信息的处理过程。然后再对图像的高频部分进行压缩，以达到压缩图像数据的目的。首先，将图像划分为多个 8×8 的矩阵。然后对每一个矩阵作 DCT 变换。变换后得到一个频率系数矩阵，其中的频率系数都是浮点数。

3）量化：由于在后面编码过程中使用的码本都是整数，因此需要对变换后的频率系数进行量化，将之转换为整数。进行数据量化后，矩阵中的数据都是近似值，和原始图像数据之间有了差异，这一差异是造成图像压缩后失真的主要原因。

4）编码：编码采用两种机制。第一种是 0 值的行程长度编码；第二种是熵编码。在 JPEG 中，采用曲徊序列，即以矩阵对角线的法线方向作"之"字排列矩阵中的元素。这样做的优点是使得靠近矩阵左上角且值比较大的元素排列在行程的前面，而行程的后面所排列的矩阵元素基本上为 0 值。行程长度编码是非常简单和常用的编码方式，在此不再赘述。编码实际上是一种基于统计特性的编码方法。在 JPEG 中允许采用 Huffman 编码或者算术编码。

- 渐进式 JPEG：该类型的图片是对标准 JPEG 格式的改进，当在网页上下载渐进式 JPEG 图片时，首先呈现图片的大概外貌，然后再逐渐呈现具体的细节部分，因而被称之为渐进式 JPEG。
- JPEG2000：一种全新的图片压缩法，压缩品质更好，并且改善了无线传输时，因信号不稳定而造成的马赛克及位置错乱等问题。另外，作为 JPEG 的升级版，JPEG2000 的压缩率比标准 JPEG 高约 30%，同时支持有损压缩和无损压缩。它还支持渐进式传输，即先传输图片的粗略轮廓，然后，逐步传输细节数据，使得图片由模糊到清晰逐步显示。此外，JPEG2000 还支持感兴趣区域，也就是说，可以指定图片上感兴趣区域的压缩质量，还可以选择指定的部分先进行解压。

6.1.2　JPG 图像文件段结构

JPG 图像文件格式是分为多个段来存储的，段的数量和长度并不是一定的，只要包含了足够的信息，该 JPG 文件就能够被打开。JPG 文件的每个段开头由两个字节构成：第一个字节是十六进制 0xFF，第二个字节对于不同的段，这个值是不同的，紧接着的两个字节存放的是这个段的长度，长度后面就是段的内容，其内容的大小由段长度记录。需要注意的是，JPG 图像文件存储的字节序采用的是 Big-endian（大端模式），也就是字节的高位在前，低位在后的存储顺序。段的一般结构如表 6-1 所示。

表 6-1　段的一般结构

名　　称	字　节　数	说　　明
段标识	1	固定为"FF"
段类型	1	类型编码

(续)

名 称	字节数	说 明
段长度	2	包括段内容和段长度本身，不包括段标识和段类型
段内容		段内容最大 65533 字节

6.1.3 JPG 图像文件段类型

JPG 图像文件段类型一共有 30 种，但只有 7 种是必须被所有程序识别的，其他的类型都可以忽略，这 7 种主要类型如表 6-2 所示。

表 6-2 段的主要类型

名 称	标 记 码	说 明
SOI	D8	文件头
APP0	E0	图像识别信息
DQT	DB	定义量化表
SOF0	C0	帧开始（标准 JPEG）
DHT	C4	定义 Huffman 表（哈夫曼表）
SOS	DA	扫描行开始
EOI	D9	文件尾

1. SOI 文件头

SOI（Start of Image，图像开始）的标记代码为 0xFFD8，位于文件开始的两个字节，这两个字节构成了 JPG 图像的文件头，SOI 文件头如图 6-1 阴影部分所示。

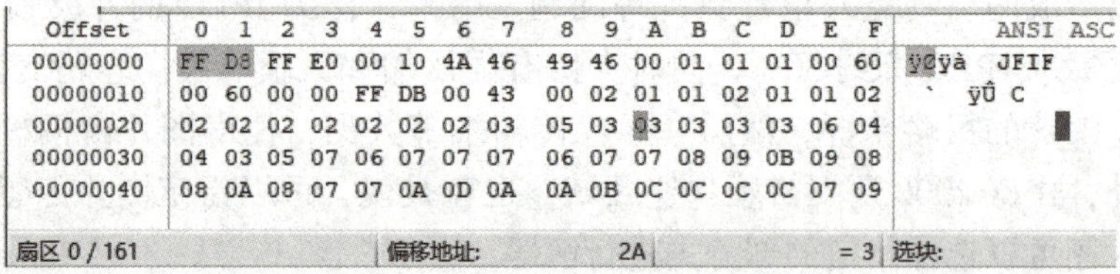

JPG 图片提示损坏恢复案例

图 6-1 SOI 文件头十六进制数据

2. APP0 图像识别信息

APP0（Application 0）为应用程序保留标记 0，标记代码为 0xFFE0，用 2 字节表示；接下来看看 APP0 的底层数据，APP0 图像识别信息的十六进制数据如图 6-2 阴影部分所示，APP0 图像识别信息如表 6-3 所示。

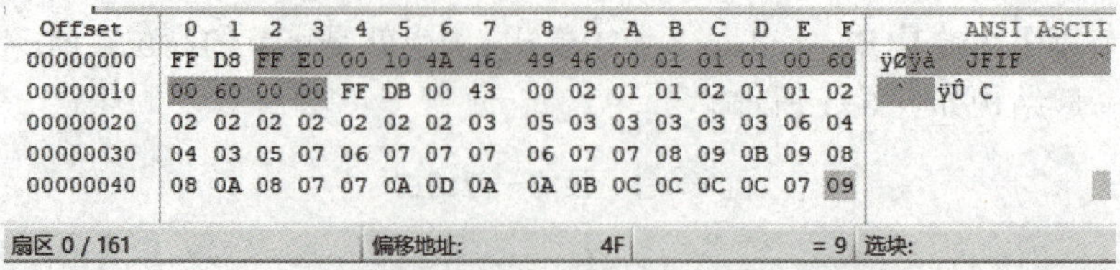

图 6-2 APP0 图像识别信息十六进制数据

表 6-3 图像识别信息

偏移	字节数	名称	值	说明
0x02	1	段标识	FF	固定值
0x03	1	段类型	E0	APP0 图像识别信息类型
0x04	2	段长度	00 10	长度相对于该位置偏移,即不包括标记代码,此处段长度值为 16 字节
0x06	5	交换格式	4A 46 49 46 00	"JFIF" 的 ASCII 码,一般用 JFIF 表示 JPG 交换格式
0x0B	1	主版本号	01	主版本号为 1
0x0C	1	次版本号	01	次版本号为 1
0x0D	1	密度单位	01	0=无单位;1=点数/in;2=点数/cm;此处为 01 表示使用的是点数/in
0x0E	2	X 像素密度	00 60	水平方向的密度为 96
0x10	2	Y 像素密度	00 60	垂直方向的密度为 96
0x12	1	缩略图 X 像素	00	缩略图水平像素数目为 0,此处表示无缩略图
0x13	1	缩略图 Y 像素	00	缩略图垂直像素数目为 0,此处表示无缩略图
0x14	3n	RGB 缩略图	非 0	n=缩略图像素总数=缩略图 X 像素 * 缩略图 Y 像素(如果"缩略图 X 像素"和"缩略图 Y 像素"的值为非 0)

3. DQT 定义量化表

DQT(Define Quantization Table,定义量化表)的标记代码为 0xFFDB,DQT 的十六进制数据如图 6-3 阴影部分所示。

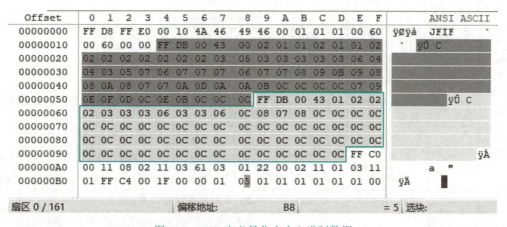

图 6-3 DQT 定义量化表十六进制数据

JPG 图像文件一般有 2 个 DQT 段,如图 6-3 中的深色阴影部分是一个 DQT 段,其信息为 Y 值(亮度),图 6-3 中的浅色阴影部分也是一个 DQT 段,其信息为 C 值(色度),JPG 图像文件最多只能存在 4 个 DQT 段,每个 DQT 段都有自己的信息字节。以图 6-3 中的深色阴影部分(亮度)为例子,其详细说明见表 6-4 所示。

表 6-4 DQT 定义量化表

偏移	字节数	名 称	值	说 明
0x14	1	段标识	FF	固定值
0x15	1	段类型	DB	DQT 定义量化表
0x16	2	段长度	00 43	长度相对于该位置偏移，即不包括标记代码在此处段长度为 67 字节
0x18	1	QT 信息	00	0~3 位：QT 号。4~7 位：QT 精度（0 = 8 bit = 1 字节；1 = 16 bit = 2 字节）。此处值为 0，表示 0 号 QT 号，QT 精度为 8 bit
0x19	n	QT 量化表项		n=64 * QT 精度的字节数。此处 QT 精度字节数为 1，其表项长度为 64×(0+1)= 64 字节

4. SOF0 帧图像开始

SOF0（Start of Frame，帧图像开始）标记代码为 0xFFC0，SOF0 的十六进制数据如图 6-4 阴影部分所示，SOF0 帧图像开始的详细说明见表 6-5。

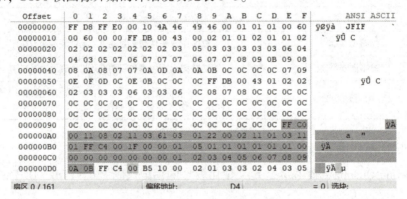

图 6-4 SOF0 帧图像开始十六进制数据

表 6-5 SOF0 帧图像开始

偏移	字节数	名 称	值	说 明
0x9E	1	段标识	FF	固定值
0x9F	1	段类型	C0	帧图像开始
0xA0	2	段长度	00 11	长度相对于该位置偏移，即不包括标记代码，此处段长度为 17 字节
0xA2	1	精度	08	代表每个数据样本的位数，通常为 8 bit
0xA3	2	图像高度	02 11	表示以像素为单位的图像高度此处图片高度为 529 个像素
0xA5	2	图像宽度	03 61	表示以像素为单位的图像宽度此处图片宽度为 865 个像素
0xA7	1	颜色分量个数	03	JPG 采用 YCrCb 颜色空间，其值固定为 03
0xA8	3n	颜色分量信息	01 22 00 02 11 01 03 11 01	n 表示颜色分量个数，3n 表示有三组颜色分量信息，即占用 9 字节，每组分量信息表示如下。 a）颜色分量 ID：1 个字节。 b）水平/垂直采样系数：1 个字节，高 4 位代表水平采样因子，低 4 位代表垂直采样因子。 c）量化表：1 个字节，当前分量使用的量化表 ID；01 22 00：Y 颜色分量，垂直采样系数和水平采样系数都是 2，量化表 ID 是 0；02 11 01：Cb 颜色分量，垂直采样系数和水平采样系数都是 1，量化表 ID 是 1；03 11 01：Cr 颜色分量，垂直采样系数和水平采样系数都是 1，量化表 ID 是 1；可知此处 Y 为逐点采样，Cb、Cr 为隔点采样，属于标准的 YUV422 格式的数据

5. DHT 定义 Huffman 表

DHT（Define Huffman Table，定义 Huffman 表）标记码为 0xFFC4，DHT 的十六进制数据如图 6-5 阴影部分所示，其中包含了 4 个定义 Huffman 表，下面以第一个定义 Huffman 表为例讲解，详细解析见表 6-6。

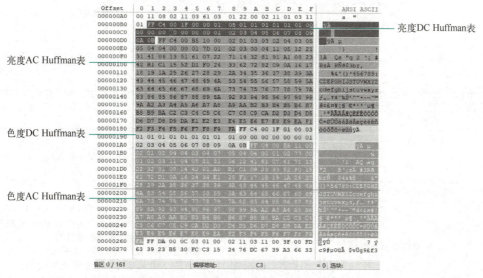

图 6-5　定义 Huffman 表十六进制数据

表 6-6　DHT 定义 Huffman 表

偏移	名称	字节数	值（十六进制）	说明
0xB1	段标识	1	FF	固定值
0xB2	段类型	1	C4	DHT 定义 Huffman 表
0xB3	段长度	2	00 1F	长度相对于该位置偏移，即不包括标记代码；在此处段长度为 31 字节
0xB5	HT 信息	1	00	0~3 位：HT 号。 4 位：HT 类型，0=DC 表，1=AC 表。 5~7 位：必须为 0。 在第一个 Huffman 表中 00：HT 号为 0，DC 表。 在第二个 Huffman 表中 10：HT 号为 0，AC 表。 在第三个 Huffman 表中 01：HT 号为 1，DC 表。 在第四个 Huffman 表中 11：HT 号为 1，AC 表。 此处一共有 4 个 Huffman 表：亮度 DC Huffman 表，亮度 AC Huffman 表，色度 DC Huffman 表，色度 AC Huffman 表
0xB6	HT 位表	16	00 01 05 01 01 01 01 01 01 00 00 00 00 00 00 00	这 16 个字节的数值和小于等于 256。 此处 16 字节的值加起来为 12，说明 HT 表有 12 个字节
0xC7	HT 值表	n	00 01 02 03 04 05 06 07 08 09 0A 0B	n 的大小为 HT 位表中 16 个字节的和（此段中该 HT 位表中的字节和为 12，即 n 的大小为 12 字节）

注意：

① JPG 图像文件里有两类 Huffman 表：一类用于 DC（直流量），一类用于 AC（交流量）。一般有四个表：亮度的 DC 和 AC，色度的 DC 和 AC。最多可有六个。

② 一个 DHT 段可以包含多个 HT 表，每个 HT 表都有自己的信息字节。

③ HT 表是一个按递增次序代码长度排列的符号表。

6. SOS 扫描行开始

SOS（Start Of Scan，扫描行开始）标记码为 0xFFDA，SOS 扫描行开始的十六进制数据如图 6-6 阴影部分所示，其详细说明见表 6-7。

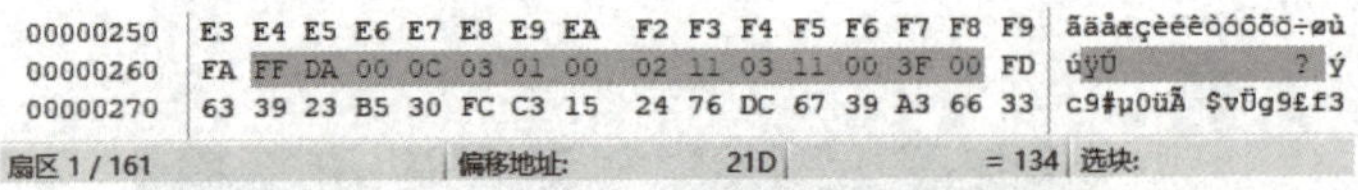

图 6-6　SOS 扫描行开始十六进制数据

表 6-7　SOS 扫描行开始

偏移	名称	字节数	值	说明
0x261	段标识	1	FF	固定值
0x262	段类型	1	DA	SOS 扫描行开始
0x263	段长度	2	00 0C	长度相对于该位置偏移，即不包括标记代码；段长度为 12 字节
0x265	扫描行内组件数量	1	03	通常为 03
0x266	颜色分量信息	6	01 00 02 11 03 11	第一个字节表示组件 ID（1=Y，2=Cb，3=Cr，4=I，5=Q）。 第二个字节 0~3 位表示 AC 表号，4~7 位表示 DC 表号。 01 00：Y 组件，AC 表号为 0，DC 表号为 0。 02 11：Cb 组件，AC 表号为 1，DC 表号为 1。 03 11：Cr 组件，AC 表号为 1，DC 表号为 1。 此处跟定义 Huffman 表的 HT 信息是一致的
0x26C		3	00 3F 00	无意义

注意：紧接 SOS 扫描行开始段后的是压缩的图像数据，数据存放顺序是从左到右、从上到下。

7. EOI 文件尾

EOI（End of Image，图像结束）标记代码为 0xFFD9，EOI 文件尾的十六进制数据如图 6-7 阴影部分所示。0xFFD9 是 JPG 图像文件数据的最后两个字节。

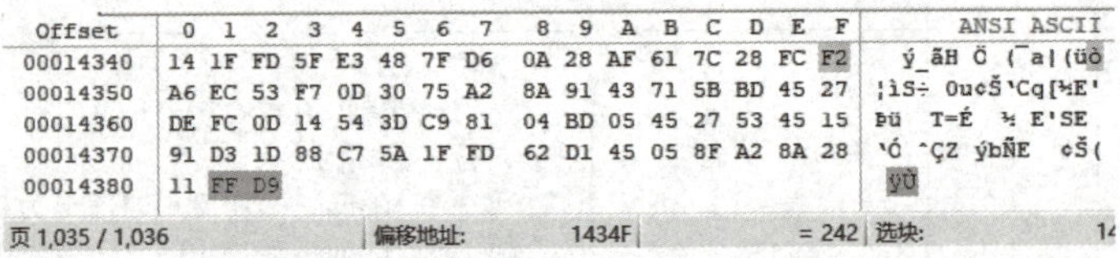

图 6-7　EOI 文件尾十六进制数据

6.1.4　JPG 图像显示不清楚修复案例

【任务描述】现有一个名为 1.jpg 的图片文件，打开时发现文件内容显示不完整，如图 6-8 所示，请将图片中的内容完整恢复出来。

图 6-8　1.jpg

任务素材：1. jpg

【任务分析】由于图片可以打开，所以图片的文件数据结构并未被破坏，从图 6-8 可以看到图片中内容显示的不完整，从水平方向看，发现其内容被拉伸；从垂直方向看，其内容显示的较完整，由此可以判断这是由于水平方向的像素密度较大而导致的。接下来采用 WinHex 软件对该图片进行恢复。

【操作步骤】

1）打开 WinHex 软件，单击 WinHex 软件中左上角的“文件”选项，选择“打开”命令，选中需修复的图片“1. jpg”，打开后界面如图 6-9 所示。

1.jpg

Offset	0	1	2	3	4	5	6	7	8	9	A	B	C	D	E	F	ANSI ASCII
00000010	00	60	00	00	FF	DB	00	43	00	04	02	03	03	03	02	04	` ÿÛ C
00000020	03	03	03	04	04	04	04	05	09	06	05	05	05	05	0B	08	
00000030	08	06	09	0D	0B	0D	0D	0D	0B	0C	0C	0E	10	14	11	0E	
00000040	0F	13	0F	0C	0C	12	18	12	13	15	16	17	17	17	0E	11	
00000050	19	1B	19	16	1A	14	16	17	16	FF	DB	00	43	01	04	04	ÿÛ C
00000060	04	05	05	05	0A	06	06	0A	16	0F	0C	0F	16	16	16	16	
00000070	16	16	16	16	16	16	16	16	16	16	16	16	16	16	16	16	
00000080	16	16	16	16	16	16	16	16	16	16	16	16	16	16	16	16	
00000090	16	16	16	16	16	16	16	16	16	16	16	16	16	16	FF	C0	ÿÀ
000000A0	00	11	08	02	58	03	58	03	01	22	00	02	11	01	03	11	X X "
000000B0	01	FF	C4	00	1F	00	00	01	05	01	01	01	01	01	01	00	ÿÄ
000000C0	00	00	00	00	00	00	00	01	02	03	04	05	06	07	08	09	
000000D0	0A	0B	FF	C4	00	B5	10	00	02	01	03	03	02	04	03	05	ÿÄ µ
000000E0	05	04	04	00	00	01	7D	01	02	03	00	04	11	05	12	21	} !
000000F0	31	41	06	13	51	61	07	22	71	14	32	81	91	A1	08	23	1A Qa "q 2 '¡ #

页 2 / 59　偏移地址: FA　= 50　选块:

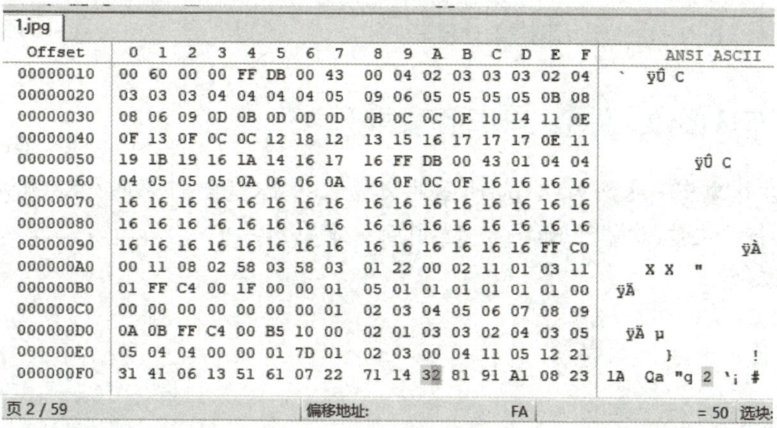

图 6-9　打开 1. jpg 部分界面

2）在界面的左下角可以看到该文件的十六进制是以页的形式显示，总页数是根据当前 WinHex 软件窗口界面显示的大小而变化的，也就是说窗口越大，一页能显示的数据量就会越多，前面分析出是由于图片的像素密度导致内容显示的不完全，和像素密度相关的是图像的宽度和高度，也就是我们常说的分辨率，下面我们定位到图像的宽度和高度偏移位置，图像的高度在偏移位置 A3、A4，图像的宽度在偏移位置 A5、A6，如图 6-10 所示。

Offset	0	1	2	3	4	5	6	7	8	9	A	B	C	D	E	F	ANSI ASCII
00000000	FF	D8	FF	E0	00	10	4A	46	49	46	00	01	01	01	00	60	ÿØÿà JFIF `
00000010	00	60	00	00	FF	DB	00	43	00	04	02	03	03	03	02	04	` ÿÛ C
00000020	03	03	03	04	04	04	04	05	09	06	05	05	05	05	0B	08	
00000030	08	06	09	0D	0B	0D	0D	0D	0B	0C	0C	0E	10	14	11	0E	
00000040	0F	13	0F	0C	0C	12	18	12	13	15	16	17	17	17	0E	11	
00000050	19	1B	19	16	1A	14	16	17	16	FF	DB	00	43	01	04	04	ÿÛ C
00000060	04	05	05	05	0A	06	06	0A	16	0F	0C	0F	16	16	16	16	
00000070	16	16	16	16	16	16	16	16	16	16	16	16	16	16	16	16	
00000080	16	16	16	16	16	16	16	16	16	16	16	16	16	16	16	16	
00000090	16	16	16	16	16	16	16	16	16	16	16	16	16	16	FF	C0	ÿÀ
000000A0	00	11	08	02	58	03	58	03	01	22	00	02	11	01	03	11	X X "
000000B0	01	FF	C4	00	1F	00	00	01	05	01	01	01	01	01	01	00	ÿÄ
000000C0	00	00	00	00	00	00	00	01	02	03	04	05	06	07	08	09	
000000D0	0A	0B	FF	C4	00	B5	10	00	02	01	03	03	02	04	03	05	ÿÄ µ

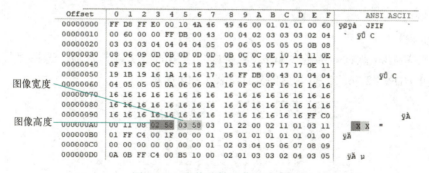

图 6-10　未修改前图像的分辨率

3）由于 JPG 图片采用的是 Big-endian（大端模式），即高字节在前、低字节在后的形式存储。因此图像高度为 0258H，换算成十进制为 600，图像宽度为 0358H，换算成十进制为 856。

4）现在知道 1. jpg 图像的分辨率为 856×600 像素，前面分析得到图片显示不完全可能是水平方向的像素密度较大导致的，那么只需将图像的宽度调小就能将图像完整恢复出来，下面将图片的宽度修改成 600，最后保存，修改后的十六进制数据如图 6-11 所示。

5）图片修复完成，修复后的图片如图 6-12 所示。

图 6-11　修改后图像的分辨率　　　　　图 6-12　修复完成的图片

6.1.5　JPG 图像文件结构损坏修复案例

【任务描述】现有一张名为 2.jpg 的图片文件，打开时提示"似乎不支持此文件格式"，如图 6-13 所示，请将图片中的内容完整恢复出来。

图 6-13　提示"似乎不支持此文件格式"

任务素材：2.JPG

【任务分析】由于图片无法打开，可以判断该图片数据结构遭到破坏，图片为 JPG 格式，这种情况下需要将图片数据结构修复好，才能继续后续的修复，下面采用 WinHex 软件对该图片进行恢复。

【操作步骤】

1）打开 WinHex 软件，单击 WinHex 软件中左上角的"文件"选项，选择"打开"命令，选中需恢复的图片"2.jpg"，打开后的界面如图 6-14 所示。

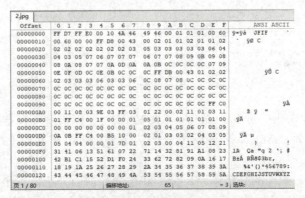

图 6-14　打开需要修复图片"2.jpg"的十六进制

2）如图 6-15 所示，阴影部分为 jpg 图片格式的头文件，jpg 图片格式的文件头标识为 FFD8H，然而此处头文件的标识为 FFD7H，因此能判断该图片的头文件部分被损坏，将正确的头文件标识修改过来即可修复该部分。

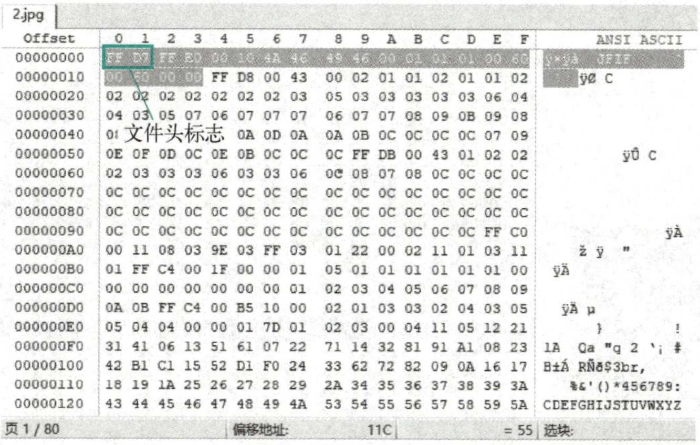

图 6-15　头文件

3）如图 6-16 所示，两块阴影部分都为 DQT 定义量化表，其中第一块 DQT 定义量化表的段标识有误，正确的标识应该为 FFDBH，将其修改后并保存，修改后的十六进制数据如图 6-17 所示。

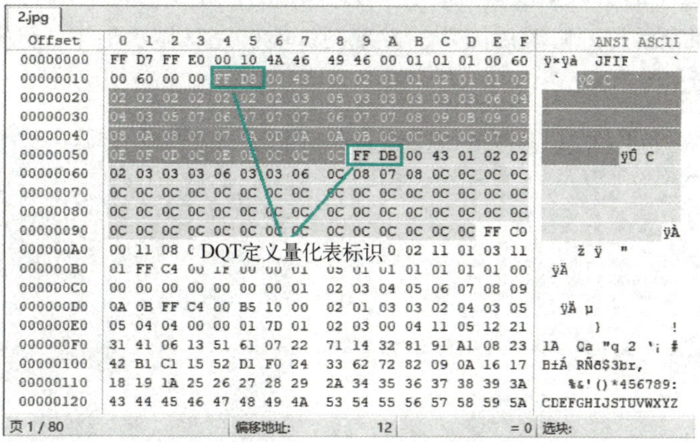

图 6-16　DQT 定义量化表

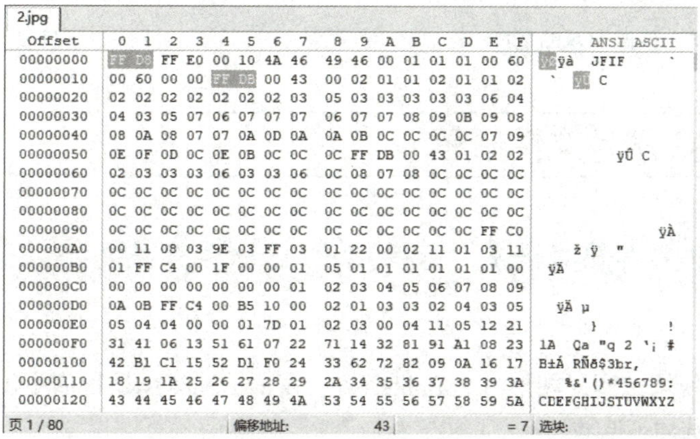

图 6-17　修改后的"头文件"和"量化表"标识

4) 打开修改后的图片，如图 6-18 所示，发现图片没完整显示出来，由"任务 1"可知，该问题是由于分辨率导致的，下面只需将分辨率修改正确即可，如图 6-19 所示的阴影为帧扫描开始部分，其中就描述到了图像分辨率的高度与宽度，将图 6-19 中的图像高度与宽度换算成十进制为 926×1023 像素。

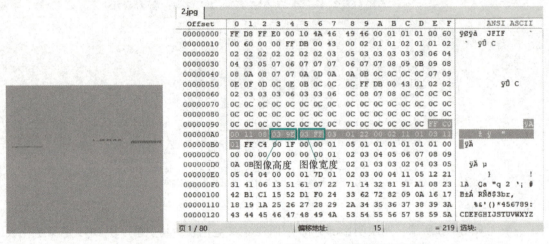

图 6-18　2.jpg 图像显示不完整　　　　　图 6-19　图像的帧扫描开始

5) 由于"2.jpg"的图像宽度被拉伸得较为严重，下面可先微调图像的宽度，修改后的值如图 6-20 所示，保存后打开修改后图片，发现图片能够完整显示出来，到此"2.jpg"修复完成，如图 6-21 所示。

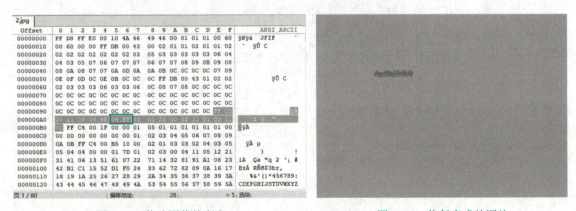

图 6-20　修改图像的宽度　　　　　　　　图 6-21　修复完成的图片

任务 6.2　PNG 图片文件修复

6.2.1　PNG 文件数据概述

1. PNG 介绍

PNG 的全称叫便携式网络图形（Portable Network Graphics）是目前主流的网络传输和展示的图片格式，原因有如下几点。

1) 无损压缩：PNG 图片采取了基于 LZ77 的派生算法对文件进行压缩，使得它的压缩比率更高，生成的文件空间更小，并且不损失数据。

2）空间小：它利用特殊的编码方法标记重复出现的数据，使得同样的图片，PNG图片文件的空间更小。网络通信中因受带宽制约，在保证图片清晰、逼真的前提下，优先选择PNG格式的图片。

3）支持透明效果：PNG支持对原图像定义256个透明层次，使得图像的边缘能与任何背景平滑融合，这种功能是GIF和JPEG格式没有的。

2. PNG类型

PNG图片主要有三个类型，分别为PNG 8、PNG 24、PNG 32。

1）PNG 8：PNG 8中的8，其实指的是8 bit（8位，即1个字节），相当于用$2^8=256$的大小来存储一张图片的颜色种类，也就是说PNG 8能存储256种颜色，一张图片如果颜色种类很少，将它设置成PNG 8的图片类型是非常适合的。

2）PNG 24：PNG 24中的24，相当于用3个8 bit分别去表示R（红）、G（绿）、B（蓝）。R（0~255），G（0~255），B（0~255），可以表达256×256×256 = 16777216种颜色的图片，这样PNG 24就能比PNG 8表示色彩更丰富的图片。但是所占用的空间相对就更大了。

3）PNG 32：PNG 32中的32，相当于PNG 24加上8 bit的透明颜色通道，就相当于R（红）、G（绿）、B（蓝）、A（透明）。R（0~255），G（0~255），B（0~255），A（0~255）。比PNG 24多了一个A（透明），也就是说PNG 32能表示跟PNG 24一样多的色彩，并且还支持256种透明的颜色，能表示更加丰富的图片颜色类型。

注：JPEG比较适合存储色彩"杂乱"的拍摄图片，PNG则比较适合存储几何特征强的图形类图片。

6.2.2 PNG文件数据结构

PNG文件的数据结构很简单，由PNG标识符和数据块（Chunk Block）组成，它的大致结构如图6-22所示。

1. PNG文件标识符

PNG文件标识符位于文件的开始8个字节，是PNG图像文件的标志，其值是固定的，它的十进制数与十六进制数值见表6-8。

PNG标识符	PNG数据块 （IHDR）	PNG数据块 （其他类型数据块）	…	PNG结尾数据块 （IEND）

图6-22 PNG数据结构

表6-8 PNG标识符

十进制数	137	80	78	71	13	10	26	10
十六进制数	89	50	4E	47	0D	0A	1A	0A

2. PNG数据块

PNG数据块是用来存储图像中所有的数据信息，PNG的数据类型有很多，主要是用到IHDR、PLTE、IDAT与IEND这4个数据块，它们也叫关键数据块，这些数据块的作用见表6-9。

表6-9 关键数据块

数据块类型	作　用
IHDR（文件头数据块）	存放图片信息
PLTE（调色板数据块）	存放索引颜色
IDAT（图像数据块）	存放图片数据
IEND（图像结束数据）	图片数据结束标志

6.2.3 PNG 数据块类型

PNG 文件标志后面的数据是数据块（chunks），数据块（chunks）分为两类：关键数据块（critical chunks）和辅助数据块（ancillary chunks）。关键数据块（critical chunks）在 PNG 文件中是必须有的，而辅助数据块（ancillary chunks）是可选的。

关键数据块（critical chunks）包含 4 个部分：文件头数据块（IHDR）、调色板数据块（PLTE）、图像数据块（IDAT）和图像结束数据（IEND），其中调色板数据块（PLTE）根据图像的色深可选。

辅助数据块（ancillary chunks）一共有 14 个，这些辅助数据块包含了很多信息，且辅助数据块是可选的。表 6-10 为 PNG 中数据块的所有类型，其中 4 个关键数据块部分使用"*"符号加以区分，PNG 数据块类型见表 6-10。

表 6-10 PNG 数据块类型

数据块符号	数据块名称	多数据块	可选否	位置限制
*IHDR	文件头数据块	否	否	第一个数据块
CHRM	基色和白色点数据块	否	是	在 PLTE 和 IDAT 之前
gAMA	图像 γ 数据块	否	是	在 PLTE 和 IDAT 之前
sBIT	样本有效位数据块	否	是	在 PLTE 和 IDAT 之前
sRGB	通用色彩数据块	否	是	在 IDAT 之前
*PLTE	调色板数据块	否	是	在 IDAT 之前
bKGD	背景颜色数据块	否	是	在 PLTE 之后 IDAT 之前
hIST	图像直方图数据块	否	是	在 PLTE 之后 IDAT 之前
tRNS	图像透明数据块	否	是	在 PLTE 之后 IDAT 之前
oFFs	（专用公共数据块）	否	是	在 IDAT 之前
pHYs	物理像素尺寸数据块	否	是	在 IDAT 之前
sCAL	（专用公共数据块）	否	是	在 IDAT 之前
*IDAT	图像数据块	是	否	与其他 IDAT 连续
tIME	图像最后修改时间数据块	否	是	无限制
tEXt	文本信息数据块	是	是	无限制
zTXt	压缩文本数据块	是	是	无限制
fRAc	（专用公共数据块）	是	是	无限制
gIFg	（专用公共数据块）	是	是	无限制
gIFt	（专用公共数据块）	是	是	无限制
gIFx	（专用公共数据块）	是	是	无限制
*IEND	图像结束数据	否	否	最后一个数据块

6.2.4 PNG 数据块结构

PNG 数据块位于 PNG 文件标识符后面，其中每个数据块由数据块长度、数据块符号、数据域和 CRC 冗余校验码 4 个部分组成，详细说明见表 6-11。

表 6-11 PNG 数据块结构

名　　称	字节数	说　　明
Length（长度）	4	指定数据块中数据域的长度
Chunk Type Code（数据块符号）	4	数据块符号由 ASCII 码（A~Z 和 a~z）组成的"数据块符号"
Chunk Data（数据域）	可变长度	存储按照 Chunk Type Code 指定的数据
CRC（循环冗余校验）	4	存储用来检测是否有错误的循环冗余码

注意：CRC（cyclic redundancy check）域中的值是对 Chunk Type Code 域和 Chunk Data 域中的数据进行计算得到的。CRC 具体算法定义在 ISO 3309 和 ITU-T V.42 中，其值按下面的 CRC 码生成多项式进行计算：

$$x^{32}+x^{26}+x^{23}+x^{22}+x^{16}+x^{12}+x^{11}+x^{10}+x^8+x^7+x^5+x^4+x^2+x+1$$

1. 文件头数据块（IHDR）

文件头数据块包含 PNG 文件中存储的图像数据的基本信息，并且作为第一个数据块出现在 PNG 数据流中，一个 PNG 数据流中只能有一个文件头数据块，详细结构说明见表 6-12。

表 6-12 文件头数据块（IHDR）

域的名称	字节数	说　　明
Length（数据域长度）	4	指定数据域的长度，以字节为单位
Chunk Type Code（数据块符号）	4	49 48 44 52，是"IHDR"的 ASCII 码
Width（图像宽度）	4	图像宽度，以像素为单位
Height（图像高度）	4	图像高度，以像素为单位
Bit depth（颜色深度）	1	灰度图像：1、2、4、8 或 16。 真彩色图像：8 或 16。 索引彩色图像：1、2、4 或 8。 带 α 通道数据的灰度图像：8 或 16。 带 α 通道数据的真彩色图像：8 或 16
Color Type（颜色类型）	1	灰度图像：0。 真彩色图像：2。 索引彩色图像：3。 带 α 通道数据的灰度图像：4。 带 α 通道数据的真彩色图像：6
Compression method（压缩方法）	1	压缩方法（LZ77 派生算法），规定此字节为 0
Filter method（滤波器方法）	1	滤波器方法，通常此字节为 0
Interlace method（隔行扫描方法）	1	非隔行扫描：0。 Adam7（7 遍隔行扫描方法）：1
CRC 校验	4	循环冗余检测（校验数据块符号与数据域的数据）

2. 调色板数据块（PLTE）

调色板数据块包含与索引彩色图像（indexed-color image）相关的彩色变换数据，它仅与索引彩色图像有关，而且要放在图像数据块（image data chunk）之前。真彩色的 PNG 数据流也可以有调色板数据块，目的是便于非真彩色显示程序量化图像数据，从而显示该图像。调色板数据块颜色说明见表 6-13。

表 6-13 调色板数据块颜色

颜 色	字 节 数	意 义
Red	1	0 = 黑色，255 = 红色
Green	1	0 = 黑色，255 = 绿色
Blue	1	0 = 黑色，255 = 蓝色

PLTE 数据块用来定义图像的调色板信息，PLTE 可以包含 1~256 个调色板信息，每一个调色板信息由 3 个字节组成，因此调色板数据块所包含的最大字节数为 768，调色板的长度应该是 3 的倍数，否则，这将是一个非法的调色板，如表 6-14 为调色板信息数据详解。

表 6-14 调色板信息数据

域 名 称	字 节 数	说 明
数据域长度	4	指定数据域的长度
数据块符号	4	50 4C 54 45，是"PLTE"的 ASCII 码
数据域	可变长	n 个调色板，就有 3n 个字节长度，最多 3×256 字节
CRC 校验	4	循环冗余检测（校验数据块符号与数据域的数据）

对于索引图像，调色板信息是必不可少的，调色板的颜色索引从 0 开始编号，然后是 1，2，…，调色板的颜色数不能超过色深中规定的颜色数（如图像色深为 4 的时候，调色板中的颜色数不可以超过 $2^4 = 16$），否则会导致 PNG 图像不合法。

3. 图像数据块（Image Data Chunk，IDAT）

图像数据块存储实际的数据，在数据流中可包含多个连续顺序的图像数据块。IDAT 存放着图像真正的数据信息，因此，如果能够了解 IDAT 的结构，就可以很方便地生成 PNG 图像，其数据结构见表 6-15。

表 6-15 图像数据块（IDAT）

域 名 称	字 节 数	说 明
数据域长度	4	指定数据域的长度
数据块符号	4	49 44 41 54，是"IDAT"的 ASCII 码
数据域	可变长	存放着图像真正的数据信息（压缩的）
CRC 校验	4	循环冗余检测（校验数据块符号与数据域的数据）

4. 图像结束数据块（Image Trailer Chunk，IEND）

它用来标记 PNG 文件或者数据流已经结束，并且必须放在文件的尾部，其数据结构见表 6-16。

表 6-16 图像结束数据块（IEND）

域 名 称	字 节 数	说 明
数据域长度	4	数据域的长度，全为 0
数据块符号	4	49 45 4E 44，是图像结束数据块 IEND 的 ASCII 码
数据域	0	不存放数据
CRC 校验	4	循环冗余检测（校验数据块符号与数据域的数据），固定为 AE 42 60 82

6.2.5 PNG 十六进制数据实例分析

用 Windows 操作系统画图新建一个 8×8 像素的图像，将其填充成绿色背景，如图 6-23 所示为放大的图像文件，图 6-24 为该图像的十六进制数据。

图 6-23　8×8 像素的 PNG 图像文件

图 6-24　图像的十六进制数据

8×8 像素的图像数据的具体分析见表 6-17。

表 6-17　8×8 像素的图像分析

偏　　移	名　　称	数　　值	说　　明
00~07H	文件标识符	89 50 4E 47 0D 0A 1A 0A	这 8 个字节为 PNG 文件标识
08~20H	IHDR 数据块	00 00 00 0D	数据域长度为 13 字节，PNG 文件使用 Big-endian 顺序存储数据
		49 48 44 52	文件头数据块符号"IHDR"
		00 00 00 08	图像宽 8 像素
		00 00 00 08	图像高 8 像素
		08	颜色深度，表示 2 的 8 次幂，即 256 色
		02	颜色类型为真彩
		00	使用压缩 LZ77 派生算法
		00	滤波器方法，通常为 0
		00	非隔行扫描
		4B 6D 29 DC	CRC 校验码，校验的是 0C~1CH 处的数据
21~2DH	sRGB 数据块	00 00 00 01	数据域长度为 1 字节
		73 52 47 42	通用彩色数据块 sRGB，为可选数据块
		00	数据内容
		AE CE 1C E9	CRC 校验码，校验的是 21~29H 处的数据
2E~3DH	gAMA 数据块	00 00 00 04	gAMA 数据块长度为 4 字节
		67 41 4D 41	图像 γ 数据块标志"gAMA"，为可选数据块
		00 00 B1 8F	gAMA 校正信息
		0B FC 61 05	CRC 校验码

（续）

偏 移	名 称	数 值	说 明
3E~52H	pHYs 数据块	00 00 00 09	数据域长度为 9 字节
		70 48 59 73	物理像素尺寸数据块 "pHYs"，为可选数据块
		00 00 0E C3	X 轴每单位 3779 像素
		00 00 0E C3	Y 轴每单位 3779 像素
		01	Meter=1，将单位定义为米，即每米 x 轴有 3779 个像素
		C7 6F A8 64	CRC 校验码
53~70H	IDAT 数据块	00 00 00 12	数据域长度为 18 字节
		49 44 41 54	IDAT 图像数据块标识 "IDAT"
		18 57 63…DD 47 C1	LZ77 算法压缩的数据
		BA 39 50 B0	CRC 校验码
71~7CH	IEND 数据块	00 00 00 00 49 45 4E 44 AE 42 60 82	图像结束数据 IEND，为固定值

6.2.6 PNG 图像显示模糊修复案例

PNG 图像显示模糊恢复案例

【任务描述】现有一张"放夹子工具姿态.PNG"的图片文件，打开时发现图像显示模糊，如图 6-25 所示，请将该图片完整恢复出来。

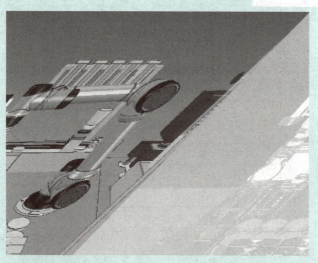

图 6-25 "放夹子工具姿态.PNG" 图像显示模糊

任务素材：放夹子工具姿态.PNG

【任务分析】由于图片可以打开，可判断图片的文件结构并未被破坏；图像中并未存在无显示部分，说明图像数据块是读取完了的，由此可将故障方向定位到文件头数据块（IHDR），从图 6-25 可以看到，图片中正常显示的部分有水平方向上的拉伸，由此可以判断可能是水平方向的像素密度较大导致的。接下来采用 WinHex 软件对该图片进行恢复。

【操作步骤】

1）打开 WinHex 软件，单击 WinHex 软件中左上角的"文件"菜单，选择"打开"命令，选中需恢复的图片"放夹子工具姿态.PNG"，打开后十六进制界面如图 6-26 所示。

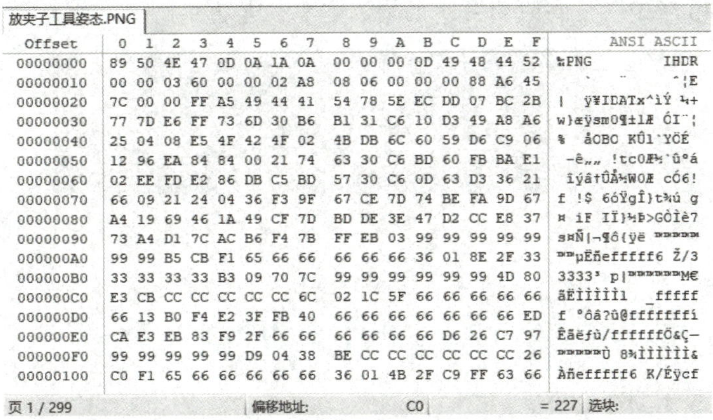

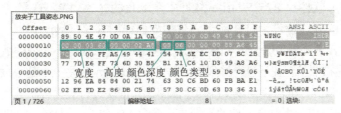

图 6-26 "放夹子工具姿态.PNG"十六进制数值

2）根据任务分析，图像显示模糊是水平方向的像素密度较大导致的，这点是在文件头数据块（IHDR）中记录的，它包含 PNG 文件中存储的图像数据的基本信息，描述了图像宽度、图像高度、颜色深度、颜色类型等信息，具体描述如图 6-27 所示。

图 6-27 图像数据的基本信息

3）水平方向的像素密度是由图像宽度决定的，未修复前图像宽度为 00 00 03 60H，转换成十进制为 864 像素，由于是该像素增大导致图像显示模糊，因而只需要将该像素改小即可，具体改成何值，这就需要逐个去试，图 6-28 为修改后的图像宽度值为 00 00 03 5FH，转换成十进制为 863 像素。

4）修改完成并保存，重新打开该图像，发现修复成功，如图 6-29 所示。

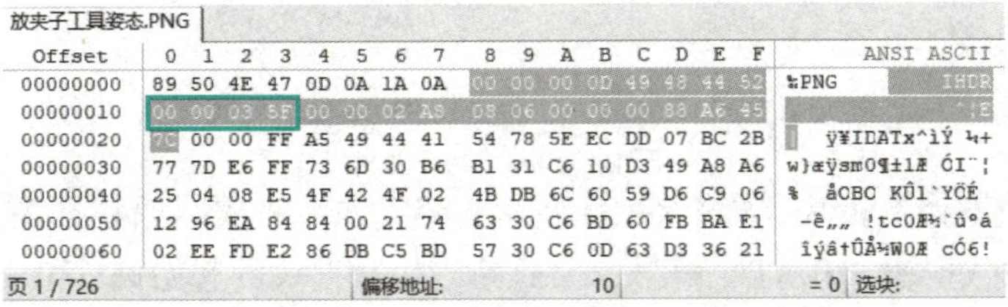

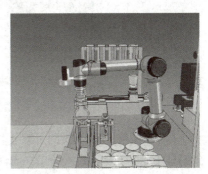

图 6-28 修改后的图像宽度值

图 6-29 修复成功的"放夹子工具姿态.PNG"图片

6.2.7 PNG 图像显示不完整修复案例

【任务描述】现有一张"点豆子姿态.PNG"的图片文件，打开时发现文件内容只能显示一半，如图 6-30 所示，请将该图片中的内容完整恢复出来。

图 6-30 "点豆子姿态.PNG"图像显示一半

任务素材：点豆子姿态.PNG

【任务分析】PNG 类型的文件是以数据块的形式构成的，图 6-30 中的内容只显示了一半，说明文件的图像数据块（IDAT）只读取了一半，下面只需将图像数据块的所有数据读取出来即可修复该图像。

【操作步骤】

1）打开 WinHex 软件，单击 WinHex 软件中左上角的"文件"，选择"打开"，选中需恢复的图片"点豆子姿态.PNG"，打开后十六进制界面如图 6-31 所示。

2）根据前面的任务分析知道，图片内容只显示一半是图像数据块部分的数据没完全读取导致的，PNG 图像像素是按照从上往下进行排列的，图像中数据显示的是上半部分内容，说明图像数据块的后半部分没有读取到，下面找到该文件的全部图像数据块进行数据分析，由于图像数据块的标识符是 ASCII 编码的 IDAT，因此从文件的开始向下查找"IDAT"，具体操作如图 6-32 所示。

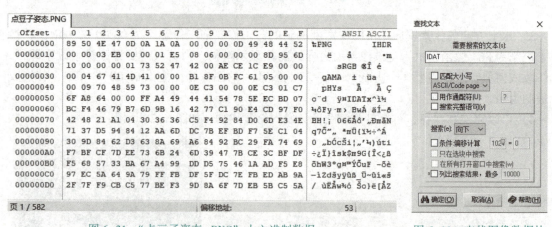

图 6-31 "点豆子姿态.PNG"十六进制数据　　图 6-32 查找图像数据块

3）在偏移 57H 处找到了第一块图像数据块，如图 6-33 所示；继续向下查找图像数据块，在偏移 10008H 处找到了第二块图像数据块"IDAT"符号，因此第二块数据块的起始偏移位于 10004H，如图 6-34 所示；继续往下查找并没有发现图像数据块，说明了该图像文件是由两个图像数据块组成的。但实际上图像中只显示了前半部分内容，这是因为图像只显示了第一块数据块的内容。

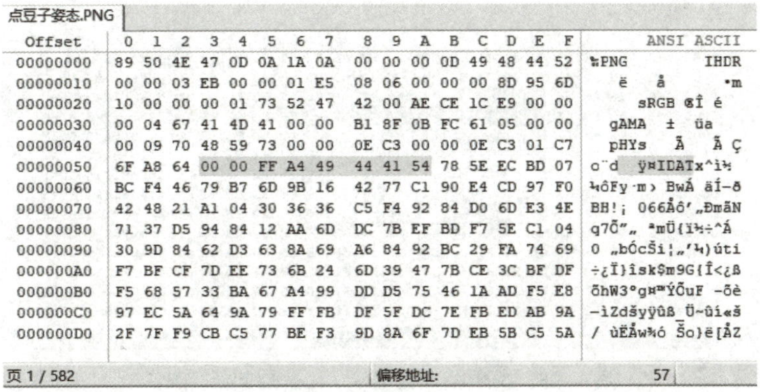

图 6-33 图像数据块 1

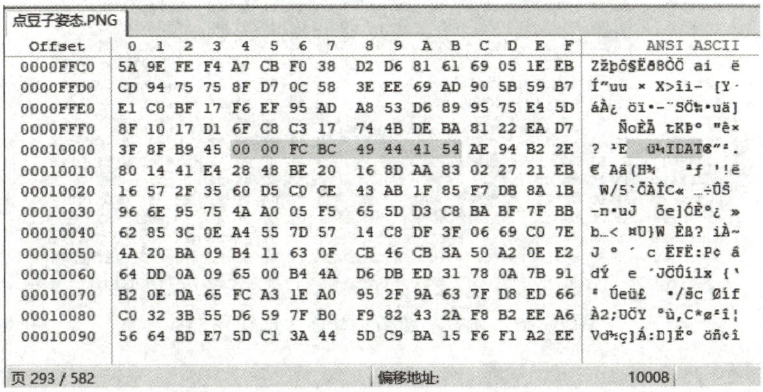

图 6-34 图像数据块 2

4）分析两个图像数据块的数据结构，图像数据块分别由数据域长度、数据块标识符、数据域和 CRC 校验码 4 个部分组成；下面具体分析图像数据块的数据域长度，分析结果见表 6-18，注意 PNG 文件使用 Big-endian 顺序存储数据。

表 6-18 图像数据块的数据域长度

数 据 块	数据域长度（十六进制）	数据域长度（十进制）
第一块图像数据块	00 00 FF A4	65444 字节
第二块图像数据块	00 00 FC BC	64700 字节

5）除了数据域的大小是不固定的，数据域长度、数据块标识符和 CRC 校验码大小都是 4 个字节，现在知道第一块数据域长度为 65444 字节，因此第一块图像数据块总大小为 = 65444+12 = 65456 字节，第一块图像数据块结束后，就应该是第二块图像数据块的数据域长度描述，下面选中第一块图像数据 "选块起始位置"（十进制偏移为 83），具体操作如图 6-35 所示，选中 "选块尾部"（十进制偏移为 65539），具体操作如图 6-36 所示，即可统计出第一块图像数据块的真实大小，如图 6-37 所示，该数据块的大小为 65457 字节。

6）计算出第一块图像数据块的大小为 65456 字节，而实际大小为 65457 字节，由此可知第一块图像数据块的数据域长度描述小 1 个字节，数据域实际大小应该为 65445 字节，将该数据块的数据域描述填为实际大小，然后保存，修改后的数据如图 6-38 所示。

7）按照前面的方法验证第二块图像数据块数据域的长度描述，发现是正常的，由此图像修复完成，修复后的图像如图 6-39 所示。

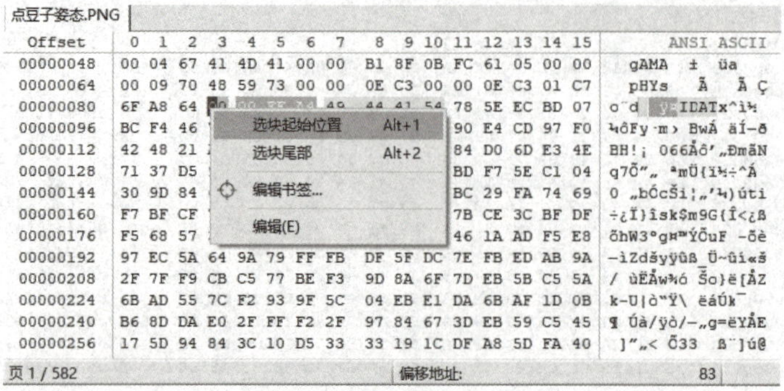

图 6-35　选中图像数据块 1 "选块起始位置"

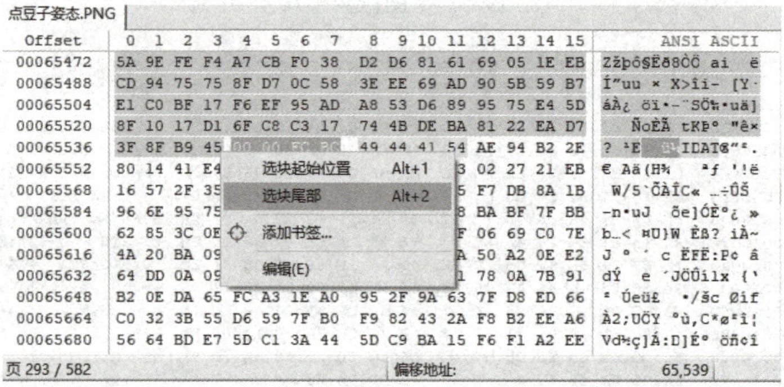

图 6-36　选中图像数据块 1 "选块尾部"

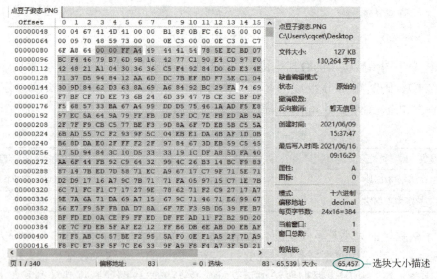

图 6-37　选块大小描述

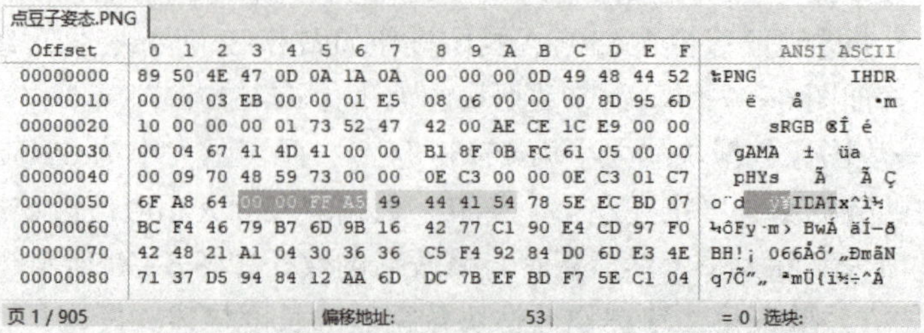

图 6-38　修改第一块数据域长度描述

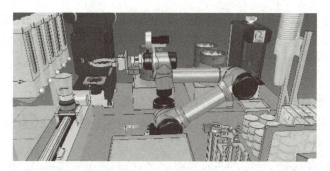

图 6-39　修复后的"点豆子姿态.PNG"图像

6.2.8　PNG 图像文件头损坏修复案例

PNG 图像文件头损坏恢复案例

【任务描述】现有一张"取包子姿态.PNG"的图片文件，打开时提示"似乎不支持此文件格式"，如图 6-40 所示，请将该图片恢复出来。

图 6-40　"取包子姿态.PNG"图像无法打开

任务素材：取包子姿态.PNG

【任务分析】PNG 类型的文件打开时提示"似乎不支持此文件格式"，说明该文件的文件数据结构已经损坏，比如说文件标识丢失、关键数据块等损坏，要修复此类故障图像，需先将其文件结构修复好，保证图像能打开，然后再修复其他故障。

【操作步骤】

1）打开 WinHex 软件，单击 WinHex 软件中左上角的"文件"选项，选择"打开"命令，选中需恢复的图片"取包子姿态.PNG"，打开后十六进制界面如图 6-41 所示。

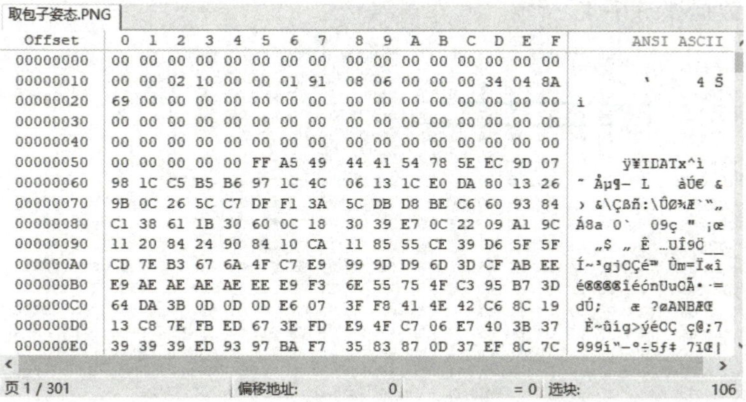

图 6-41　"取包子姿态.PNG"十六进制数据

2）从图 6-41 中可以看到，该文件前 8 个字节为空，通过这里很难判断该文件类型是 PNG 图像文件，但从偏移 57H～5AH 处的 ASCII 编码为 IDAT（图像数据块），该数据块为 PNG 文件的唯一标识符，也是 PNG 图像文件的关键数据块，由此可知晓"取包子姿态.PNG"文件就是 PNG 图像。

3）从以上分析可知，该 PNG 文件的标识符被抹掉，由于文件标识符是唯一的，现只需从正常 PNG 图像中找到标识符填写进去即可，图 6-42 中前 8 个字节 89 50 4E 47 0D 0A 1A 0AH 为 PNG 图像的 PNG 标识。

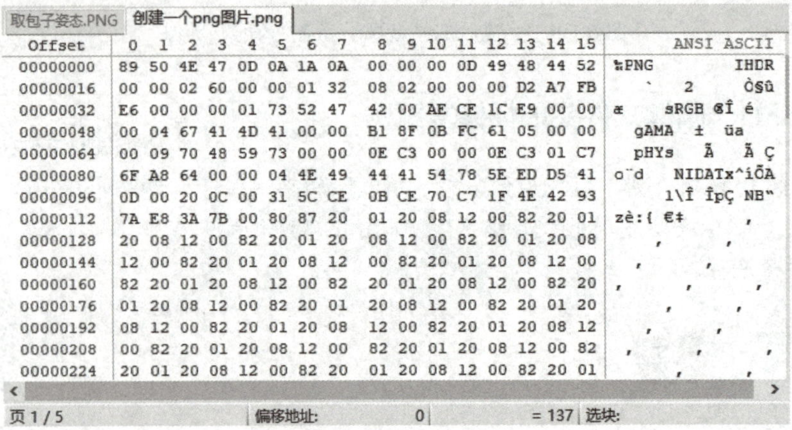

图 6-42　正常的 PNG 图像

4）在 PNG 文件格式中，文件标识符后紧跟着的是文件头（IHDR）数据块，该数据块分别由数据域长度、数据块标识符、数据域、CRC 校验码构成，图 6-43 中偏移 08H～0FH 处的十六进制值全为 0，此处前 4 字节表示数据域长度，后 4 字节表示数据块标识符。

5）一般来说，文件头数据块后面是可选数据块，图中并未发现其他可选数据块的标识，在图 6-41 中偏移 30H～52H 处发现十六进制值全为 0，此处应该是可选数据块部分，但已经被破坏，由于 PNG 图像中除了关键数据块外，其他可选数据块都可以删除掉，因此可以不管此处是何数据块。继续往下，在图 6-41 中偏移 57H～5AH 处发现图像数据块（IDAT），该数据为图像压缩后的数据，其数据域长度不为空，数据块标识符正确，这样不影响文件的数据结构，暂且认为没问题。

6）填写 PNG 文件标识符。在文件的开始 8 个字节填入 PNG 标识 89 50 4E 47 0D 0A 1A 0AH，填入后的数据如图 6-43 所示。

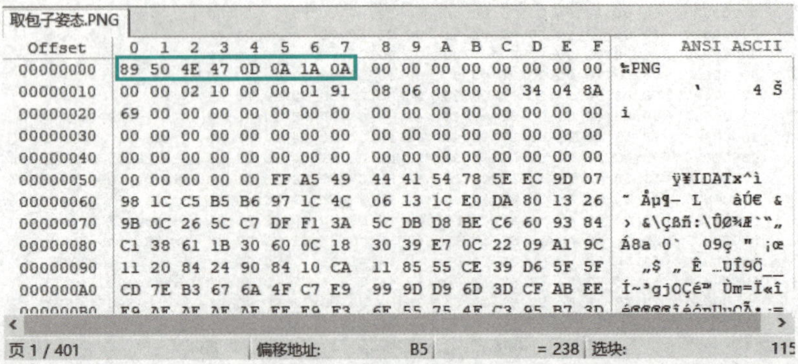

图 6-43　填写 PNG 文件标识符

7）填写文件头数据块（IHDR）。文件头数据块标识的 ASCII 编码为 IHDR，将其填入到 0CH~0FH 偏移处。

从上面的分析可知，可选数据块可忽略，现将可选数据块部分全都由文件头数据块来管理，这样就可以认为在文件头数据块的后面紧跟的是图像数据块，由于图像数据块开始于偏移 57H 处，那么文件头数据块中数据域的偏移 10H~4EH 处，即数据域的大小为 63 字节，十六进制为 00 00 00 3FH，将该值填入到文件的 08H~0BH 处，填入后的数据如图 6-44 所示。

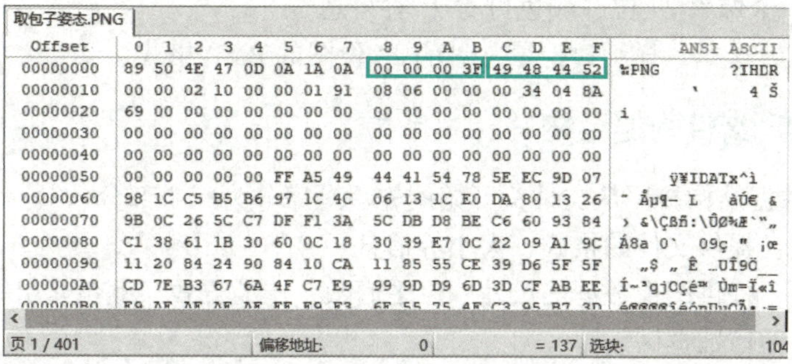

图 6-44　填写文件头数据块（IHDR）

8）保存后发现能打开"取包子姿态 .PNG"图片，如图 6-45 所示为修复成功的图像。

图 6-45　修复成功的"取包子姿态 .PNG"图片

任务 6.3　BMP 图片文件修复

　　BMP（Bitmap-File）图形文件是 Windows 采用的图形文件格式，在 Windows 环境下运行的所有图像处理软件都支持 BMP 图像文件格式。Windows 3.0 以前的 BMP 图文件格式与显示设备有关，因此把这种 BMP 图像文件格式称为设备相关位图（Device-Dependent Bitmap，DDB）文件格式。Windows 3.0 以后的 BMP 图像文件与显示设备无关，因此把这种 BMP 图像文件格式称为设备无关位图（Device-Independent Bitmap，DIB）格式（注：Windows 3.0 以后，在系统中仍然存在 DDB 位图，像 BitBlt( ) 这种函数就是基于 DDB 位图的，但如果用户想将图像以 BMP 格式保存到磁盘文件中，微软会极力推荐以 DIB 格式保存），目的是让 Windows 操作系统能够在任何类型的显示设备上显示所存储的图像。BMP 位图文件默认的文件扩展名是 .BMP 或者 .bmp（有时它也会以 .DIB 或 .RLE 作为扩展名）。

BMP 格式是未压缩像素格式，存储在文件中时先存储文件头、再存储图像头、后面存储的都是像素数据了，存储顺序采用 Little-endian。用 Windows 操作系统自带的画图（mspaint）工具保存图片时，可以发现有四种 BMP 可供选择。

单色：一个像素只占一位，要么是 0，要么是 1，所以只能存储黑白信息。

16 色位图：一个像素 4 位，有 16 种颜色可选。

256 色位图：一个像素 8 位，有 256 种颜色可选。

24 位位图：一个像素 24 位，颜色可有 2^{24} 种可选。

为了简单起见，这里只详细讨论最常见的 24 位图的 BMP 格式。

6.3.1　BMP 文件数据结构

BMP 文件的数据结构按照从文件头开始的先后顺序分为三个部分。
- 位图文件头：提供文件的格式、大小等信息。
- 位图信息头：提供图像数据的尺寸、位平面数、压缩方式、颜色索引等信息。
- 位图数据：图像数据区。

BMP 图片文件数据结构见表 6-19。

表 6-19　BMP 图片文件数据结构

字 段 名	字段长度/字节	开 始 地 址	结 束 地 址
位图文件头	14	0000H	000DH
位图信息头	40	000EH	0035H
位图数据	由图片大小和颜色块定	0036H	未知

1. BMP 文件头

BMP 文件头数据描述见表 6-20。

表 6-20　BMP 文件头数据描述

字 段 名	地 址 偏 移	字段长度/字节	说　　明
bfType	0000H	2	文件标识符，固定为"BM"，即 0x424D
bfSize	0002H	4	整个 BMP 文件的大小
bfReserved1	0006H	2	保留，一般为 0
bfReserved2	0008H	2	保留，一般为 0
bfOffBits	000AH	4	文件起始位置到图像数据的字节偏移量

图 6-46 为 BMP 文件头的十六进制数据，它的数据详细分析见表 6-21。

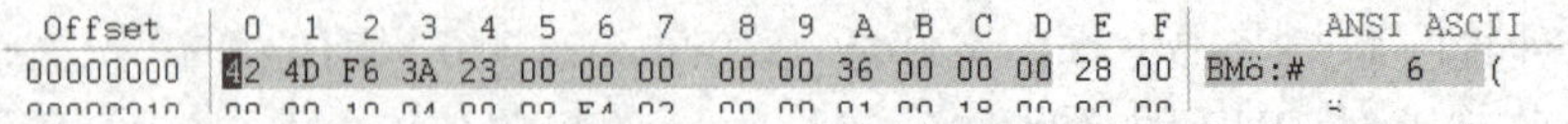

```
Offset    0 1 2 3 4 5 6 7 8 9 A B C D E F   ANSI ASCII
00000000  42 4D F6 3A 23 00 00 00 00 00 36 00 00 00 28 00  BMö:#     6   (
```

图 6-46　BMP 十六进制数据

表 6-21　BMP 十六进制数据分析

字 段 名	地 址 偏 移	字段长度/字节	说　　明
bfType	0x00	2	说明文件类型为 BMP 图像文件。此处值为 42 4D

(续)

字段名	地址偏移	字段长度/字节	说明
bfSize	0x02~0x05	4	表示整个文件的字节大小。此处值为：F6 3A 23 00H，由于BMP图像采用的是Little Endian存储顺序，实际应该为00 23 3A F6H，转为十进制为2308854字节
bfReserved1	0x06~0x07	2	保留使用，置0
bfReserved2	0x08~0x09	2	保留使用，置0
bfOffBits	0x0A~0x0D	4	从文件头开始到位图数据之间的字节数。此处值为：36 00 00 00 H，采用Little-endian存储方式应该为00 00 00 36H转为十进制为54

2. BMP位图信息头

BMP位图信息头的十六进制数据如图6-47所示。

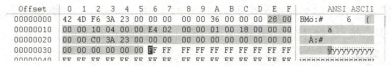

图6-47　BMP文件位图十六进制数据

下面具体详细分析BMP位图信息头，详解见表6-22。

表6-22　BMP文件位图分析

字段名	地址偏移	字段长度/字节	说明
biSize	0x0E~0x11	4	位图信息头的大小。此处值为28 00 00 00（一般情况下为28），转为十进制为40。位图信息头的大小不同所代表的含义不同
biWidth	0X12~0x15	4	位图的宽度，以像素为单位。此处值为10 04 00 00H，由于采用的是Little-endian存储，实际应为00 00 04 10H，转为十进制为1040，说明该位图的宽度为1040像素
biHeight	0x16~0x19	4	位图的高度，以像素为单位。此处值为E4 02 00 00H，Little-endian应该为00 00 02 E4H，转为十进制为740，说明该位图的高度为740像素
biPlanes	0x1A~0x1B	2	位图的位面数，也是图像的帧数，一般为1
biBitCount	0x1C~0x1D	2	每个像素的位数，一般为24。此处值为18 00H，Little-endian应为00 18H，转为十进制为24，说明每个像素为24 bit
biCompression	0x1E~0x21	4	压缩说明，一般为0。此处值为00 00 00 00H，转为十进制也为0，说明这个图像未压缩
biSizeImage	0x22~0x25	4	位图数据的大小，该数必须为4的倍数。此处值为C0 3A 23 00H，Little-endian应该为00 23 3A C0H，转为十进制为2308800
biXPelsPerMeter	0x26~0x29	4	水平分辨率，一般情况下为0
biYPelsPerMeter	0x2A~0x2D	4	垂直分辨率，一般情况下为0
biClrUsed	0x2E~0x31	4	位图使用的颜色数，一般情况下为0。在此处值为00 00 00 00
biClrImportant	0x32~0x35	4	指定重要的颜色数，一般情况下为0。此处值为00 00 00 00

3. BMP 图像数据区

位图数据记录了位图的每一个像素值,记录顺序是在扫描行内从左到右,扫描行之间从下到上。位图的一个像素值所占的字节数。

- 当 biBitCount=1 时,8 个像素占 1 个字节。
- 当 biBitCount=4 时,2 个像素占 1 个字节。
- 当 biBitCount=8 时,1 个像素占 1 个字节。
- 当 biBitCount=24 时,1 个像素占 3 个字节。

Windows 操作系统规定,一个扫描行所占的字节数必须是 4 的倍数(即以 long 为单位),不足的以 0 填充,一个扫描行所占的字节数 = DataSizePerLine = (biWidth×biBitCount+31)/8;

位图数据的大小(不压缩的情况下):DataSize = DataSizePerLine×biHeight;

颜色表接下来为位图文件的图像数据区,在此部分记录着每点像素对应的颜色号,其记录方式也随颜色模式而定,即 2 色图像每点占 1 位(8 位为 1 字节);16 色图像每点占 4 位(半字节);256 色图像每点占 8 位(1 字节);真彩色图像每点占 24 位(3 字节)。所以,整个数据区的大小也会随颜色模式的变化而变化。总结其规律,可得出如下计算公式:图像数据信息大小=(图像宽度×图像高度×记录像素的位数)/8。

6.3.2 BMP 文件结构损坏修复案例

BMP 文件结构损坏恢复案例

【任务描述】现有一张"拍摄 02.bmp"的图片文件,打开时提示"似乎不支持此文件格式",如图 6-48 所示,现需要将该图片完整恢复出来。

图 6-48 "拍摄 02.bmp"图像无法打开

任务素材:拍摄 02.bmp

【任务分析】BMP 图像文件结构按照从文件头开始的位图文件头、位图信息头、位图数据四个部分组成,由于图像无法打开,因此可判断是这些结构遭到破坏,要恢复此类图像,可分析其底层十六进制的数据变化。接下来使用 WinHex 软件对该图片进行恢复。

【操作步骤】

1) 打开 WinHex 软件,单击 WinHex 软件中左上角的"文件"选项,选择"打开"命令,选中需恢复的图片"拍摄 02.PNG",打开后的十六进制界面如图 6-49 所示。

2) BMP 图像的文件头由文件头标识、文件大小字节数、位图信息头大小等组成,如图 6-50 所示为"拍摄 02.bmp"的图像头文件,其中文件头标识一般情况下固定为 4D 42H,

而该图像的文件头标识为 00 00H，显然该标识被破坏，因此将文件头标识修改回来即可。修改完成之后保存，发现打开图像时依旧提示"似乎不支持此文件格式"，此时说明该图像的结构还存在问题。

图 6-49 "拍摄 02. bmp"十六进制数据

3）从图 6-50 中可知，文件的大小字节数为十进制数值的 3849654，这里的值是指整个文件的字节大小，这里的值与文件属性中的大小字节数相同，说明文件的大小字节数是正确的，如图 6-51 所示为"拍摄 02. bmp"图像在系统属性中的总字节数。

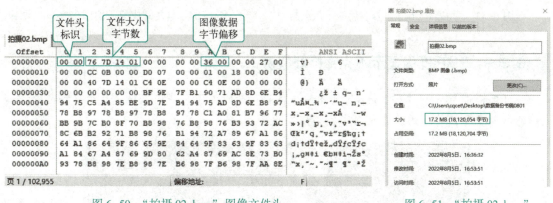

图 6-50 "拍摄 02. bmp"图像文件头　　　图 6-51 "拍摄 02. bmp"图像的总字节数

4）从图 6-50 中可知道"拍摄 02. bmp"图像位图信息头的大小为十进制数值的 54 字节，这里的值说明文件起始位置到图像数据的字节偏移量为 54 字节，也可理解为图像的文件头与位图信息头大小的总字节数，由于文件头占用了 14 字节，那么就能计算出位图信息头的大小为 40 字节。

5）分析"拍摄 02. bmp"位图信息头，十六进制数值如图 6-52 所示，偏移 0EH～11H 处表示位图信息头大小，这里的值为 00 00 00 27H（采用 Little-endian 模式），转换为十进制为 39 字节，从前面可知道计算出来的位图信息头的大小为 40 字节，与这里记录的不符，因此将偏移 0EH～11H 处的值修改为 40，然后保存，修改后的十六进制如图 6-53 所示。

6）重新打开"拍摄 02. bmp"图像，发现图像能正常打开，如图 6-54 所示为恢复完成的图像，到此图像文件修复成功。

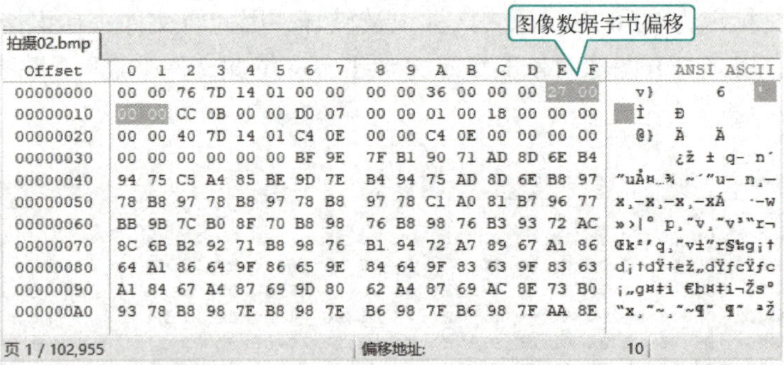

图 6-52 "拍摄 02.bmp" 位图信息头

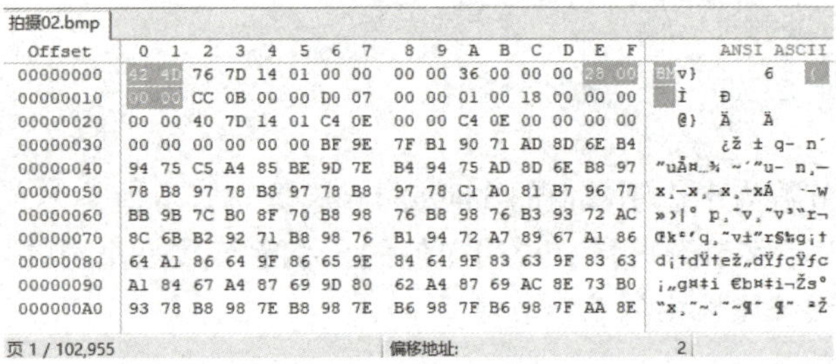

图 6-53 "拍摄 02.bmp" 修改后的十六进制

图 6-54 修复完成的"拍摄 02.bmp"图像

6.3.3 BMP 图像显示不完整修复案例

【任务描述】现有"猫.bmp"的图片文件,打开时发现文件内容只能显示下半部分,如图 6-55 所示,请将该图片中的内容完整恢复出来。

图 6-55 "猫.bmp"图像

任务素材:猫.bmp

【任务分析】BMP 类型的文件在位图数据记录了位图的每一个像素值,记录顺序在扫描行内是从左到右,扫描行之间是从下到上,并且数据一般来说是未压缩的,所以文件占用空间大小较大。图 6-55 中的内容只显示了下半部分,上半部分的内容未显示出来,由于图像是从下往上进行数据扫描整,只显示了下半部分说明了该图像的像素高度没有扫描完整,每一行显示的数据都是正常的,由此就能确定该图像宽度是扫描完的,下面具体分析"猫.bmp"图像的像素高度。

【操作步骤】

1）打开 WinHex 软件，单击 WinHex 软件中左上角的"文件"选项，选择"打开"命令，选中需恢复的图片"猫.bmp"，打开后十六进制界面如图 6-56 所示。

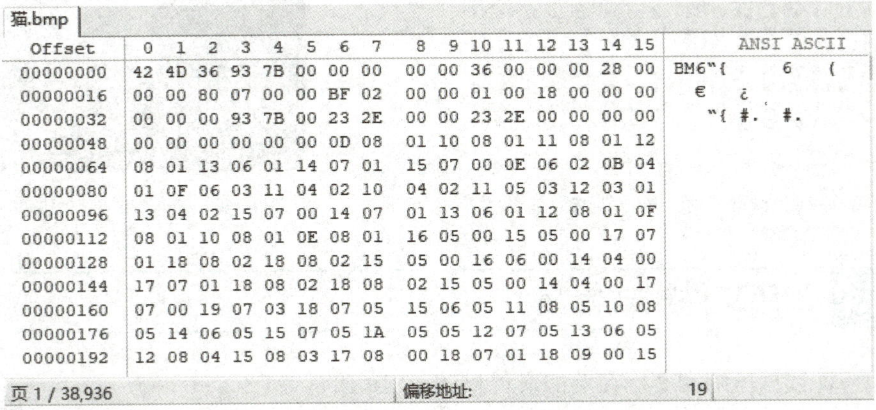

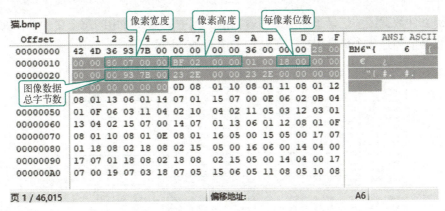

图 6-56　"猫.bmp"十六进制数据

2）根据任务分析是由于图像像素高度未完整扫描才导致图片只显示了下面部分，然而图像像素高度是在位图信息头中所描述的，下面具体分析图像的位图信息头，如图 6-57 所示阴影部分为"猫.bmp"的位图信息头的十六进制，位图信息头主要由位图信息头大小、图像像素宽度、图像像素高度、每个像素位数等组成。

图 6-57　"猫.bmp"的位图信息头

3）根据图 6-57 可知，图像像素宽度为 00 00 07 80H，转换为十进制为 1920；图像像素高度为 00 00 02 BFH，转换十进制为 703；每个像素位数为 00 18，转换十进制为 24；图像数据总字节数为 00 7B 93 00H，转换十进制为 8098560；由于图像的总字节数=图像像素宽度×图像像素高度×每个像素位数/8，因此图像像素高度=图像的总字节数×8/（图像像素宽度×每个像素位数）= 8098560×8/（1920×24）= 1406，很显然该值比十六进制中所描述的值要大，下面将计算出来的图像像素高度 1406 填写在"猫.bmp"的位图信息头中，图像像素高度修改后的十六进制如图 6-58 所示。

4）保存之后重新打开"猫.bmp"图像，就能看到一张完整的图片了，如图 6-59 所示。

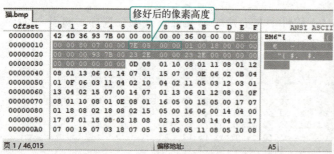

图 6-58　修改"猫.bmp"图像的像素高度　　　　图 6-59　修复完成的"猫.bmp"图像

任务 6.4　ZIP 文件格式修复

ZIP 是一种数据压缩和文档存储的文件格式,ZIP 通常使用扩展名".zip",ZIP 格式属于几种主流的压缩格式之一,其竞争者包括 RAR 格式以及开放源码的 7z 格式;ZIP 文件由 3 个部分构成:压缩源文件数据区、压缩源文件目录区、压缩源文件目录结束标志,下面对这 3 个主要构成部分进行参数解析。

ZIP 文件结构分析

6.4.1　压缩源文件数据区

压缩源文件数据区中记录了压缩的内容信息,其中压缩文件中的每个文件都由文件头、文件数据、数据描述这 3 个部分组成,其结构如图 6-60 所示。

图 6-60　压缩源文件数据区

1) 文件头:用来记录该文件相关参数信息,文件头结构说明见表 6-23。

表 6-23　文件头结构

偏移量	字段长度/字节	说明
0x00~0x03	4	文件头标识
0x04~0x05	2	解压文件所需要的 pkware 版本
0x06~0x07	2	通用位标记。 第 1 位表示加密标志;第 4 位表示数据描述标志
0x08~0x09	2	压缩方式为 ZIP 格式
0x0A~0x0B	2	表示文件最后修改时间

（续）

偏 移 量	字段长度/字节	说　　　　明
0x0C~0x0D	2	表示文件最后修改日期
0x0E~0x11	4	CRC-32 校验码
0x12~0x15	4	文件压缩后的大小
0x16~0x19	4	文件压缩前的大小
0x1A~0x1B	2	文件名长度
0x1C~0x1D	2	扩展记录长度（00 表示没有扩展记录）
0x1E~0x(1E+m)	m	文件名（m 由文件名长度决定）
0x(1E+m)~0x(1E+m+n)	n	扩展记录（n 由扩展记录长度决定）

2）文件数据：记录该文件压缩后的数据。

3）数据描述：数据描述只有当压缩文件被加密时存在，在通用位标记的第 3 位设为 1 时才会出现，如图 6-61 所示为数据描述的十六进制值，表 6-24 为数据描述的说明。

```
Offset    0  1  2  3  4  5  6  7  8  9  A  B  C  D  E  F   ANSI ASCII
00000000  50 4B 07 08 5F 21 A0 CD 6B 00 00 00 69 00 00 00   PK.._!áÍk...i...
```

图 6-61　数据描述的十六进制值

表 6-24　数据描述说明

偏 移 量	字段长度/字节	说　　　　明
0x00~0x03	4	数据描述标识（0x504B0708）
0x04~0x07	4	CRC-32 校验码
0x08~0x0B	4	压缩后的大小
0x0C~0x0F	4	未压缩的大小

6.4.2　压缩源文件目录区

压缩文件目区，也可以理解为"文件的核心目录区域"，里面的每一条记录都对应着压缩源文件数据区中的一条数据，且对应的参数值相同。下面对"压缩源文件目录区"进行分析。图 6-62 中的阴影部分为压缩源文件目录区的数据，其数据内容的说明见表 6-25。

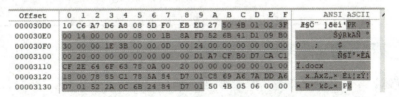

图 6-62　压缩源文件目录区的数据

表 6-25　压缩源文件目录区数据说明

偏 移 量	字段长度/字节	内 容 含 义
0x0B~0x0E	4	为"压缩源文件目录区"的文件头标志，这 4 个字节为固定标识，不会变更
0x0F~0x10	2	压缩使用的 pkware 版本
0x11~0x12	2	解压文件所需的 pkware 版本
0x13~0x14	2	通用位标记
0x15~0x16	2	压缩方式
0x17~0x18	2	表示文件最后修改时间
0x19~0x1A	2	表示文件最后修改日期
0x1B~0x1E	4	CRC-32 校验码
0x1F~0x22	4	文件压缩后的大小

（续）

偏 移 量	字段长度/字节	内 容 含 义
0x23~0x26	4	文件压缩前的大小
0x27~0x28	2	文件名长度
0x29~0x2A	2	扩展字段长度
0x2B~0x30	6	以两个字节为一组从左到右分别代表文件注释长度、磁盘开始号、内部文件属性。在一般情况下这6个字节为0
0x31~0x34	4	外部文件属性
0x35~0x38	4	局部头偏移量
0x39~0x(39+m)	m	文件名
0x(39+m)~0x(39+m+n)	n	文件扩展名（位于文件名之后）
0x(39+m+n)~0x(39+m+n+k)	k	文件注释（位于文件扩展名之后，注释的字节数不是固定的）

6.4.3 压缩源文件目录结束

压缩源文件目录结束区，也被称为"文件目录结束标志"。主要用于存储核心目录区的目录数量、目录大小和目录起始位置等重要参数。下面对"文件目录结束标志"的参数进行分析。图6-63中的阴影部分为压缩源文件目录结束标志，其数据内容的说明见表6-26。

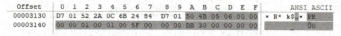

图6-63　文件目录结束标志的数据

表6-26　文件目录结束标志数据说明

偏 移 量	字段长度/字节	内 容 含 义
0x0A~0x0D	4	压缩文件目录结束，这4个字节是固定的
0x0E~0x0F	2	当前磁盘编号，一般情况下为0
0x10~0x11	2	目录区开始磁盘编号，一般情况下为0
0x12~0x13	2	当前磁盘上的记录总数
0x14~0x15	2	目录区中的记录总数
0x16~0x19	4	目录区的尺寸大小
0x1A~0x1D	4	目录区对第一张磁盘的偏移量
0x1E~0x1F	（长度不定）	ZIP文件的注释长度

6.4.4 ZIP压缩文件头损坏修复案例

【任务描述】小明从网上下载了一份名为"社会主义核心价值观.zip"的压缩文件，在打开的时候提示该压缩包文件损坏导致无法打开，如图6-64所示。

图6-64　损坏的压缩包文件

任务素材：社会主义核心价值观.zip

【任务分析】在打开"社会主义核心价值观.zip"文件的时候，提示该压缩文件已经损坏，可以初步怀疑该文件可能被病毒破坏了，但具体的故障原因还需要进一步判断。下面将使用底层编辑软件"WinHex"对"社会主义核心价值观.zip"压缩文件进行分析。

【操作步骤】

1）使用 WinHex 分析"社会主义核心价值观.zip"文件的底层数据的具体破坏情况，如图 6-65 所示。

通过分析图 6-65 可以发现，这份压缩文件的压缩文件头依旧完好，如果是病毒破坏的，那么这份文件的压缩文档头是不会完好存在的。我们可以尝试去怀疑是因为文件的大小数据损坏而导致这份文件无法打开。

2）寻找"压缩源文件数据区"和"压缩源文件目录区"中的文件压缩前大小和文件压缩后大小是否存在。打开十六进制搜索对话框，输入"504B0304"，如图 6-66 所示。

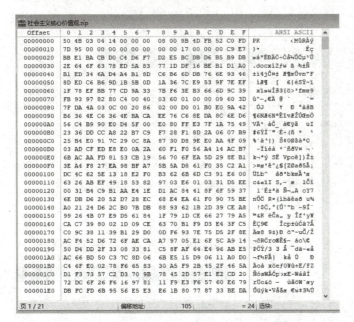

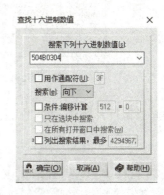

图 6-65　"社会主义核心价值观.zip"的底层数据　　图 6-66　十六进制搜索对话框

通过短暂的搜索确定了"压缩源文件数据区"的位置，截取重要的参数部分进行分析，如图 6-67 所示。

图 6-67　压缩源文件数据区头信息

从图 6-67 可以发现 10x02~10x05 处代表文件压缩后大小的 4 个字节，10x06~10x09 处代表文件压缩前大小的 4 个字节都被清零。接下来使用十六进制搜索"504B0102"查看"压缩源文件目录区"中所备份的文件压缩前大小和文件压缩后大小是否被破坏，如图 6-68 所示。

分析图 6-68 发现，26D0x8～26D0xB、26D0xC～26D0xF 代表文件压缩后的数据和文件压缩前的数据都在，其中压缩后的数据值为"8F 26 00 00"，压缩前的数据值为"24 31 00 00"。

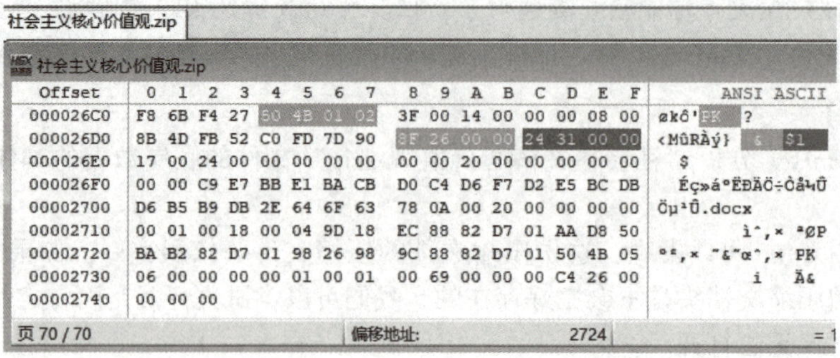

图 6-68　压缩源文件目录区头信息

3) 将寻找到的参数填写到"压缩源文件数据区"中，如图 6-69 所示。

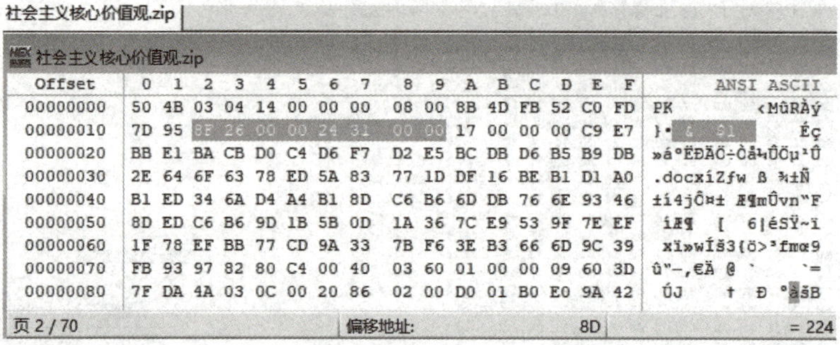

图 6-69　参数填写完成后的"压缩源文件数据区"

4) 尝试打开修复后的"社会主义核心价值观.zip"，分别如图 6-70、图 6-71 所示。

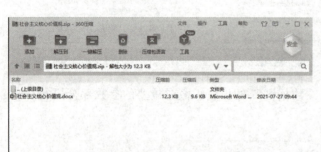

图 6-70　打开后的压缩文件

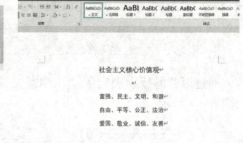

图 6-71　压缩包中文件的内容

6.4.5　ZIP 压缩文件无法解压修复案例

【任务描述】小李想加强对社会主义核心价值观的认识，所以从网上下载了一份"24 字社会主义核心价值观含义解读.zip"来学习，但是文件在解压的时候提示了解压错误信息。提示如图 6-72 所示。

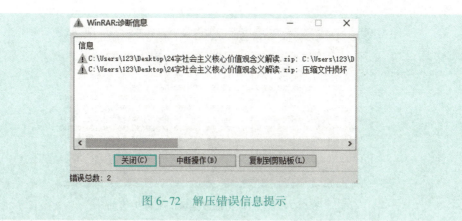

图 6-72 解压错误信息提示

任务素材：社会主义核心价值观含义解读 .zip

【任务分析】当解压 "24 字社会主义核心价值观含义解读 .zip" 的时候提示解压错误信息，现在需要使用底层编辑软件 "WinHex" 分析这份压缩包文件的底层数据，判断导致解压错误的原因所在。

【操作步骤】

1）使用 WinHex 打开需要修复的文件 "24 字社会主义核心价值观含义解读 .zip"，打开之后文件的底层十六进制数据如图 6-73 所示。

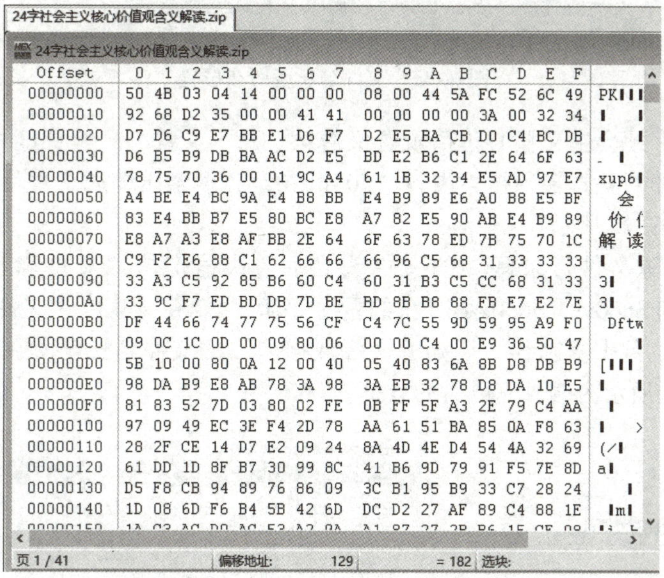

图 6-73 压缩文件的底层部分数据

2）分析压缩文件数据区的文件头，其文件头信息如图 6-74 的阴影部分所示。

结合压缩源文件数据区文件信息头的内容对图 6-74 的文件头信息进行分析，我们可以发现 1x1A~1x1B 这两个代表文件名长度的字节变为 0 了。一般情况下，一个 zip 压缩文件都会有一个文件名，有文件名就必然会有"文件名长度"，而文件 "24 字社会主义核心价值观含义解读 .zip" 文件的底层数据中，"文件名长度" 所对应的两个字节为 0000，如图 6-75 所示。

从图 6-75 中可以明显地看到"文件名长度"所在位置的两个字节已经被破坏了，由此可判断此处是压缩文件无法解压的原因，下面可根据该问题尝试修复这个 zip 压缩文件。

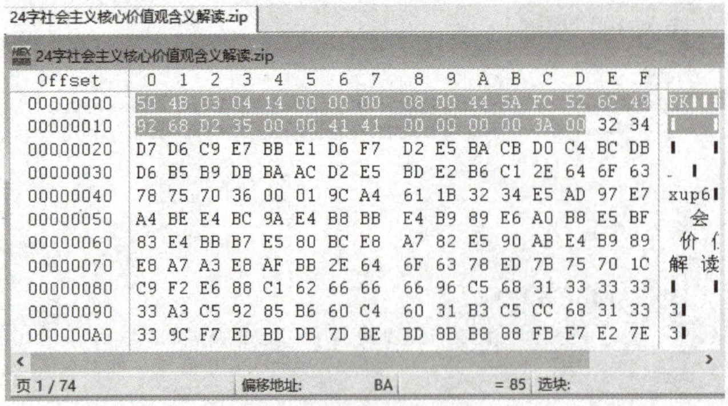

图 6-74 压缩源文件数据区的文件头信息

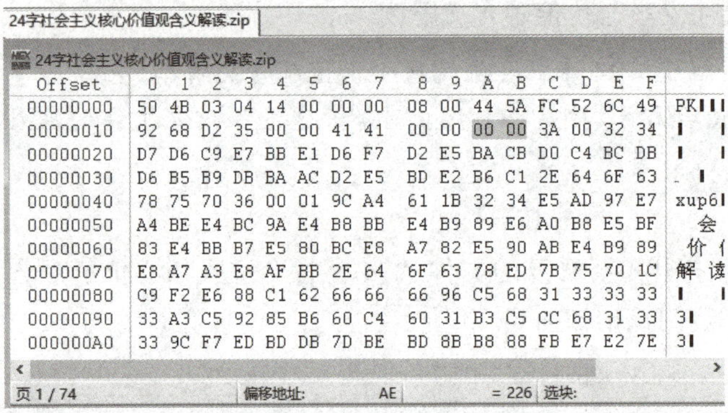

图 6-75 文件名长度所在位置

3）修复"24 字社会主义核心价值观含义解读 .zip"文件，并验证能否解压。在 WinHex 中打开十六进制搜索对话框输入搜索内容"504B0102"，搜索压缩源文件目录区的文件头的位置，具体操作如图 6-76 所示。

当找到"压缩源文件目录区"的文件头之后，快速定位"文件名长度"的位置，在图 6-77 中可以看到 3660x9 ~ 3660xA 所在的两个字节"2300"就是"文件名长度"的数据。下面将这两个字节的数据复制到"压缩源文件数据区"的文件名长度所在的位置上，完成之后保存。如图 6-78 所示为修改完成后的数据。

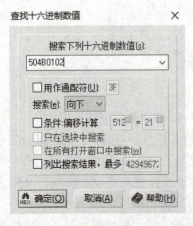

图 6-76 十六进制搜索对话框

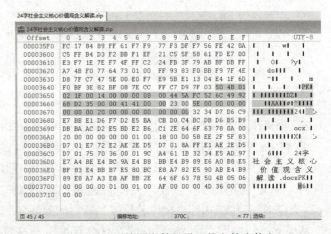

图 6-77 压缩源文件目录区的文件头信息

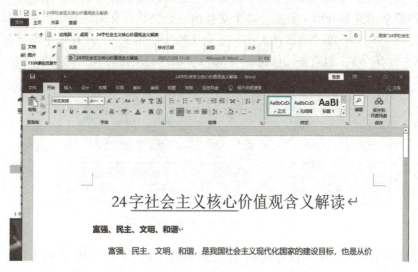

图 6-78　文件长度修改后的数据

4）最后验证，修复后的文件能够正常解压，图 6-79 为解压完成后所打开的文档信息。

图 6-79　修复完成的文档内容（局部）

任务 6.5　复合文档修复

6.5.1　复合文档概述

复合文档概述

复合文档是一种不仅包含文本，而且包括图形、电子表格数据、声音、视频图像以及其他信息的文档。可以把复合文档想象成一个所有者，它装着文本、图形以及多媒体信息如声音和图像。目前，建立复合文档的趋势是使用面向对象技术，这种技术可将非标准信息如图像和声音作为独立的、自包含式的对象包含在文档中。微软公司的 Windows 操作系统就使用了这种技术。

1. 仓库与流

复合文档的存储原理与 FAT 文件系统类似，复合文档是将数据以流（Streams）的形式存储在不同仓库（Storages）中。其中，仓库如同真实文件系统中的子文件夹，流如同真实文件系统中的文件。流和仓库的命名规则与文件系统相似，同一个仓库下的流及仓库不能重名，不同仓库下可以有同名的流。每个复合文档都有一个根仓库（Root Storage），它是所有其他仓库和流的直接或间接父级。仓库和流存储结构如图 6-80 所示。

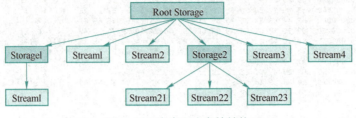

图 6-80 仓库和流存储结构

2. 扇区与扇区标识

复合文档文件的所有流都被划分成小块数据，这些数据被称为扇区。扇区中可能包含复合文档的内部控制数据或部分用户数据。整个文件由复合文档头和扇区列表组成，其中扇区列表由很多扇区组成，大小一致（扇区的大小在复合文档头中定义），并且每个扇区都是有编号的（从 0 号扇区开始编号），也就是扇区标识（SID）。扇区与扇区标识的结构如图 6-81 所示。

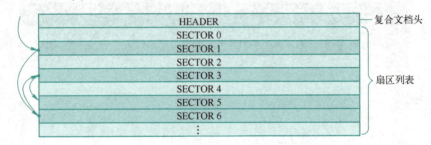

图 6-81 扇区与扇区标识的结构

扇区标识（SID）是一个有符号的 32 位的整数值。如果一个 SID 的值为正，就表示该扇区是可引用的逻辑扇区（LCN）；如果为负，就表示特殊的含义。特殊含义扇区标识如表 6-27 所示。

表 6-27 特殊含义扇区标识

SID 值（十进制）	名 称	含 义
−1	Free SID（FF FF FF FF）	空闲扇区
−2	End of chain SID（FE FF FF FF）	SID 链的结束标志
−3	SAT SID（FD FF FF FF）	此扇区用于存放扇区分配表（SAT）
−4	MSAT SID（FC FF FF FF）	此扇区用于存放主扇区分配表（MSAT）

3. 扇区链与扇区标识链

用于存储流数据的所有扇区的列表被称为扇区链（Sector Chain）。数据流所对应的扇区可以是无序的。因此用来指定一个流的扇区顺序的扇区标识（SID）数组就被称为扇区标识链

（SID chain）。一般规定扇区标识链以 FE FF FF FFH（十进制值为-2）为结束标记。例如，一个数据流由 5 个扇区组成，这个流的 SecID 链是 [1，6，3，5，-2]，如图 6-82 所示。

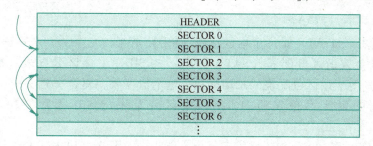

图 6-82 数据流的扇区标识链

每个流的扇区标识链是通过扇区分配表构建的，但短流和内部流（主扇区分配表与扇区分配表）除外，具体后面再介绍。

6.5.2 复合文档头

复合文档头（header）位于文件的开头部分，文档头的大小为 512 字节，也就是文档的第一个扇区，扇区标识（SecID）为 0，表 6-28 为复合文档头结构的解释。

表 6-28 复合文档头结构信息

偏 移	字段长度/字节	含 义
00~07H	8	复合文档文件标识：D0 CF 11 E0 A1 B1 1A E1（十六进制值）
08~17H	16	此文件的唯一标识（一般情况下都为 0）
18~19H	2	文件格式修订号（一般为"3E 00"）
1A~1BH	2	文件格式版本号（一般为"03 00"）
1C~1DH	2	字节顺序规则标识：FE FF=Little-Endian（小字节）FF FE=Big-endian（大字节）
1E~1FH	2	复合文档中扇区的大小（SSZ），以 2 的幂的形式存储，扇区实际大小为 2 字节（一般为"9"也就是 2 的 9 次方"512"字节，最小值为"7"也就是 128 字节）
20~21H	2	短扇区大小：以 2 的幂的形式存储，短扇区的实际大小为 2 字节（一般为"6"也就是 2 的 6 次方"64"字节，最大为扇区的大小）
22~2BH	10	此处不使用，置 0
2C~2FH	4	用于存放扇区分配表（SAT）的扇区总数
30~33H	4	用于存放目录流中第一个扇区的扇区标识
34~37H	4	此处不使用，置 0
38~3BH	4	标准流的最小字节数（一般为 4096 字节，小于该值的流为短流）
3C~3FH	4	用于存放短扇区分配表（SSAT）的第一个扇区的扇区标识，或为-2（不存在）
40~43H	4	用于存放短扇区分配表（SSAT）的扇区总数
44~47H	4	用于存放主扇区分配表（MSAT）的第一个扇区的 SID，如果为"-2"（FE FF FF FF），那么就表示此复合文档文件中没有扩展的主扇区分配表（MSAT）
48~4BH	4	用于存放主扇区分配表（MSAT）的总扇区数
4C~FFH	436	存放主扇区分配表（MSAT）的第一部分，包含 109 个 SID

6.5.3 主扇区分配表和扇区分配表

主扇区分配表与扇区分配表的分析

1. 主扇区分配表（MSAT）

主扇区分配表（MSAT）是一个扇区标识（SID）数组，指明了所有用于存放扇区分配表（SAT）的扇区的 SID。主扇区分配表（MSAT）的大小（就是 SID 个数）等于扇区分配表的总扇区数，这个值存放在复合文档头中。由于扇区分配表（SAT）占用的扇区不是成链的，所以扇区分配表的 SID 都存储在主扇区分配表（MSAT）中。

主扇区分配表的前 109 个 SID 存放于复合文档头中，那么多出来的 SID 将会存放于扇区中，在复合文档头中指明了用于存放主扇区分配表的第一个扇区的 SID。用于存放主扇区分配表扇区中的最后一个 SID 指向下一个用于存放主扇区分配表的扇区，如果没有下一个 SID，则其最后 4 个字节为"End Chain SID（-2）"，也就是" FE FF FF FF"。

（1）MSAT 中一个扇区的信息

主扇区分配表（MSAT）由一个 SID 数组构成，每个 SID 为 32 位整数，指向一个扇区分配表（SAT）占据的扇区，扇区中的最后 4 个字节就是下一个扇区的 SID。

存放主扇区分配表（MSAT）的扇区内容如表 6-29 所示，其中 Sec_size 表示一个扇区的大小，单位为字节，则一个扇区最多可以存储（Sec_size-4）/4 个 SID。

表 6-29 主扇区分配表（MSAT）的扇区内容

偏 移 量	大小/字节	内　　容
0	Sec_size-4	主扇区分配表中（Sec_size-4）/4 个 SID 的数组
Sec_size-4（扇区最后 4 个字节）	4	下一个用于存放主扇区分配表（MSAT）的 SID，或为 "-2"（已为最后一个）

（2）一个主扇区分配表实例

假设：一个复合文档文件需要 300 个扇区来存储扇区分配表（SAT），且每个扇区的大小为 512 字节，下面分析 SID 在 MSAT 的分布情况。

分析：每个 SID 占用 4 个字节，即一个扇区可存放 128 个 SID，由于扇区的最后 4 个字节用于存放主扇区分配表（MSAT）的位置，因此一个扇区最多可容纳 127 个 SID；现在 SAT 需要 300 个扇区存储，即主扇区分配表 MSAT 由 300 个 SID 组成，该 SID 对应的扇区就是 SAT 占据的扇区，由于在复合文档头可存放 109 个可用 SID，这意味着其余 191 个 SID 需要 2 个额外的扇区来存储，第一个扇区存放 127 个 SID，在复合文档头偏移 44H~47H 处记录了用于存放主扇区分配表（MSAT）的第一个扇区的 SID，主扇区分配表（MSAT）的最后一个扇区只装了 64 个 SID，也就是只用了 256 个字节，剩下的 256 个字节将会被填充一个特殊的 SID 值"-1"，它的十六进制为"FF FF FF FF"。

主扇区分配表链结构如图 6-83 所示，在这个假设中主扇区分配表（MSAT）所使用的 2 个额外扇区中第一个扇区被称为"扇区 1"，扇区 1 中包含了 191 个 SID 中的 127 个，第 128 个 SID 就是主扇区分配表（MSAT）的第二个额外扇区，假设第二个额外扇区被称为"扇区 6"，那么扇区 6 里面就会包含剩下的 64 个 SID，而在这之后的四个字节存放的是一个特殊的 SID，其值为"-2"十六进制为"FE FF FF FF"，剩下的没有被使用的字节将会被一个特殊的 SID 填充，这个 SID 为"-1"十六进制为"FF FF FF FF"。

HEADER	SecID of first sector of the MSAT = 1
SECTOR 0	
SECTOR 1	SecID of nest sector of MSAT (last SecID in this sector) = 6
SECTOR 2	
SECTOR 3	
SECTOR 4	
SECTOR 5	
SECTOR 6	SecID of nest sector of MSAT (last SecID in this sector) = –2
⋮	

图 6-83　主扇区分配表实例

2. 扇区分配表（SAT）

扇区分配表简称 SAT，扇区分配表（SAT）是一个 SID 数组，它包含所有用户流（短流除外）和其余内部控制流的扇区标识链。扇区分配表 SAT 的大小（即存储 SecID 数组的长度）等于复合文档中现有扇区的数量。

（1）扇区分配表的作用

扇区分配表（SAT）是按顺序读取主扇区分配表（MSAT）中指定的扇区中的内容，这些扇区必须根据在 MSAT 中的 SID 的顺序进行读取。

1）扇区分配表 SAT 是一个数组，数组元素是一个 32 位的整数。

2）扇区分配表 SAT 是按照数组下标（或数组索引）来对应扇区的，如扇区分配表 SAT 的下标为 0（或索引为 0），对应扇区 SID 为 0，下标为 1 对应扇区 SID 为 1，以此类推。

3）扇区分配表 SAT 数组下标处的值对应的是下一个扇区的 SID，如下标 0 处的值为 2，则流中紧接着下一个扇区 SID 是 2，同时在下标 2 中又存储了下一个扇区的 SID，这样就形成了一个 SecID 链，将相关的扇区串联起来，形成一个完整的"流"，直到 SecID 链在数组值为 –2 的位置结束。

4）主扇区分配表 MSAT 是用来管理扇区分配表 SAT 的，扇区分配表 SAT 是用来管理扇区的，这点与 FAT 文件系统中的文件分配表 FAT 类似。

扇区分配表 SAT 中一个扇区的内容如表 6-30 所示。

表 6-30　扇区分配表内容

偏 移 量	大　　小	内　　容
0	扇区大小	SID 的个数 = Sec_size/4

1）扇区分配表 SAT 是一个 SID 数组，数组元素是一个 32 位的整数，表示一个扇区的 SID，所以每个数组元素占据 2 个字节。

2）SAT 可能由多个扇区构建而成。

3）Sec_size 是一个扇区的大小，单位为字节，一个扇区中 SecID 的个数为 Sec_size/4。

（2）一个扇区分配表（SAT）实例

一个 SID 链的起点从用户流的目录条目或头（内部控制流）或目录流本身获得。

举一个例子，假设复合文档中包含一个用于存放扇区分配表（SAT）的扇区和两个流，扇区 1 包含扇区分配表 SAT 显示出的扇区标识链数组，那么扇区 1 的内容如图 6-84 所示。

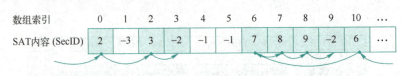

图 6-84 扇区分配表（SAT）实例"扇区 1"内容

在图 6-84 中我们可以看到，在数组索引 1 处的值为-3，-3 是一个特殊的扇区分配表 SID，标记这个扇区是一个扇区分配表 SAT 的一部分；

第一个流：假设该流是一个内部目录流（internal directory stream），在复合文档头部中指定从扇区 sector 0 开始，即从 SAT 中下标 0 处开始。从图中看出 SAT 下标 0 处的值为 2，表示紧接着的下一个扇区是 sector 2，下标 2 处的值为 3，表示下一个扇区是 sector 3，下标 3 处的值为-2，表示流结束；从上面知道该目录流的扇区标识链是［0，2，3，-2］，该目录流存储在 3 个扇区中。

第二个流：假设该内部目录流（internal directory stream）包含一个用户流的条目，从扇区 sector 10 开始，该用户流的扇区标识链是［10，6，7，8，9，-2］。

6.5.4 短流容器流

当一个流的大小，小于指定的值（这个值在复合文档头中指定），就称为短流。短流并不是直接使用扇区存放数据，而是将数据全部嵌入到一个特定的内部控制流中，称其为短流容器流。

短流容器流与其他的用户流一样；先从目录中的根仓库中获得第一个使用的扇区，其扇区标识链从扇区分配表（SAT）中获取。然后将此短流所占用的扇区分成短扇区（short-sector），以便用于存放短流。举个例子：首先"流"组成了复合文档，而短流则组成了短流容器流，这两者之间是相似的。如果把"短流容器流"当作"复合文档"，那么"短流"就相当于"流"，短扇区对应的就是扇区。唯一不同的是短流容器流没有像复合文档一样的文件头。既然短扇区的大小在复合文档中就已经指定了，那么我们就可以根据公式去计算 SID 对应的短扇区在短流容器流中的位置了。

公式：SID 对应的短扇区在短流容器流中的位置=SID ×短扇区大小（short_sec_size）= SID× 2^{sssz}。（注意：sssz 就是复合文档头中 0x20 处的两个字节指定了短扇区的真实大小。）

例如：如果短扇区大小（sssz）= 6，SID = 5，那么 $5×2^6$ = 5×64 = 320 字节数。

6.5.5 短扇区分配表

1）短扇区分配表（SSAT）跟 SAT 类似，也是一个存储 SID 的数组，包含所有短流的扇区标识链，类似扇区分配表 SAT 包含标准流的 SID 链。

2）SSAT 所使用的扇区的第一个扇区的 SID 由复合文档头中的第 60~63 的 4 个字节指定，其余 SID 链包含在扇区分配表 SAT 中。

3）一个 SSAT 占据的扇区的内容，如表 6-31 所示。

其中 Sec_size 表示一个扇区的大小，单位为字节，则 SSAT 占据的扇区可以存储 Sec_size/4 个 SID。

表 6-31 SSAT 占据的扇区的内容

偏 移 量	大 小	内 容
0	Sec_size	SID 的个数=Sec_size/4

4）SSAT 的使用与 SAT 类似，区别在于扇区标识链引用的是短扇区。

6.5.6 复合文档目录

1. 目录结构（directory structure）

复合文档的目录是由一系列目录项（directory entry）组成的一个内部控制流，每一个目录项指向复合文档文件中一个仓库或一个流，目录项按照它们在流中出现的顺序列举，一个目录项从 0 开始的索引叫作 DirID（Directory entry IDentifier，目录入口标识）。图 6-85 所示为目录结构。

| DIRECTORY ENTRY 0 |
| DIRECTORY ENTRY 1 |
| DIRECTORY ENTRY 2 |
| DIRECTORY ENTRY 3 |
| ⋮ |

图 6-85　目录结构

只要复合文档存在仓库或流的引用，目录项的位置不因其指向的仓库或流的存在与否而改变。如果一个仓库或流被删除了，其相应的目录项就标记为空。在目录的开始有一个特殊的目录项（directory entry），叫作根仓库目录项（root storage entry），其指向根仓库。

目录将每个仓库的直接成员（仓库与流）组织在一个单独的红黑树（red-black tree）中。红黑树中的节点必须满足以下所有条件。

① 根节点为黑色。
② 红色节点的父节点为黑色。
③ 从根节点到所有叶的路径包含相同数量的黑色节点。
④ 节点的左子节点小于节点，右子节点较大。

图 6-86 为仓库和流存储结构，根仓库由根仓库目录项表示，它没有父目录项，因此没有其他可以组织在红黑树中。

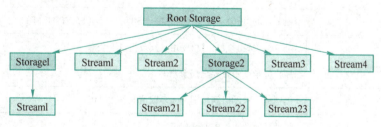

图 6-86　仓库和流存储结构

Root Storage 的所有成员（"Storage1" "Storage2" "Stream1" "Stream2" "Stream3" "Stream4"）都插入到红黑树中。此树的根节点的 DirID 存储在根仓库目录项中。

仓库"Storage1"包含一个成员"Stream1"，将其组织在一个单独的红黑树中，"Storage1"的目录项包含"Stream1"的 DirID。

仓库"Storage2"包含三个成员"Stream21" "Stream22" "Stream23"。这些目录项组织在一个单独的红黑树中。"Storage2"的目录项包含此树的根节点的 DirID。

2. 目录结构的特点

1）每个目录项最多包含 3 个 DirID。

第一个 DirID 是包含这些目录项的红黑树的左孩子的 DirID，第二个 DirID 是包含这些目录项的红黑树的右孩子的 DirID。如果这些目录项是一个仓库，第三个 DirID 是包含所有子流和子仓库的另一个红黑树的 DirID。

2）节点按名称进行比较，以决定它们是否成为另一个节点的左或右子节点。

名称长的节点大，反之，则节点小。如果两个名称的长度相同，则逐个比较（不区分大小写）。

例如：名称"VWXYZ"小于名称"ABCDEFG"，因为前者名称的长度较短（不考虑字符 V 大于字符 A 的事实）。名称"ABCDE"小于名称"ABCFG"，虽然这两个名称的长度相等，但是前一个名称的第四个字符小于后一个名称的第四个字符。

3. 目录项（directory entry）

每个目录项的大小恰好是 128 个字节，由 DirID 计算目录流（directory stream）的偏移量的公式如下：dir_entry_pos(DirID) = DirID×128，目录项结构信息说明见表 6-32。

表 6-32　目录项结构说明

偏 移 量	字 节 数	含 义
00~3FH	64	入口的名字，一般为 16 位的 Unicode 字符，以 0 结束（最大长度为 31 个字符）
40~41H	2	用于存放名字的区域的大小，包括结尾的 0（如：一个名字有 5 个字符则此值为（5+1)×2=12）
42H	1	入口类型：00＝空的；01＝用户存储；02＝用户流；03＝锁字节（未知）；04＝属性（未知）；05＝根仓库
43H	1	入口节点颜色：00＝红色；01＝黑色
44~47H	4	左节点的 DirID，若没有则为特殊 SID "−1"（FF FF FF FF）
48~4BH	4	右节点的 DirID，若没有则为特殊 SID "−1"（FF FF FF FF）
4C~4FH	4	根节点的 DirID，若没有则为特殊 SID "−1"（FF FF FF FF）
50~5FH	16	唯一标识符，根目录项使用，其余目录项全部为 "0"
60~63H	4	用户标记，不重要全部为 "0"
64~6BH	8	创建此入口的时间标记，大多数情况下置 "0"
6C~73H	8	最后修改此入口的时间标记
74~77H	4	若此为流的入口，指定流的第一个扇区或短扇区的 SID。 若此为根仓库入口，指定短流容器流第一个扇区的 SID，其他情况为 0
78~7BH	4	若此为流的入口，指定流的大小（字节）。 若此为根仓库入口，指定短流容器流的大小（字节），其他情况为 0
7C~7FH	4	未使用，置 0

6.5.7 手工修复复合文档头

复合文档的文档头修复案例

【任务描述】现有一份名为"社会主义核心价值观.doc"的文件,由于病毒的侵入,导致这份文件打开后为乱码,如图 6-87 所示。请将其手工修复。

图 6-87 损坏的"社会主义核心价值观.doc"

任务素材:社会主义核心价值观.doc

【任务分析】打开"社会主义核心价值观.doc"文件之后,发现里面的内容以乱码形式呈现,可以初步判断这份文档已经被病毒破坏,具体破坏情况需要结合 WinHex 软件来进行详细分析。

【操作步骤】

1)使用 WinHex 软件查看"社会主义核心价值观.doc"文件的具体破坏情况,如图 6-88 所示。

通过检查"社会主义核心价值观.doc"文件的底层数据,发现这份文件的复合文档头(0号扇区)被病毒破坏,这很有可能就是导致这份文件打开后为乱码的原因。

2)创建一个完好的".doc"复合文档,将其 0 号扇区的数据内容复制,并替换"社会主义核心价值观.doc"的 0 号扇区。替换后的数据,如图 6-89 所示。

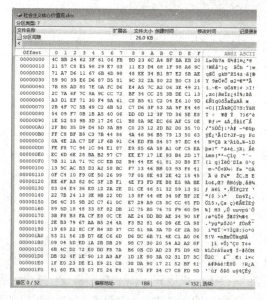

图 6-88 "社会主义核心价值观.doc"
文件中被损坏的复合文档头

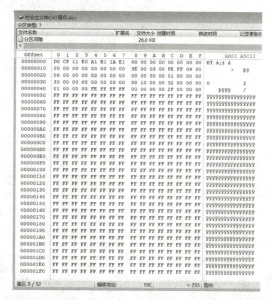

图 6-89 替换后的复合文档头扇区

再次尝试打开"社会主义核心价值观.doc"文件,提示文件损坏如图 6-90 所示。

3) 寻找参数"扇区配置表总数"。根据复合文档头的结构定义,我们可以发现在一个扇区中存在"FD FF FF FF"(-3)的十六进制值,代表着这个扇区已经被"扇区配置表(SAT)"所占用。下面使用 WinHex 中的快捷键〈Ctrl+Alt+X〉打开十六进制搜索对话框,具体操作如图 6-91 所示。在十六进制搜索对话框里面搜索"FD FF FF FF",寻找扇区配置表(SAT)所在的扇区,扇区配置表所在位置如图 6-92 所示。

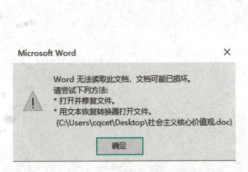

图 6-90　提示文件损坏

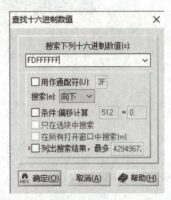

图 6-91　十六进制搜索对话框和搜索内容

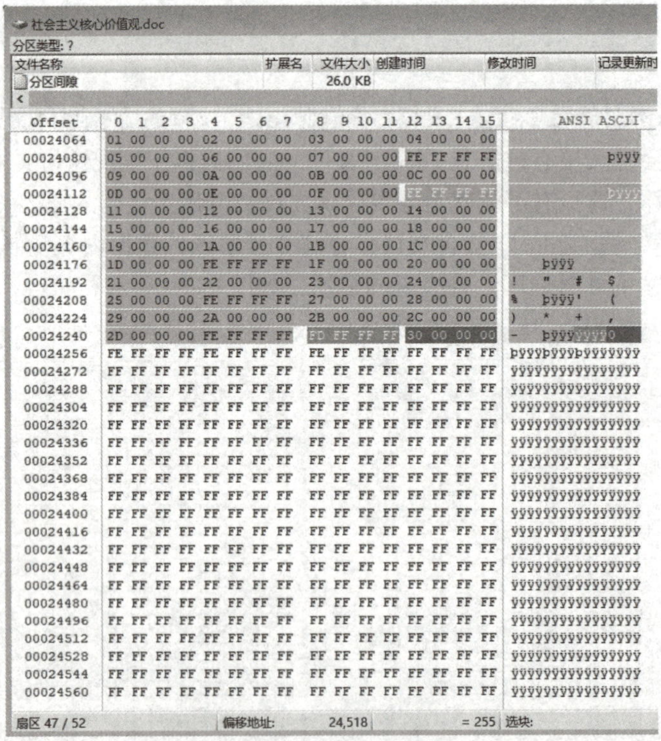

图 6-92　扇区配置表所在位置

从图 6-92 中可以看到,"扇区配置表(SAT)"所在扇区为 47 号扇区,在这个扇区中只有前面一部分被使用了,后面部分被"FF FF FF FF"(-1)所填充,而 FF FF FF FF 这个特殊标识代表着"空闲 SID",也就是说这份文件的"扇区配置表(SAT)"并没有超过一个。将其转换为十六进制为"01 00 00 00"。

4）寻找"目录流的第一个扇区"。寻找"目录流的第一个扇区"的方式有两种，第一种是在 WinHex 的菜单栏中查找文本进行搜索；第二种是使用十六进制进行搜索。具体步骤如图 6-93 和图 6-94 所示。

图 6-93　通过文本搜索目录所在位置

图 6-94　通过十六进制搜索目录所在位置

通过这两种搜索方式可以找到"目录流的第一个扇区"也可以称为"目录流起始扇区"，如图 6-95 所示。

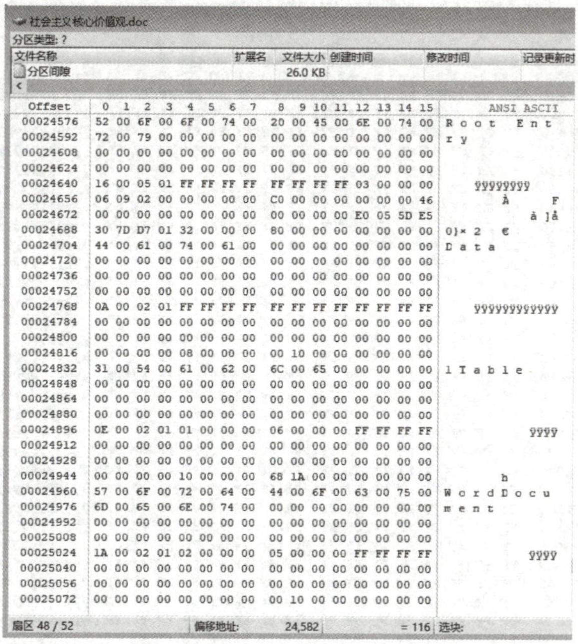

图 6-95　目录流的第一个扇区所在位置

从图 6-95 中可以发现，"目录流"所在的扇区与"扇区配置表（SAT）"所在的扇区之间是紧挨着的，也就是说"扇区配置表（SAT）"的后一个扇区就是"目录流"所在的位置。

由于复合文档在进行扇区编号的时候，没有将复合文档头所在的扇区计入编号。所以在计算"目录流起始扇区"的正确参数的时候，需要将其所在的扇区号减去 1 才能得到正确的参数。具体计算为：48-1=47，将 47 转为十六进制后为"2F 00 00 00"。

5）寻找"短扇区配置表（SSAT）的起始位置"和"短扇区配置表（SSAT）"的总数。

通过对复合文档的结构学习，我们可以了解到一条关于"短扇区配置表（SSAT）"的重要信息："短扇区配置表的第一个扇区的位置可以在目录流中找到"。

接下来在目录流寻找需要的信息，如图 6-96 所示。

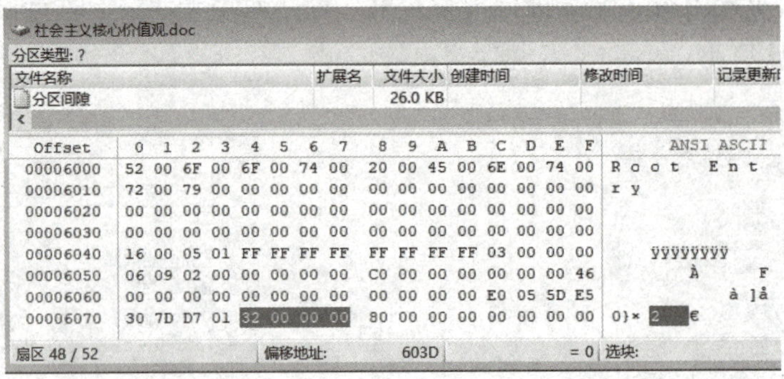

图 6-96　短扇区配置表的起始位置

从图 6-96 中可以发现"短扇区配置表（SSAT）"的起始数值为"32 00 00 00"，将其转换为十进制就是"50"，接下来我们跳转到 50 号扇区去查看"短扇区配置表（SSAT）"所在位置，如图 6-97 所示。

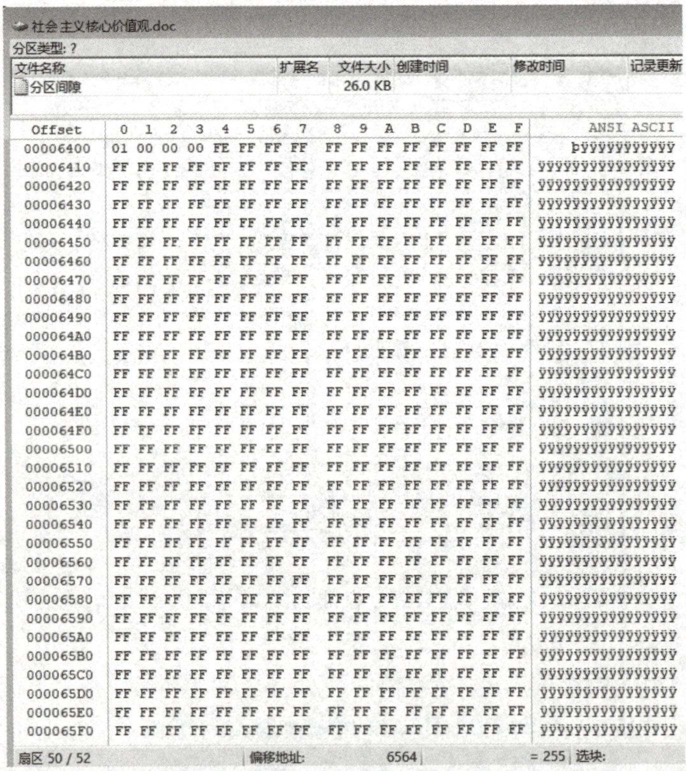

图 6-97　短扇区配置表所在位置

通过分析图 6-97 发现，由于复合文档编辑扇区号的关系，所以"短扇区配置表（SSAT）"所在的真实位置应该为"49"，转换为十六进制就是"31 00 00 00"。我们还可以发现，在"短扇区配置表（SSAT）"所在的扇区中，除了第一个 SID 链"01 00 00 00"被使用外，其余 SID 链均是被"FF FF FF FF"所填充，我们在前面就已经了解到特殊标识"FF FF FF FF"就是代表着闲置的意思，那么"短扇区配置表（SSAT）"的总数就显而易见了，数量为"1"转为十六进制就是"01 00 00 00"。

6）寻找"主扇区配置表（MSAT）"的起始位置。由于这份文件的复合文档头之前已经被破坏了，尽管我们使用别的复合文档头将其暂时修复了，但里面关于"主扇区配置表（MSAT）"的信息已经无法得到了。面对这种情况，可以用另一种方式来修复。

首先，查看文件"社会主义核心价值观.doc"的文件大小，如图6-98所示。

通过分析图6-98可以了解到"社会主义核心价值观.doc"文件的文件大小为26.0 KB，也就是说并没有超过70 KB，那么这份文件的"主扇区配置表（MSAT）"就不会超过一个。也就是说"主扇区配置表（MSAT）"的值为默认的十六进制值"00 00 00 00"即可。而"主扇区配置表（MSAT）"的起始扇区，都是默认的"FE FF FF FF"。

7）计算"主扇区配置表（MSAT）"中的第一个SID号。

从图6-92中可以得到扇区配置表（SAT）所在的位置为47号扇区，由于复合文档编辑扇区号的特性，所以扇区配置表的真实位置为47-1=46，将其转换为十六进制后为"2E 00 00 00"，也就是说这份文件的SID号为"2E 00 00 00"。

注意：在复合文档的结构中，每一个SID号都对应着一个（扇区配置表）SAT扇区。另外，这一个步骤需要结合第3个步骤来进行分析才能得到。

现在将得到的信息进行汇总，具体内容如图6-99所示。

图6-98 "社会主义核心价值观.doc"文件的大小　　图6-99 重要信息汇总

8）将所得信息填写到"社会主义核心价值观.doc"文件的复合文档头中，具体填写的参数如图6-100所示。

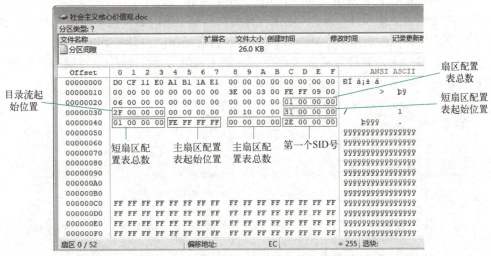

图6-100 参数正确修改后的复合文档头

9）查看修复完成后的"社会主义核心价值观.doc"文件，如图 6-101 所示。

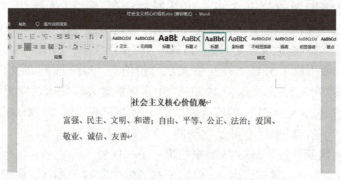

图 6-101　修复后的"社会主义核心价值观.doc"

6.5.8　复合文档结构损坏修复案例

【任务描述】现有一个名为"工匠精神.doc"的复合文档，打开时提示"Word 无法读取此文档，文档可能已损坏"，如图 6-102 所示，请将该文档修复。

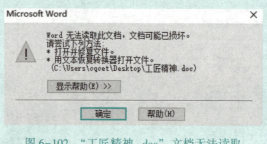

图 6-102　"工匠精神.doc"文档无法读取

任务素材：工匠精神.doc

【任务分析】根据任务描述可知该文档结构已被破坏，属于复合文档，接下来使用 WinHex 软件对该文档的底层数据进行分析。

【操作步骤】

1）打开 WinHex 软件，单击 WinHex 软件中左上角的"文件"选项，选择"打开"命令，选中需分析的文档"工匠精神.doc"，注意打开的文档是以页的形式显示，由于复合文档以每扇区 512 字节来计算，因此需要将页面转换成扇区进行显示，具体操作方法为，在"专业工具"中单击"将镜像文件转换为磁盘"命令，如图 6-103 所示，然后以每扇区字节数为 512 的形式进行显示，单击"确定"按钮，如图 6-104 所示。

图 6-103　将镜像文件转换为磁盘

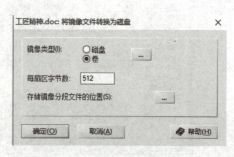

图 6-104　每扇区字节数为 512

2)图 6-105 为"工匠精神.doc"文档的部分十六进制数值,可以看到该文档是以扇区的形式显示的。

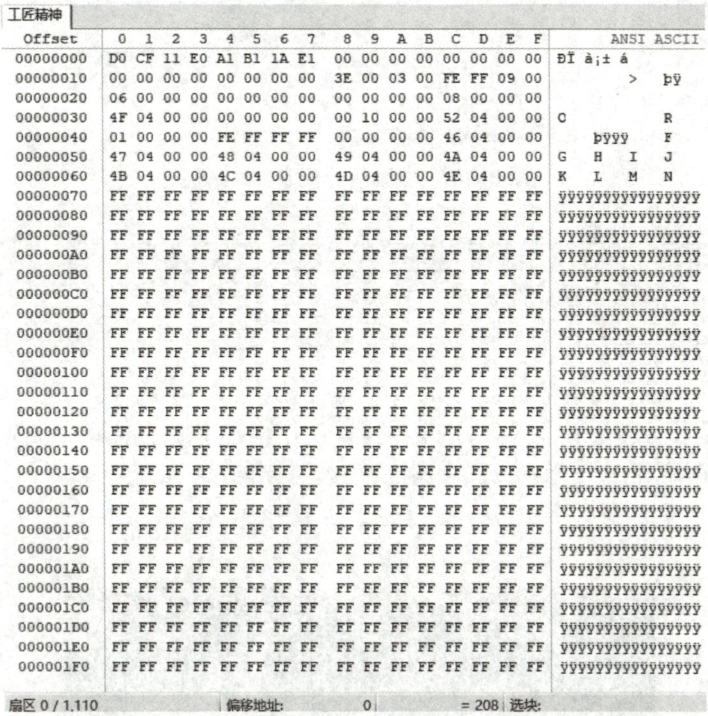

图 6-105 "工匠精神.doc"文档的部分十六进制数值

3)对于结构损坏的复合文档,一般先看文件标识是否被破坏,文档开始的前 8 个字节代表的是文件标识,值为 0xD0CF11E0A1B11AE1,与正常的复合文档头文件标识一致,说明该文档的文件标识并未被破坏。

4)继续向下分析文档结构,发现该文档的扇区分配表(STA)数为 8 扇区,如图 6-106 所示,也就意味着在主扇区分配表(MSAT)中存放着该 SAT 扇区的 8 个 SID,由于 0 号扇区中可容纳 109 个 SID,因此该文档的 8 个 SID 扇区链都存放在 0 号扇区。

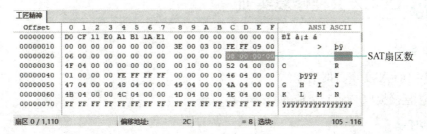

图 6-106 SAT 扇区数

5)如图 6-107 所示,偏移 0x4C~0x4F 处存放第一个 SID,往后的每 4 个字节表示一个 SID,最终形成 SID 链,其中 0xFF FF FF FF 表示为分配,图 6-107 中实际用到的 SID 个数为 9 个,这与 STA 扇区数中描述的 8 个是不一致的,下面将该 SAT 个数修改过来即可,图 6-108 为修改后的十六进制数值。

6)修改完成之后保存,发现文档修复成功,修复后的内容如图 6-109 所示。

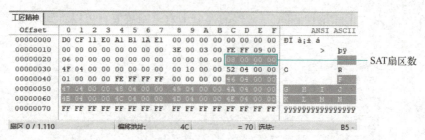

图 6-107 主扇区分配表（MSAT）

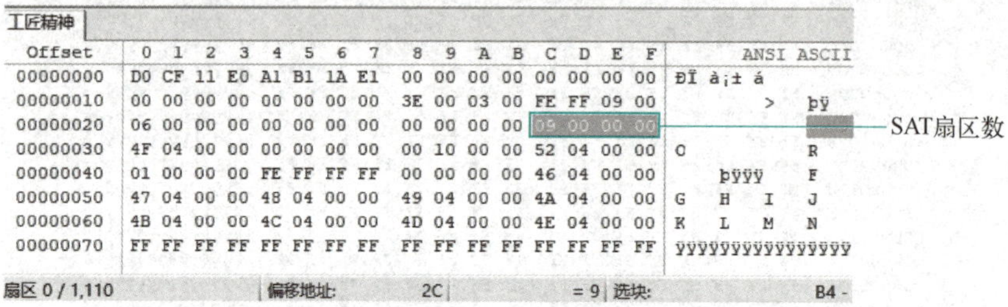

图 6-108 修改后的十六进制数值

图 6-109 修复完成的文档

任务 6.6　DOCX 文档修复实训

1. 实训目的

1）掌握 DOCX 文档数据结构。
2）能够直接提取 DOCX 文档的数据内容。

2. 实训任务

任务素材：E999.docx

【任务描述】现有一个"E999.docx"文件，打开时提示"无法打开文件 E999.docx，因为内容有错误"，如图 6-110 所示，请将该文件修复。

图 6-110 "E999.docx" 提示被破坏

3. 实训步骤

【**任务分析**】由于损坏的文件是.docx类型的文件，对于.docx类型的文件，它实质上是属于zip类型的压缩文件，一个完好的.docx类型文件，将它的扩展名修改为"zip"，就能对它进行解压操作，解压出来的文件与文件夹也正是Office文档中的相关内容。接下来将损坏的"E999.docx"文件以zip类型的压缩文件的形式进行文件结构分析，并完成它的修复。

1）使用WinHex软件打开"E999.docx"文件，按〈Ctrl + A〉键全选后另存为"E999.zip"。双击"E999.zip"解压，解压显示压缩文件损坏，如图6-111所示，由此可知道该zip文件压缩包无法解压，接下来分析它的底层数据结构。

2）在WinHex中搜索ASCII文本"document.xml"，向上30字节找到"50 4B 03 04"按〈Alt+1〉键，选块开始。向下搜索"50 4B 03 04"找到下一个文件头，左移1字节，按〈Alt+2〉键，选块结束。单击右键另存为新文件"新建.zip"。验证压缩方式、压缩后的大小、扩展区长度、文件名长度，如图6-112标注所示。

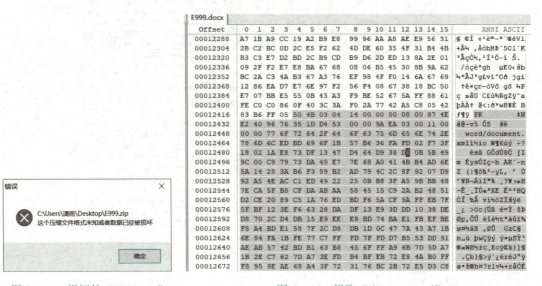

图6-111 损坏的"E999.zip"　　　　图6-112 提取"document.xml"

3）定位到文件末尾，向上搜索ASCII文本"document.xml"。向上偏移46字节找到"50 4B 01 02"按〈Alt+1〉键，选块开始。向下搜索"50 4B 01 02"找到下一个目录开头，左移1字节，按〈Alt+2〉键，选块结束。按〈Ctrl+Shift+C〉键复制十六进制值，按〈Ctrl+V〉键追加到文件"新建.zip"结尾，并更改文件起始偏移为0，如图6-113所示。

4）打开正常DOCX文档，并定位至文件末尾，选中目录结束标志，即从"50 4B 05 06"向后的22字节，复制并追加至"新建.zip"尾部，然后更改目录数、目录区尺寸大小、目录区的偏移量，如图6-114所示。

5）新建非空白文档"恢复.docx"并重命名为"恢复.zip"，用"新建.zip"文件中的"document.xml"替换"恢复.zip"中的"document.xml"，如图6-115所示。

6）将"恢复.zip"重命名为"恢复.docx"，文件可正常打开，如图6-116所示，文件修复结束。

```
00021040  3A 29 4C B6 69 6F E7 5B  9B 37 77 F5 CC F2 F1 85   :)L¶ioç[›7wõIóñ…
00021056  AB F9 E7 32 68 99 77 E4  93 26 58 B4 C2 28 A0 C7   «ùç2h™wä"+X´Â( Ç
00021072  D4 EF A1 B6 5F 4F 6F 37  A0 CD C5 9E 68 7F EC EB   Ôï¡¶_Oo7 ÍÅžh ìë
00021088  9E 5E 54 45 6B 69 D2 CB  3C 94 6B EC 2C F9 52 FE   ž^TEkiÒË<"kì,ùRþ
00021104  0A 7F E0 03 2F F9 64 12  FA DA FA 80 6F FF B7      /ùd úÚú€oÿ·
00021120  27 A8 39 07 A7 32 72 FD  A8 93 C7 C8 06 F9 95 E7   '¨9 §2rý¨"ÇÈ ù•ç
00021136  36 C5 E0 1B EB 7C 8B C7  C3 62 F5 01 5A 7A 50 57   6Åà ë|‹ÇÃbõ ZzPW
00021152  8E E9 9B B8 24 FB E0 29  12 03 B5 51 72 92 9A EA   Žé›,$ûà)  µQr'šê
00021168  3D 12 D3 49 E7 97 67 92  4F 24 8F FA 24 24 FE 15   =•ÓIç—g'ú*O$•ú$$þ•
00021184  9F FF EC D4 5F AC 77 FB  57 FC 31 FA 39 88 9D BB   Ÿÿì Ô_¬wûWü1ú9ˆ »
00021200  88 3F C9 57 33 0B D0 73  75 69 2B 48 75 6D B0 1C   ˆ?ÉW3 Ðsui+Hum°
00021216  07 A0 04 23 F3 67 3B 99  5F EB E9 8E 5C EB 44 31   #óg;™_ëéŽ\ëD1
00021232  F3 68 24 CC E5 99 CC 92  50 C1 8B 28 1A AA 17 80   óh$ÌåΙÌ'PÁ‹( ª €
00021248  0B 4B BA 6E 6A 91 D5 E0  E8 C3 9F AE 86 41 E8 54   K°nj'ÕàèÃŸ®†AèT
00021264  40 8E 0B 9A E4 EA FF 55  9E 88 5F 92 06 0D EA 37   @Ž šäêÿUž^_' ê7
00021280  5E A8 3F D4 15 E3 5D 7B  31 12 C1 A0 FF 14 BA 18   ^¨?Ô ã]{1 Á ÿ º
00021296  8A 86 7A BB 42 C7 A2 A7  7A BA 4F 37 44 BF EA 3E   Št»B¢§z°07D¿ê>
00021312  61 29 53 17 BA 18 BC 1A  D6 AB DE F5 5D 3A FF 13   a)S º ¼ Ö«Þõ]:ÿ
00021328  36 AF 2C 21 77 B2 91 0B  89 A0 9C 5C 5B 7B B3 3E   6¯,!w²' ‰ œ\[{³>
00021344  A8 BE 4B A8 88 87 33 50  Pq A0 20 46 01            ¨¾K¨ˆ‡3Pq Ç[x d
00021360  3B 7C 6C E7 5A 88 5C EF  2E F7 35 4D 41 EE DB CB   ;|lçZˆ\ï.÷5MAîÛË
00021376  A1 60 37 4D 64 3B 97 22  E2 21 9E 6E 38 79 B2 89   ¡`7Md;—"â!žn8y²‰
00021392  C6 74 E9 6A 4C 9F 66 39  FD 7D 97 FE FB EA 95 EF   ÆtéjLŸf9ý}—þûê•ï
00021408  50 5B 91 38 CA 15 DC A5  0B D4 D6 73 25 18 A6 51   P['8Ê Ü¥ ÔÖs% ¦Q
00021424  FB 63 C1 28 DD 97 67 1C  29 23 A4 51 11 9F 92 2C   ûcÁ(Ý—g )#¤Q Ÿ',
00021440  A7 95 4E E9 BD 7A C5 3C  A1 3B D2 45 A5 ED 70 94   §•NéjzÅ<;¡;ÒE¥íp"
00021456  8B 84 D1 B2 F5 D3 49 F4  C7 B7 3D B1 AE CB A7 1B   ‹„Ñ²õÓIô·=±®Ë§
00021472  A8 3A 13 8E 74 5D 0E 46  CF 87 8D 24 E7 C2 C4 1A   ¨: Žt] F Ï‡ $çÃÄ
00021488  73 8A 3F 2F 44 BA 6F 48  1A C7 1D AF 5E 09 F5 C6   sŠ?/DºoH Ç ¯^ õÆ
00021504  3A FE 7F 50 4B 01 02 14  00 14 00 00 00 08 00 87   :þ PK          ‡
00021520  4E E2 40 96 76 35 1D D4  53 00 00 9A EA 03 00 11   Nâ@-v5 ÔS  šê
00021536  00 00 00 00 00 00 00 00  01 00 20 00 00 00 00 00           .
00021552  00 77 6F 72 64 2F 64 6F  63 75 6D 65 6E 74 2E 78    word/document.x
00021568  6D 6C                                              ml
```

图 6-113 追加"document.xml"目录

```
00021440  A7 95 4E E9 BD 7A C5 3C  A1 3B D2 45 A5 ED 70 94   §•NéjzÅ<;¡;ÒE¥íp"
00021456  8B 84 D1 B2 F5 D3 49 F4  C7 B7 3D B1 AE CB A7 1B   ‹„Ñ²õÓIô·=±®Ë§
00021472  A8 3A 13 8E 74 5D 0E 46  CF 87 8D 24 E7 C2 C4 1A   ¨: Žt] F Ï‡ $çÃÄ
00021488  73 8A 3F 2F 44 BA 6F 48  1A C7 1D AF 5E 09 F5 C6   sŠ?/DºoH Ç ¯^ õÆ
00021504  3A FE 7F 50 4B 01 02 14  00 14 00 00 00 08 00 87   :þ PK          ‡
00021520  4E E2 40 96 76 35 1D D4  53 00 00 9A EA 03 00 11   Nâ@-v5 ÔS  šê
00021536  00 00 00 00 00 00 00 00  01 00 20 00 00 00 00 00
00021552  00 77 6F 72 64 2F 64 6F  63 75 6D 65 6E 74 2E 78    word/document.x
00021568  6D 6C 50 4B 05 06 00 00  00 00 01 00 01 00 3F 00   mlPK          ?
00021584  00 00 03 54 00 00 00 00  00                         T
```

图 6-114 追加文件目录结束标志

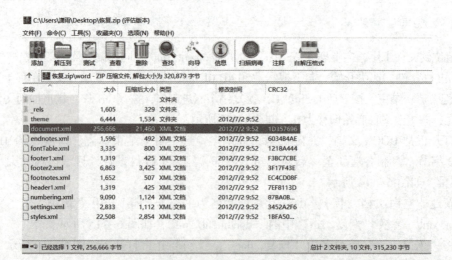

图 6-115 替换成功的"document.xml"

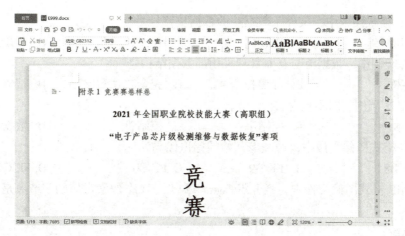

图 6-116　修复后的文档内容

6.7　综合练习

一、填空题

1. JPG 格式图像文件头标识为_____。
2. PNG 格式图像关键数据块包括_____、_____、_____、_____四个数据块。
3. PNG 格式图像数据块由_____、_____、_____、_____四部分组成。
4. BMP 格式图像结构由_____、_____、_____三部分组成。
5. RTF 文档由_____、_____、_____、_____四部分构成。
6. 复合文档中的扇区分配表（SAT）是一个数组，数组元素是一个_____位的整数。
7. ZIP 文件格式由_____、_____、_____三部分组成。
8. ZIP 文件格式压缩源文件目录区的标识为_____。
9. BMP 格式图像文件标识符为_____，其 ASCII 编码值为_____。
10. 复合文档头文件标识（十六进制）为_____。
11. PNG 格式图像文件头标识（十六进制）为_____。
12. JPG 图像格式中，数据存储采用的字节顺序类型为_____。

二、选择题

1. 复合文档头中存放主扇区分配表的 SID 个数为（　　）。
   A. 128　　　　　B. 107　　　　　C. 109　　　　　D. 512
2. 在 PNG 格式图像中，采取的数据压缩算法是（　　）。
   A. Huffman 算法　B. LZW 算法　　C. LZ77 算法　　D. LZR 算法
3. 在复合文档中，第一个扇区的含义是（　　）。
   A. 复合文档头　　B. 扇区 0　　　C. 扇区 1　　　D. 主扇区分配表
4. 在复合文档中，"FD FF FF FF" 的含义是（　　）。
   A. 空闲扇区　　　　　　　　　　B. SID 链的结束标志
   C. 用于存放扇区分配表　　　　　D. 用于存放主扇区分配表
5. 在 ZIP 格式文件中，ZIP 压缩包的头文件标记是（　　）。
   A. 0x50 4B 01 02　B. 0xD0 CF 11 E0　C. 0x50 4B 05 06　D. 0x04 03 4B 50

6. 在 PNG 格式图像中，文件头数据块的数据块符号是（　　）。
   A. CHRM　　　　　B. IHDR　　　　　C. IDAT　　　　　D. PLTE
7. 在复合文档中，数据流与仓库管理采用的数据结构是（　　）。
   A. B+树　　　　　B. 红黑树　　　　C. 完全二叉树　　D. 搜索二叉树
8. 在 RTF 文档中，组不包含（　　）。
   A. 文本　　　　　B. 控制字　　　　C. 控制符　　　　D. 数据块
9. 在 JPG 格式图像文件中，帧图像开始的标识代码为（　　）
   A. FF D8　　　　 B. FF D9　　　　 C. FF C0　　　　 D. FF C4
10. 在 BMP 格式图像文件中，当 biBitCount=24 时，1 个像素占用的字节数是（　　）。
    A. 1　　　　　　B. 2　　　　　　C. 3　　　　　　D. 4

三、简答题

1. 现有一个 JPG 格式的图像文件，打开时显示不清楚，造成该现象的可能原因是什么？
2. 现有一个 PNG 格式的图像文件，打开时只显示了中间部分，造成该现象的可能原因是什么？如何修复该文件？

6.8 大赛真题

1. 真题 1

任务素材：B009

虚拟磁盘编号	故障描述	要求
B009	该磁盘中存放了若干格式的图片文件，由于用户误操作，导致打开磁盘时系统提示分区需要格式化磁盘操作，如图 6-117 所示	将该磁盘中的 png01.png、bmp01.bmp、jpg02.jpg 文件恢复并修复记录到"数据恢复要求与成果表"中

图 6-117　提示需格式化磁盘

2. 真题 2

任务素材：B0010

虚拟磁盘编号	故障描述	要求
B0010	磁盘中有三个分区，分别存放了 10 个 doc 文件、20 个 png 文件，由于用户误操作导致磁盘分区以及文件无法打开	恢复指定文件，将该磁盘中的 02.png、10.doc 文件的前 10 个字符内容记录到"数据恢复要求与成果表"中

3. 模拟题 3

任务素材：B0011

虚拟磁盘编号	故障描述	要求
B0011	该磁盘为 Windows 操作系统且包含多个分区，分区中存放了 100 个 doc 文件、100 个 xls 文件、100 个 txt 文件，由于突然断电导致该磁盘仅剩 1 个分区，并且其余数据丢失	恢复指定文件，将该磁盘中的 97.doc、25.txt、161.xlsx 文件的前 10 个字符内容记录到"数据恢复要求与成果表"中

数据备份与恢复

第 2 版

任务工单

姓　名＿＿＿＿＿＿＿＿＿＿

专　业＿＿＿＿＿＿＿＿＿＿

班　级＿＿＿＿＿＿＿＿＿＿

任课教师＿＿＿＿＿＿＿＿＿＿

机械工业出版社

目 录

项目 1　磁盘分区及虚拟磁盘技术应用 ··· 1
　任务 1.1　利用 VMware 软件创建数据恢复环境 ·· 1
　任务 1.2　利用 DiskGenius 软件对虚拟磁盘进行分区 ····································· 2
项目 2　磁盘分区数据恢复 ·· 4
　任务 2.1　MBR 磁盘引导程序的修复 ··· 4
　任务 2.2　MBR 磁盘主分区表结构遍历 ·· 6
　任务 2.3　MBR 磁盘扩展分区表结构遍历 ··· 8
　任务 2.4　MBR 磁盘分区表恢复 ·· 11
项目 3　FAT32 文件系统数据恢复 ··· 16
　任务 3.1　FAT32 文件系统结构分析 ··· 16
　任务 3.2　FAT32 文件目录项结构分析 ·· 19
　任务 3.3　FAT32 文件系统误删除文件恢复 ·· 22
项目 4　exFAT 文件系统数据恢复 ··· 26
　任务 4.1　exFAT 文件系统结构分析 ··· 26
　任务 4.2　exFAT 文件目录项结构分析 ·· 29
　任务 4.3　exFAT 文件系统删除文件恢复 ··· 33
项目 5　NTFS 文件系统数据恢复 ·· 36
　任务 5.1　NTFS 文件系统结构分析 ·· 36
　任务 5.2　NTFS 文件记录项分析 ··· 39
　任务 5.3　NTFS 文件系统误删除数据恢复 ··· 44
项目 6　常用文件修复 ·· 48
　任务 6.1　JPG 图像格式分析 ·· 48
　任务 6.2　PNG 图像格式分析 ··· 50
　任务 6.3　BMP 图像格式分析 ··· 53
　任务 6.4　ZIP 文件格式分析 ··· 55

项目 1 磁盘分区及虚拟磁盘技术应用

任务 1.1 利用 VMware 软件创建数据恢复环境

任 务 名 称	利用 VMware 软件创建数据恢复环境	学时		班级	
学生姓名		小组成员		小组任务成绩	
				个人任务成绩	
使用工具	Windows 7/10 系统、磁盘管理	学习场地	实训机房	日期	
任务需求	近两年,很多单位都开始实行居家网上办公。某公司的员工李某,接收到单位在线办公通知时,发觉家里的计算机在安装操作系统时,因疏忽没有事先分区,导致只有 1 个分区。因计算机中存放了很多私人信息,想单独划分出 1 个分区存储工作文件,希望方便移动存储					
任务目的	1) 了解虚拟磁盘的概念与特点。 2) 掌握虚拟磁盘的创建、分离、附加操作。					
计划与决策	1) 虚拟磁盘的创建,确定磁盘类型、大小。 2) 虚拟磁盘的分离。 3) 虚拟磁盘的附加。 4) 虚拟磁盘的使用					
任务实施	**1. 知识链接** 虚拟硬盘文件是一个以 .vhdx 或者 .vhd 为扩展名的文件,虚拟硬盘可以用于存储文档、图片、视频等各种类型的文件,就好像计算机上有了与真实分区功能一样的分区。Windows 10 可以直接创建 VHD 或 VHDX 格式的虚拟磁盘,以上需在 VMware 软件中安装对应的操作系统。 **2. 任务实施步骤** (1) 在 Windows 10 系统中创建虚拟磁盘 1) 右击"此电脑",打开"计算机管理"窗口,选择"磁盘管理"。或在运行对话框中输入"diskmgmt.msc"命令,进入磁盘管理界面。 2) 进入磁盘管理界面,选择上方"操作"选项,然后在弹出的菜单栏选中"创建 VHD",文件名"D:\虚拟磁盘文件示例.vhd"。 3) 在弹出的"创建和附加虚拟硬盘"对话框中设置好虚拟硬盘大小 100 MB、存储格式 VHD(V)以及动态扩展虚拟磁盘类型。 4) 右击新创建的虚拟硬盘,在弹出的快捷菜单中选择"初始化磁盘"命令。 5) 在弹出的"初始化磁盘"对话框中选择磁盘分区 MBR 主引导记录形式后,单击"确定"按钮。 6) 右击虚拟硬盘的空闲区域,在弹出的快捷菜单中选择"新建简单卷"命令,根据向导提示完成操作。 7) 打开"此电脑"查看是否多了一个分区,该分区是否可以存储文件。 (2) 在 Windows 10 系统中虚拟磁盘的分离与附加 1) 打开"磁盘管理"窗口,选择虚拟磁盘文件,右击在快捷菜单中选择"分离"。 2) 把虚拟磁盘文件"D:\虚拟磁盘文件示例.vhd"复制到 E 盘。 3) 打开"磁盘管理"窗口,在菜单栏中选择"操作"→"附加 VHD"命令,把上述虚拟磁盘文件附加到磁盘管理中。 4) 打开"此电脑"查看是否增加了相应分区,并打开分区查看文件内容。 **3. 课程扩展** 采用 Windows 10 自带的 bitlocker 驱动器加密工具,进行虚拟磁盘加密。					

任务评估	1. 请根据任务完成的情况，对自己的工作进行自我评估，并提出改进意见。 (1) (2) (3) 2. 教师对学生工作情况进行评估，并进行点评。 (1) (2) 3. 总结。			
考核评价	自我评价	共 10 分，分值标准：0~10		
	组内互评	共 20 分，分值标准：0~20		
	小组互评	共 20 分，分值标准：0~20		
	教师评价	共 50 分，分值标准：0~50		
	总分			

任务 1.2 利用 DiskGenius 软件对虚拟磁盘进行分区

任务名称	利用 DiskGenius 软件对虚拟磁盘进行分区	学时		班级	
学生姓名		小组成员		小组任务成绩	
				个人任务成绩	
使用工具	Windows 7/10 系统、磁盘管理	学习场地	实训机房	日期	
任务需求	当在计算机新加入一块硬盘，或者用硬盘盒扩展硬盘后，如果新增加的硬盘未被格式化过，可以通过计算机系统自带的磁盘管理对新增加的硬盘进行识别与格式化。同时已经格式化过的硬盘也可以通过系统自带的磁盘管理进行重新分区				
任务目的	1）了解磁盘分区的功能、主分区和扩展分区的区别。 2）掌握磁盘的分区及格式化操作。 3）利用软件对磁盘进行快速分区				
计划与决策	1）工具采用 DiskGenius 软件。 2）操作创建的虚拟磁盘。 3）虚拟磁盘分区最多 4 个主分区。 4）采用扩展分区可以划分更多分区				
任务实施	**1. 知识链接** 要在硬盘中写入数据，必须对硬盘做低级格式化、分区、高级格式化这 3 个步骤。低级格式化是在硬盘的盘片上刻划磁道的过程，这个过程通常在硬盘出厂时已经由厂商完成。分区则是表明硬盘中数据存储的有效区域。只有确定了有效区域后，才能找到数据存储的空间地址。高级格式化是指在存储区域上设置某种"管理模式"，如现在常见的 FAT32 与 NTFS 文件系统。 **2. 任务实施步骤** 1）创建虚拟磁盘 1 GB（大小可扩展）。 2）使用 DiskGenius 软件将磁盘初始化成 MBR 分区表，并分为 2 个主分区，分区格式为 NTFS 文件系统与 FAT16 文件系统，大小均为 200 MB。 3）打开"此电脑"，查看增加的分区数量与盘符。打开对应分区存放相应文件信息。 4）在磁盘管理器中对虚拟磁盘进行卸载，查看"此电脑"增加的分区是否消失。				

任务实施	5）在磁盘管理器中加载此虚拟磁盘，查看"此电脑"中是否恢复磁盘信息。 **3. 任务扩展** 1）将磁盘继续分区，每个 200 MB，看最多能分几个主分区。 2）如何增加分区，磁盘留有 3 个主分区，查看在 Windows 10 操作系统中如何添加扩展分区。 3）添加后如何在扩展分区中创建逻辑分区。
任务评估	1. 请根据任务完成的情况，对自己的工作进行自我评估，并提出改进意见。 （1） （2） （3） 2. 教师对学生工作情况进行评估，并进行点评。 （1） （2） 3. 总结。

考核评价	自我评价	共 10 分，分值标准：0~10	
	组内互评	共 20 分，分值标准：0~20	
	小组互评	共 20 分，分值标准：0~20	
	教师评价	共 50 分，分值标准：0~50	
	总分		

项目 2　　磁盘分区数据恢复

任务 2.1　MBR 磁盘引导程序的修复

任务名称	MBR 磁盘引导程序的修复	学时		班级	
学生姓名		小组成员		小组任务成绩	
				个人任务成绩	
使用工具	WinHex、虚拟机、DiskGenius	学习场地	实训机房	日期	
任务需求	一台笔记本计算机在开机启动过程中突然断电，当再次启动的时候，系统能够通过自检并检测到硬盘，但是即将进入操作系统之前却提示 "DISK BOOT FAILURE, INSERT SYSTEM DISK AND PRESS ENTER"，导致此故障的原因一般是因为磁盘的引导程序遭到破坏，此次任务的要求是完成对 MBR 磁盘引导程序的修复				
任务目的	1）熟悉 WinHex 工具的基本操作。 2）掌握主引导记录的结构。 3）具备引导程序修复操作技能。 4）全面提升分析、计划、实施和监控数据备份与恢复任务的能力				
计划与决策	1）根据任务需求，提供可行的解决方案。 2）能够设置引导程序被破坏的主引导记录，模拟实验环境，检验是否与真实情况相符。 3）具备 WinHex 和 DiskGenius 分区工具的熟练使用能力。 4）通过 WinHex 或 DiskGenius 分区工具重写主引导记录中的引导程序。 5）利用 WinHex 工具实现底层数据的保存、搜索、定位及数据转换等功能				
任务实施	**1. 知识链接** （1）主引导扇区 　　主引导扇区位于整个硬盘的 0 柱 0 面 1 扇区，它由引导程序、分区表和结束标志三部分构成。其中引导程序的主要作用是检查分区表是否正确并且在系统硬件完成自检以后，引导具有激活标志的分区上的操作系统，并将控制权交给启动程序。 （2）WinHex 工具 　　WinHex 是由 X-Ways 软件技术公司（官方网站 http://www.x-ways.net）开发的一款专业的磁盘编辑工具，它是在 Windows 下运行的十六进制（hex）编辑软件，几乎可以在微软的各版本的 Windows 系统下使用。WinHex 是一个专门用来对付各种日常紧急情况的小工具。可以用来检查和修复各种文件、恢复删除文件、找回硬盘损坏造成的数据丢失等。同时，它还可以让用户看到被其他程序隐藏起来的文件和数据。 **2. 任务实施步骤** Windows 7 系统引导程序的修复步骤如下。 1）在虚拟机中装入两个 Windows 7 操作系统，将第一个操作系统作为实验系统，命名为 win7_1，第二个系统命名为 win7_2，然后在 win7_2 系统中装入 WinHex 软件，并把 win7_1 作为外接磁盘加载到系统 win7_2 中使用，接着使用 WinHex 打开 win7_2 系统所在的磁盘，定位到该磁盘的 0 号扇区，也正是该磁盘的主引导记录（MBR）。 2）把主引导记录（MBR）里的引导程序数据使用 0 填充，MBR 的结构如图 2-1 所示，填充完成后保存。接着重新加载该磁盘，查看该磁盘的分区数据能否正常访问。 3）将磁盘装有 win7_1 的系统从 win7_2 系统中分离出来，重启 win7_1 系统，查看该系统是否能正常运行。 4）如果系统不能正常运行，说明引导程序被破坏，导致无法引导操作系统，接下来只需修复该引导程序即可，接着关闭 win7_1 操作系统，把该系统的磁盘附加到 win7_2 系统里面，作为外接磁盘访问。 5）采用 DiskGenius 工具，修复该磁盘的引导程序，具体操作步骤如下。打开 DiskGenius 工具，选中需要修复的磁盘，右击该磁盘，选择 "重建主引导记录（MBR）"，如图 2-2 所示；然后单击 "确定" 按钮；修复成功之后如图 2-3 所示。				

任务实施

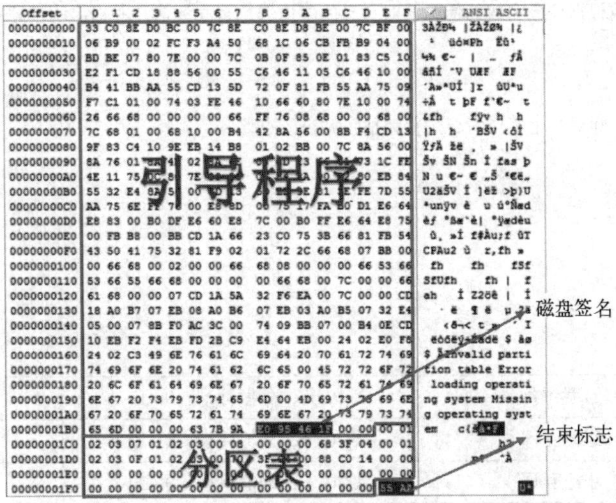

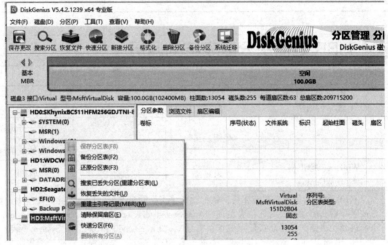

图 2-1　MBR 结构

图 2-2　选择"重建主引导记录（MBR）"

图 2-3　"引导程序"修复完成界面

6）修复完成之后，关闭系统，把添加的虚拟磁盘卸载，重启 win7_1 系统，查看系统是否能正常运行。

3. 总结

1）主引导扇区由哪几部分组成？

2）主引导扇区中的主引导记录破坏，可以通过什么方法恢复？

任务评估	1. 请根据任务完成的情况，对自己的工作进行自我评估，并提出改进意见。 （1） （2） （3） 2. 教师对学生工作情况进行评估，并进行点评。 （1） （2） 3. 总结。		
考核评价	自我评价	共10分，分值标准：0~10	
	组内互评	共20分，分值标准：0~20	
	小组互评	共20分，分值标准：0~20	
	教师评价	共50分，分值标准：0~50	
	总分		

任务2.2 MBR 磁盘主分区表结构遍历

任务名称	MBR 磁盘主分区表结构遍历	学时		班级	
学生姓名		小组成员		小组任务成绩	
				个人任务成绩	
使用工具	WinHex、虚拟机、DiskGenius	学习场地	实训机房	日期	
任务需求	当MBR磁盘主分区表被破坏后，系统就无法识别硬盘的分区信息，此时硬盘中的数据也无从读取；在分区表被破坏后，启动系统时往往会出现"Non-System disk or disk error, replace disk and press a key to reboot"（非系统盘或盘出错，替换后按任意键重新引导）、"Error Loading Operating System"（装入DOS引导记录错误）或者"No ROM Basic, System Halted"（不能进入ROM Basic，系统停止响应）等提示信息，因此在修复主分区表之前需对磁盘分区表的结构有所了解，此次任务需完成主分区表的结构遍历				
任务目的	1）熟悉 WinHex 工具的基本操作。 2）具备硬盘分区划分的操作技能。 3）能够通过主分区表遍历磁盘分区，掌握磁盘主分区表的结构。 4）全面提升分析、计划、实施和监控数据备份与恢复任务的能力				
计划与决策	1）根据任务需求，提供可行的解决方案。 2）能够创建虚拟磁盘并划分分区，模拟实验环境，检验是否与真实情况相符。 3）学生能够根据分区表 DPT 表项含义，掌握主分区表的结构。 4）手动破坏分区表，并通过记录的数据进行手工恢复				
任务实施	**1. 知识链接** （1）主分区表的作用 主分区表用以描述磁盘上的区间划分，直接由主分区表描述的分区被称为主分区。操作系统要求引导分区必须为主分区，且为激活分区，如果主分区表被破坏，将无法引导操作系统，从而导致系统不能启动，还会影响到磁盘的数据安全。 （2）分区表的特点 磁盘分区表位于主引导扇区的偏移 1BEH 处，占 64 字节，分为 4 项，每项占用 16 字节，每项用于记录一个主分区，因此主分区在 MBR 磁盘中最多只能存在 4 个分区表项，即只能管理 4 个分区，如果想增加分区数，就必须使用扩展分区。 （3）分区表项的结构 以 16 字节为一个分区表项来描述一个分区的结构。每个分区表项中相对应的各个字节的含义都是一样的。各字节的含义见表 2-1。				

表 2-1 分区表项的含义

字段长度/字节	字段名和含义
1	引导标志：指明该分区是否是活动分区，00H 表示分区不可引导，80H 表示分区可被引导
1	开始磁头：理论上寻址最大只能遍历 8.4 GB 的数据，现不采用此种 C/H/S 寻址方式，因此 C/H/S 中的值可不填
2	起始扇区：用前面 0~5 位表示，最大值为 63。 起始柱面：用后面 6~15 位表示，共占用 10 位，最大值为 1023
1	分区的类型描述：定义了分区的类型，也是分区标识
1	结束磁头，最大值 256
2	结束扇区：用前面 0~5 位表示，最大值为 63。 结束柱面：用后面 6~15 位表示，共占用 10 位，最大值为 1023
4	分区之前的扇区：指从该磁盘开始到该分区开始之间的偏移扇区数，也叫隐藏扇区数或分区起始扇区数
4	分区的总扇区数：指该分区所包含的扇区总数

2. 任务实施步骤

1）创建一个大小为 500 GB 的虚拟磁盘，并将该磁盘初始化为 MBR 磁盘类型。
2）将虚拟磁盘分为 3 个主分区，分区格式为 NTFS，分区大小如图 2-4 所示。

图 2-4 分区划分大小

3）用 WinHex 打开该虚拟磁盘，定位到 0 号扇区的分区表，其分区表的数据如图 2-5 所示。

```
Offset     0  1  2  3  4  5  6  7   8  9  A  B  C  D  E  F
00000001B0 65 6D 00 00 00 63 7B 9A  DE 4B 45 4E 00 00 00 20
00000001C0 21 00 07 FE FF FF 00 08  00 00 00 80 0C 00 00 FE
00000001D0 FF FF 07 FE FF FF 00 08  80 0C 00 00 40 1F 00 FE
00000001E0 FF FF 07 FE FF FF 00 08  C0 2B 00 E8 BF 12 00 00
00000001F0 FF 00 00 00 00 00 00 00  00 00 00 00 00 00 55 AA
扇区 0 / 1.048.576.000                偏移地址:        1FD
```

图 2-5 分区表数据

4）分析 MBR 磁盘第一个分区表项。填写以下数据。

① 引导标志：＿＿＿＿＿＿H

② 分区类型：＿＿＿＿＿＿H

③ 分区标识：＿＿＿＿＿＿

④ 分区起始扇区数：＿＿＿＿＿＿D

⑤ 分区总扇区数：＿＿＿＿＿＿D

5）分析 MBR 磁盘第二个分区表项。填写以下数据。

① 引导标志：＿＿＿＿＿＿H

② 分区类型：＿＿＿＿＿＿H

③ 分区标识：＿＿＿＿＿＿

④ 分区起始扇区数：＿＿＿＿＿＿D

⑤ 分区总扇区数：＿＿＿＿＿＿D

6）分析 MBR 磁盘第三个分区表项。填写以下数据。

① 引导标志：＿＿＿＿＿＿H

任务实施	② 分区类型：_____H ③ 分区标识：_____ ④ 分区起始扇区数：_____D ⑤ 分区总扇区数：_____D 7) 把磁盘分区表中的数据先记录下来，然后将里面的数据填充为 0，保存之后将该虚拟磁盘分离。 8) 重新附加虚拟磁盘，然后在"磁盘管理"中查看是否存在该磁盘的分区信息。如果无法显示，将刚刚记录下来的分区表信息填回去，然后重新加载一次虚拟磁盘，就可完成分区表的简单恢复。 **3. 总结** 1) 若 MBR 主引导记录被删除，是否影响此磁盘的使用？ 2) 在 MBR 磁盘中，一个分区表理论上能管理多大的分区？
任务评估	1. 请根据任务完成的情况，对自己的工作进行自我评估，并提出改进意见。 (1) (2) 2. 教师对学生工作情况进行评估，并进行点评。 (1) (2) 3. 总结。

考核评价	自我评价	共 10 分，分值标准：0~10	
	组内互评	共 20 分，分值标准：0~20	
	小组互评	共 20 分，分值标准：0~20	
	教师评价	共 50 分，分值标准：0~50	
	总分		

任务 2.3　MBR 磁盘扩展分区表结构遍历

任 务 名 称	MBR 磁盘扩展分区表结构遍历	学时		班级	
学生姓名		小组成员		小组任务成绩	
				个人任务成绩	
使用工具	WinHex、DiskGenius	学习场地	实训机房	日期	
任务需求	由于 MBR 只为分区表分配了 64 字节的空间，每个分区需要使用 16 字节，所以 MBR 扇区中最多可以管理 4 个分区表项的参数。也就是一个磁盘最多只能划分 4 个分区。在生活中，4 个分区往往不能满足实际需求。为了建立更多的逻辑分区供操作系统使用，系统引入了扩展分区的概念。此次任务需完成 MBR 磁盘扩展分区表的结构遍历				
任务目的	1) 熟悉 WinHex 工具的基本操作。 2) 掌握 MBR 磁盘扩展分区表的结构。 3) 能够遍历 MBR 磁盘的扩展分区，掌握磁盘整体结构。 4) 全面提升分析、计划、实施和监控数据备份与恢复任务的能力				

计划与决策	1）根据任务需求，提供可行的解决方案。 2）能够创建虚拟磁盘并划分分区，模拟实验环境，检验是否与真实情况相符。 3）能够根据扩展分区表 DPT 表项含义，掌握磁盘扩展分区表的遍历
任务实施	**1. 知识链接** 1）EBR（Extended Boot Record）是与 MBR 相对应的一个概念。MBR 里有一个分区表的区域，它的大小是 64 字节，其中每 16 个字节作为一个分区表项，它最多只能容纳 4 个分区。能够在 MBR 的分区表里进行说明的分区称为主分区。我们希望分区多于 4 个，于是微软就想出了另一个解决方案，在 MBR 里，只记录不多于 3 个主分区，剩下的分区则由与 MBR 结构很相像的另一种分区结构（EBR，也就是扩展分区引导记录）进行说明。一个 EBR 不够用时，可以增加另一个 EBR，如此像一根根链条一样地接下去，直到够用为止。 2）扩展分区中的每个逻辑驱动器的分区信息都存在一个类似于 MBR 的扩展引导记录（Extended Boot Record，EBR），扩展引导记录包括分区表和结束标志"55 AA"，没有引导代码部分，除了最后一个 EBR 中只存放了一个分区表项信息，其他每个 EBR 中都存放了两个分区表项信息。 3）EBR 中分区表的第一个表项描述第一个逻辑分区，第二个表项指向下一个逻辑分区的 EBR 扩展扇区。如果不存在下一个逻辑分区，第二个表项就不需要使用。 **2. 任务实施步骤** 1）创建一个大小为 200 GB 的动态虚拟磁盘。 2）使用 DiskGenius 工具中的"快速分区"功能对虚拟磁盘进行初始化与分区，具体划分的信息如图 2-6 所示，完成后的分区信息如图 2-7 所示。 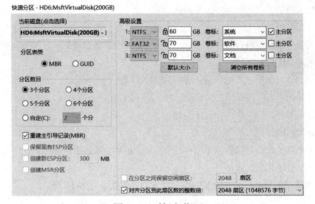 图 2-6 快速分区 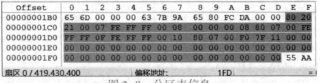 图 2-7 虚拟磁盘分区信息 3）用 WinHex 打开该虚拟磁盘，其 MBR 中的分区表信息如图 2-8 所示。 图 2-8 分区表信息 4）分析 MBR 磁盘第一个分区表项。填写以下数据。 ① 引导标志：_____ H ② 分区类型：_____ H ③ 分区标识：_____ ④ 分区起始扇区数：_____ D ⑤ 分区总扇区数：_____ D

任务实施

5) 分析 MBR 磁盘第二个分区表项。填写以下数据。
① 引导标志：_____H
② 分区类型：_____H
③ 分区标识：_____
④ 分区起始扇区数：_____D
⑤ 分区总扇区数：_____D

6) 跳转至扩展分区的起始扇区，也就是 EBR1 的位置，EBR1 的分区表信息如图 2-9 所示。

```
Offset      0  1  2  3  4  5  6  7  8  9  A  B  C  D  E  F
0F002001B0  00 00 00 00 00 00 00 00 00 00 00 00 00 00 00 20
0F002001C0  21 00 0B FE FF FF 00 08 00 00 00 50 C0 08 00 FE
0F002001D0  FF FF 05 FE FF FF 00 58 C0 08 00 98 BF 08 00 00
0F002001E0  00 00 00 00 00 00 00 00 00 00 00 00 00 00 00 00
0F002001F0  00 00 00 00 00 00 00 00 00 00 00 00 00 00 55 AA
扇区 125,833,216 / 419,430,400   偏移地址：  F002001FD
```

图 2-9 EBR1 的分区表信息

7) 分析 EBR1 第一个分区表项并填写以下信息。
① EBR1 所在扇区号：_____D
② 引导标志：_____H
③ 分区类型：_____H 分区标识
④ 分区标识：_____
⑤ 当前分区起始扇区号：_____D（相对扇区位置）
⑥ 当前分区总扇区数：_____D

8) 分析 EBR1 第二个分区表项并填写以下信息。
① 引导标志：_____H
② 分区类型：_____H
③ 分区标识：_____
④ 下个分区起始扇区数：_____D（相对扇区位置）
⑤ 下个分区总扇区数：_____D

9) 跳转至扩展分区的 EBR2 位置，其分区表信息如图 2-10 所示。

```
Offset      0  1  2  3  4  5  6  7  8  9  A  B  C  D  E  F    ANSI ASCII
2080D001B0  00 00 00 00 00 00 00 00 00 00 00 00 00 00 00 20
2080D001C0  21 00 07 FE FF FF 00 08 00 00 00 90 BF 08 00 00    !  þÿÿ       ¿
2080D001D0  00 00 00 00 00 00 00 00 00 00 00 00 00 00 00 00
2080D001E0  00 00 00 00 00 00 00 00 00 00 00 00 00 00 00 00
2080D001F0  00 00 00 00 00 00 00 00 00 00 00 00 00 00 55 AA                 Uª
扇区 272,656,384 / 419,430,400   偏移地址： 2080D001FD      = 0  选块： 2080D001BE -
```

图 2-10 EBR2 的分区表信息

10) 分析 EBR2 第一个分区表项并填写以下信息。
① EBR2 所在扇区号：_____D
② 引导标志：_____H
③ 分区类型：_____H
④ 分区标识：_____
⑤ 当前分区起始扇区号：_____D（相对扇区位置）
⑥ 当前分区总扇区数：_____D

11) 根据前面 3 个分区表的信息，在表 2-2 中填写这 3 个分区在 MBR 磁盘中的相关信息。

表 2-2 MBR 磁盘中的分区信息

	分区标识（H）	分区起始扇区（D）	分区总扇区数（D）
第 1 个分区			
第 2 个分区			
第 3 个分区			

任务实施	3. 总结 1）扩展分区表中两个分区表项的含义是什么？ 2）扩展分区表中只有一个分区表项意味着什么？		
任务评估	1. 请根据任务完成的情况，对自己的工作进行自我评估，并提出改进意见。 （1） （2） 2. 教师对学生工作情况进行评估，并进行点评。 （1） （2） 3. 总结。		
考核评价	自我评价	共 10 分，分值标准：0~10	
	组内互评	共 20 分，分值标准：0~20	
	小组互评	共 20 分，分值标准：0~20	
	教师评价	共 50 分，分值标准：0~50	
	总分		

任务 2.4 MBR 磁盘分区表恢复

任务名称	MBR 磁盘分区表恢复	学时		班级	
学生姓名		小组成员		小组任务成绩	
				个人任务成绩	
使用工具	WinHex、虚拟机、DiskGenius	学习场地	实训机房	日期	
任务需求	现有一个 MBR 磁盘的分区表被损坏，磁盘容量大小为 490GB，它包含一个主分区、两个扩展分区，文件系统结构未被损坏，现要求手工修复（用 WinHex 软件）该虚拟磁盘				
任务目的	1）熟悉 WinHex 工具的基本操作。 2）具备磁盘分区划分的操作技能。 3）能够掌握主分区表与扩展分区表的恢复技能。 4）全面提升分析、计划、实施和监控数据备份与恢复任务的能力				
计划与决策	1）根据任务需求，提供采用提供可行的解决方案。 2）能够创建虚拟磁盘并划分分区，模拟实验环境，检验是否与真实情况相符。 3）能够根据掌握的 MBR 磁盘分区结构，完成对分区表的恢复				
任务实施	1. 知识链接 1）MBR 磁盘分区表项的含义如表 2-3 所示。 表 2-3　分区表项的含义 	字段长度/字节	字段名和含义
---	---
1	引导标志：指明该分区是否是活动分区，00H 表示分区不可引导，80H 表示分区可被引导
1	开始磁头：理论上寻址最大只能遍历 8.4GB，现不采用此种 C/H/S 寻址方式，因此 C/H/S 中的值可不填				

(续)

字段长度/字节	字段名和含义
2	起始扇区：用前面0~5位表示，最大值为63。 起始柱面：用后面6~15位表示，共占用10位，最大值为1023
1	分区的类型描述：定义了分区的类型，也是分区标识
1	结束磁头，最大值为256
2	结束扇区：用前面0~5位表示，最大值为63。 结束柱面：用后面6~15位表示，共占用10位，最大值为1023
4	分区之前的扇区：指从该磁盘开始到该分区开始之间的偏移扇区数，也叫隐藏扇区数和分区起始扇区数
4	分区的总扇区数：指该分区所包含的扇区总数

2）分区表是用于分区的管理，但数据是存储在分区里面的，其中分区的类型有很多种，但在 Windows 操作系统中常用的文件系统有 FAT32、NFTS、exFAT 等类型。要完成对分区表的恢复，需对分区中的第一个扇区（也叫 DBR）有所了解，它用于存储当前分区的总扇区数等重要信息，在恢复分区表时只需知道每个分区的起始位置及总扇区数即可。

3）使用 WinHex 中的模板工具对分区的第一个扇区进行解析，就能从中知道分区的总扇区数，在 WinHex 中使用快捷键〈Alt+F12〉调出模板工具，如图 2-11 所示方框部分为 FAT32 与 NTFS 分区的模板。

任务实施

图 2-11 FAT32 与 NTFS 分区模板

4）下面以 NTFS 分区为例，对它的总扇区数进行读取，首先得找到分区的第一个扇区 DBR，由于 DBR 扇区的最后两个字节也是以"55AA"为结束标志，因此从磁盘的第二个扇区往下查找该值就可找到分区的第一个扇区 DBR，具体查找方法如图 2-12 所示。

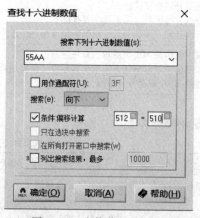

图 2-12 查找分区的 DBR

任务实施

5）查找到分区的第一个扇区 DBR 之后，将光标置于该扇区的开始字节处，使用快捷键〈Alt+F12〉调出模板工具，选择“Boot Sector NTFS”模板，单击左下角的“应用”按钮，即可完成对 NTFS 分区的 DBR 的解析（FAT32 文件系统也一样），解析后的信息如图 2-13 所示，可看到“标题”为“Total sectors”的就是该分区的总扇区数，其值为 540995566，需要注意的是在 MBR 分区表中填写 NTFS 分区的总扇区数要比模板中的值大 1 个扇区（其他分区不是），也就是 540995567。

Boot Sector NTFS, 基本偏移: 7E00

Offset	标题	数值
7E00	JMP instruction	EB 52 90
7E03	File system ID	NTFS
7E0B	Bytes per sector	512
7E0D	Sectors per cluster	8
7E0E	Reserved sectors	0
7E10	(always zero)	00 00 00
7E13	(unused)	00 00
7E15	Media descriptor	F8
7E16	(unused)	00 00
7E18	Sectors per track	63
7E1A	Heads	255
7E1C	Hidden sectors	63
7E20	(unused)	00 00 00 00
7E24	(always 80 00 80 00)	80 00 80 00
7E28	Total sectors excl. backup boot secto	540,995,566
7E30	Start C# $MFT	786,432
7E38	Start C# $MFTMirr	2
7E40	FILE record size indicator	-10
7E41	(unused)	0
7E44	INDX buffer size indicator	1
7E45	(unused)	0
7E48	32-bit serial number (hex)	EF 8C D7 8B
7E48	32-bit SN (hex, reversed)	8BD78CEF
7E48	64-bit serial number (hex)	EF 8C D7 8B BA DF 08 AE
7E50	Checksum	0
7FFE	Signature (55 AA)	55 AA

扇区总数

图 2-13　使用模板完成对 NFTS 分区的 DBR 解析

2. 任务实施步骤

1）创建一个大小为 490 GB 的动态虚拟磁盘。

2）使用 DiskGenius 工具中的“快速分区”功能将虚拟磁盘进行初始化与分区（注意不要勾选“对齐分区到此扇区数的整数倍”），具体划分的信息如图 2-14 所示，完成之后虚拟磁盘的分区信息如图 2-15 所示。然后在每个分区中添加任意数据。

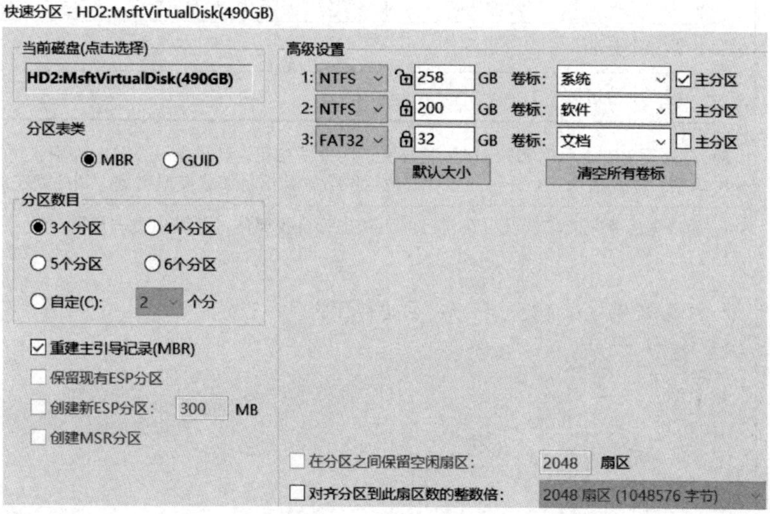

图 2-14　快速分区

3) 对 MBR 磁盘的分区表进行破坏；用 WinHex 打开该虚拟磁盘，将其中的 0 号扇区与 540995630 号扇区的分区表项用 0 进行填充，然后保存并分离该虚拟磁盘。

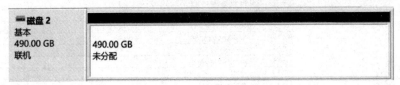

卷标	序号(状态)	文件系统	标识	起始柱面	磁头	扇区	终止柱面	磁头	扇区	容量	属性
系统(E:)	0	NTFS	07	0	1	1	33675	107	14	258.0GB	A
扩展分区	1	EXTEND	0F	33675	107	15	63965	107	14	232.0GB	
软件(H:)	4	NTFS	07	33675	108	15	59785	107	14	200.0GB	
文档(J:)	5	FAT32	0B	59785	108	15	63965	107	14	32.0GB	

图 2-15 虚拟磁盘分区信息

4) 重新附加该虚拟磁盘，可看到在将分区表破坏后整个磁盘提示"未分配"，如图 2-16 所示。

图 2-16 提示磁盘未分配

5) 遇到磁盘提示"未分配"的情况，只需将磁盘分区表的数据正确填回即可完成会分区的恢复。
6) 下面完成对主分区表的恢复，由于之前只分了一个主分区和两个扩展分区，因此主分区表中只存在两个分区表项，第一个分区表项记录了主分区表的起始扇区位置与扇区大小，第二个分区表项记录了主扩展分区的起始扇区位置与大小（后面两个分区的总大小），下面在表 2-4 中填写主分区表中的关键信息。

表 2-4 主分区表的关键信息

	分区标识	分区起始扇区	分区总扇区数
主分区			
主扩展分区			

7) 下面跳转至主扩展分区的起始位置，此处也是扩展分区 1（EBR1）的起始位置，其中分区表中存在两个分区表项，第一个分区表项描述了第二个分区的起始位置与大小，第二个分区表项描述了第三个分区的起始位置与大小，下面在表 2-5 中填写 EBR1 中的关键信息。

表 2-5 EBR1 中的关键信息

	分区标识	分区起始扇区 （相对于主扩展分区的偏移）	分区总扇区数
第二个分区			
第三个分区			

8) 跳转至 EBR2，可发现该扇区的分区表项数据存在，且只有一个分区表项，说明描述的是磁盘最后一个分区信息，也就是第三个分区，保存修改后的数据并重新加载虚拟磁盘，到此就完成了分区表的恢复。

任务评估

1. 请根据任务完成的情况，对自己的工作进行自我评估，并提出改进意见。
(1)
(2)
2. 教师对学生工作情况进行评估，并进行点评。
(1)
(2)
3. 总结。

考核评价	自我评价	共10分，分值标准：0~10	
	组内互评	共20分，分值标准：0~20	
	小组互评	共20分，分值标准：0~20	
	教师评价	共50分，分值标准：0~50	
	总分		

项目 3　FAT32 文件系统数据恢复

任务 3.1　FAT32 文件系统结构分析

任务名称	FAT32 文件系统结构分析	学时		班级	
学生姓名		小组成员		小组任务成绩	
				个人任务成绩	
使用工具	WinHex、DiskGenius	学习场地	实训机房	日期	
任务需求	李先生在使用计算机操作 U 盘的时候突然遭遇停电，来电后再次打开计算机，插入 U 盘 FAT32 文件系统时，屏幕提示该分区未格式化，该分区无法访问。李先生想到里面有很多重要资料，不敢乱动，请来工程师小王帮忙解决问题。小王做了初步检查，发现该分区的引导扇区被破坏了，导致在打开分区的时候，系统无法识别。李先生想要尽快恢复数据，同时能保持该分区中原有的目录结构，因此小王决定对该分区的引导扇区进行修复，从而恢复系统对该分区的正常访问。本次任务需完成对 FAT32 文件系统引导扇区 DBR 的重建				
任务目的	1）掌握 FAT32 文件系统结构。 2）能够重建 FAT32 文件系统的引导扇区。 3）能计算出数据区起始扇区，全面提升分析、计划、实施和监控数据备份与恢复任务的能力				
计划与决策	1）根据任务需求，提供可行的解决方案。 2）能够创建虚拟磁盘并划分分区，模拟实验环境，检验是否与真实情况相符。 3）根据 FAT32 文件系统结构，能够对 DBR 的组成、BPB 参数进行分析，并能够计算 FAT 表的大小、每簇扇区数、根目录起始扇区位置				
任务实施	**1. 知识链接** 1）FAT32 文件系统结构。 FAT32 文件系统由保留扇区、FAT（文件分配表）区和数据区 3 个部分组成，如图 3-1 所示。 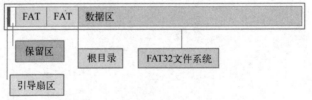 图 3-1　FAT32 文件系统结构 2）FAT32 文件系统的 DBR 结构。 FAT32 文件系统的 DBR 由跳转指令、OEM 代号、BPB 参数、引导程序和结束标志组成，如图 3-2 所示。 3）数据区的起始位置计算，也是根目录的位置，为 2 号簇。 数据区的起始位置=根目录的位置=保留扇区数+FAT 表扇区数×2 4）簇的概念。 FAT32 文件系统的数据区用于存储文件数据，存储文件的基本单位是簇。簇大小一般由格式化程序自动指定。 5）FAT32 文件系统 DBR 扇区的 5 个重要参数。 ① 每簇扇区数。 ② 保留扇区数。 ③ 隐藏扇区数。 ④ 分区的扇区总数。 ⑤ 每个 FAT 表所占扇区数。				

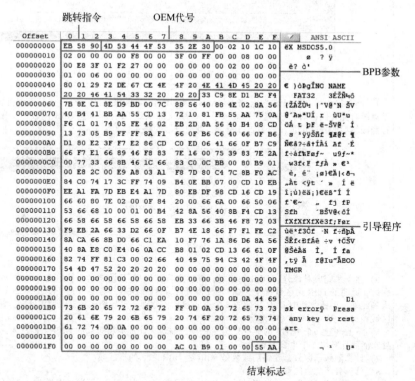

图 3-2　FAT32 文件系统的 DBR 结构

任务实施

2. 任务实施步骤

1）创建一个大小为 16GB 的动态虚拟磁盘。

2）使用 DiskGenius 工具中的"快速分区"功能对虚拟磁盘进行初始化与分区（注意对齐扇区数为 2048），分区格式为 FAT32 文件系统，具体划分的信息如图 3-3 所示，完成之后，在分区中添加任意数据。

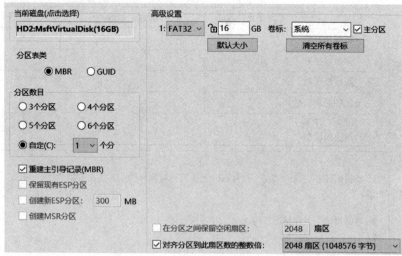

图 3-3　对磁盘进行初始化与分区

3）使用 WinHex 打开该磁盘，注意打开的是"物理驱动器"，然后通过双击打开 FAT32 文件系统的"分区1"，如图 3-4 所示。

图 3-4 打开 FAT32 文件系统的"分区 1"

4）将分区中的 0 号扇区 DBR 与 6 号扇区备份 DBR 中的数据用 0 填充，保存后重新加载该磁盘（注意是对磁盘进行先分离再附加），这样就完成了 FAT32 文件系统 DBR 与备份 DBR 的破坏，在"磁盘管理工具"可看到破坏后的分区信息，如图 3-5 所示，此时分区的格式显示为 RAW。

图 3-5 RAW 分区格式

任务实施

5）接下来完成对该分区 DBR 的修复，继续用 WinHex 打开该磁盘，然后跳转到"分区 1"的起始位置 DBR 扇区，此时的 DBR 扇区数据全为 0，想要修复此分区的 DBR，需要将完好的 FAT32 文件系统中 DBR 数据写入到此处，再修改其中 DBR 扇区的 5 个重要参数，分别为每簇扇区数、保留扇区数、隐藏扇区数、分区总扇区数和每个 FAT 表所占扇区数。

6）下面创建一个 16 GB 的 FAT32 分区的虚拟磁盘，完成后将里面的 DBR 数据写入到需要修复的 DBR 扇区处，然后计算出 5 个重要参数。

7）计算隐藏扇区数，隐藏扇区数是 MBR 到 DBR 之间的扇区数。

8）计算分区总扇区数。

9）计算保留扇区数，保留扇区数是 DBR 到 FAT1 之间的扇区，可通过查找 FAT 表的标志来确定 FAT1 的起始位置。

10）计算每个 FAT 表所占扇区数，FAT 表所占扇区数=FAT2 起始位置- FAT1 起始位置。

11）计算每簇扇区数，该值的计算比较复杂，对于 16 GB 的 FAT32 文件系统来说，其每簇扇区数的默认值为 16。

12）计算完成后，在 DBR 中修改 5 个重要参数的偏移位置与值（见表 3-1），保存之后再重新加载虚拟磁盘，到此就完成了 FAT32 文件系统 DBR 的修复。

表 3-1 修改 5 个重要参数

	偏移位置	十六进制值	十进制值
每簇扇区数			
保留扇区数			
隐藏扇区数			
分区的总扇区数			
每个 FAT 表所占扇区数			

任务评估

1. 请根据任务完成的情况，对自己的工作进行自我评估，并提出改进意见。
(1)
(2)
2. 教师对学生工作情况进行评估，并进行点评。
(1)
(2)
3. 总结。

考核评价	自我评价	共 10 分，分值标准：0~10	
	组内互评	共 20 分，分值标准：0~20	
	小组互评	共 20 分，分值标准：0~20	
	教师评价	共 50 分，分值标准：0~50	
	总分		

任务 3.2 FAT32 文件目录项结构分析

任务名称	FAT32 文件目录项结构分析	学时		班级	
学生姓名		小组成员		小组任务成绩	
				个人任务成绩	
使用工具	WinHex	学习场地	实训机房	日期	
任务需求	王先生的 U 盘和移动硬盘都被感染了一种病毒，这种病毒会在每个分区的根目录下创建一个名为"autorun."的文件夹，使得这个文件夹不能正常访问，也无法删除，这种情况一般是文件目录项遭到破坏导致的，其数据都还存在，此次任务是对 FAT32 文件系统目录项结构进行分析				
任务目的	1) 熟练分析文件目录表项。 2) 根据文件目录项，计算文件实际扇区位置。 3) 在文件目录项中修改文件属性，实现文件的隐藏。 4) 通过创建和删除特异目录，全面提升分析、计划、实施和监控数据备份与恢复任务的能力				
计划与决策	1) 根据任务需求，提供可行的解决方案。 2) 能够创建虚拟磁盘并划分分区，模拟实验环境，检验是否与真实情况相符。 3) 能够根据 FAT32 文件系统中文件目录项，掌握文件的定位、属性的设置以及特异目录的处理				
任务实施	**1. 知识链接** 1) 文件目录项作用。 目录项用来描述文件或文件夹的属性、大小、创建时间、修改时间等信息。FAT32 文件系统分为短文件名目录项、长文件名目录项、卷标目录项、"."目录项与".."目录项 5 种类型。 2) 短文件名目录项。 短文件名目录项，一共占用 32 个字节，在 WinHex 中刚好占用了两行，FAT32 的短文件名目录项中各字节的含义见表 3-2。 表 3-2 FAT32 短文件名目录项的含义 	字节偏移	字段长度/字节	字段内容及含义
---	---	---
0x00	8	主文件名
0x08	3	文件的扩展名
0x0B	1	文件属性 00000000（读/写） 00000001（只读） 00000010（隐藏） 00000100（系统） 00001000（卷标） 00010000（子目录） 00100000（文件）|			

(续)

字节偏移	字段长度/字节	字段内容及含义
0x0C	1	未用
0x0D	1	文件创建时间精确到 10 ms 的值
0x0E	2	文件创建时间,包括时、分、秒
0x10	2	文件创建日期,包括年、月、日
0x12	2	文件最近访问日期,包括年、月、日
0x14	2	文件起始簇号的高位
0x16	2	文件修改时间,包括时、分、秒
0x18	2	文件修改日期,包括年、月、日
0x1A	2	文件起始簇号的低位
0x1C	4	文件大小(以字节为单位)

3) 长文件名目录项。

由于短文件名目录项的文件名不能超过 8 个字符,在实际应用中超过 8 字符就用长文件名目录项来处理,当创建一个长文件名时,其对应短文件名的存储有以下三个处理原则。

① 系统取长文件名的前 6 个字符加上"~1"形成短文件名,其扩展名不变。

② 如果已存在这个名字的文件,则"~"后的数字自动增加。

③ 如果有非法的字符,则以下画线"_"替代。

每个长文件名目录项占用 32 字节,一个目录项作为长文件名目录项使用时,其文件属性值为 0FH,每个长文件名目录项最多能够存储 13 个字符。

4) "."目录项与".."目录项。

在子目录所在的文件目录项区域中,总有两个特殊的目录,它们就是"."目录和".."目录。

"."目录项表示当前目录,其起始簇号表示的当前子目录所在的簇号。

".."目录项表示上级目录,其起始簇号表示上级目录所在的簇号,如果上级目录所在的簇号为 0,则表示上级目录为根目录。

5) 卷标目录项。

卷标目录项用来描述分区的名字,其文件属性为 08H,位于根目录中的第一个目录项,占用 32 字节,卷标的长度最多允许达到 11 字节,如果卷标为中文,则最多支持 5 个字符。

2. 任务实施步骤

1) 创建一个大小为 16 GB 的动态虚拟磁盘,并将其初始化成 MBR 类型磁盘,再格式化成 FAT32 文件系统,其中卷标命名为"FAT32"。

2) 在划分完成的分区根目录中写入 2 个文件与 1 个文件夹,文件名如图 3-6 所示,并向"001"文件夹中写入 2 个文件,其文件名如图 3-7 所示,文件中的内容可任意,需要注意的是,要先将写入的文件与文件夹创建好,再粘贴到该分区中来。

名称 ^	修改日期	类型	大小
001	2022/4/9 18:32	文件夹	
FAT32文件系统数据恢复.docx	2022/4/9 18:27	Microsoft Word ...	69 KB
test.txt	2022/4/9 18:27	文本文档	46 KB

图 3-6 根目录中的数据

名称 ^	修改日期	类型	大小
2.xlsx	2022/4/9 18:32	Microsoft Excel ...	9 KB
3.xls	2022/3/23 14:03	Microsoft Excel ...	28 KB

图 3-7 "001"文件夹中的数据

3) 使用 WinHex 将 FAT32 逻辑分区打开，此时 0 号扇区就是该文件系统的 DBR，根据 DBR 中的 BPB 参数计算出根目录所在扇区位置，并按要求填写表 3-3。

表 3-3　BPB 重要参数信息

每扇区字节数	
每簇扇区数	
保留扇区数	
FAT 表所在扇区数	
根目录首簇号	
分区的总扇区数	

4) 卷标目录项分析。

跳转到根目录位置，其中第一个目录项就是卷标目录项，填写以下信息。

① 卷标名称：_____

② 卷标属性：_____ H

5) 短文件名目录项分析。

前面在分区根目录中写入的 "test.txt" 文件就属于短文件名目录项，找到该文件目录项，填写以下信息。

① 文件名：_____

② 文件属性：_____ H

③ 文件起始簇号：_____ D

④ 文件大小字节数：_____ D

⑤ 文件起始扇区号：_____ D

根目录中写入的 "001" 文件夹也属于短文件名目录项，找到该文件目录项，填写以下信息。

① 文件名：_____

② 文件属性：_____ H

③ 文件起始簇号：_____ D

④ 文件大小字节数：_____ D

⑤ 文件起始扇区号：_____ D

6) 长文件名目录项分析。

分区根目录中写入的 "FAT32 文件系统数据恢复.docx" 文件属于长文件名目录项，找到该文件目录项，填写以下信息。

① 文件名：_____

② 文件属性：_____ H

③ 长文件名属性：_____ H

④ 文件起始簇号：_____ D

⑤ 文件大小字节数：_____ D

⑥ 文件起始扇区号：_____ D

7) "." 与 ".." 目录项分析

由于 "." 与 ".." 目录项只存在于子文件夹中，下面跳转到 "001" 子文件夹的起始扇区，找到 "." 与 ".." 目录项，填写以下信息。

"." 目录项

① 文件属性：_____ H

② 起始簇号：_____ D

".." 目录项

① 文件属性：_____ H

② 起始簇号：_____ D

任务评估	1. 请根据任务完成的情况，对自己的工作进行自我评估，并提出改进意见。 （1） （2） 2. 教师对学生工作情况进行评估，并进行点评。 （1） （2） 3. 总结。		
考核评价	自我评价	共 10 分，分值标准：0~10	
	组内互评	共 20 分，分值标准：0~20	
	小组互评	共 20 分，分值标准：0~20	
	教师评价	共 50 分，分值标准：0~50	
	总分		

任务 3.3 FAT32 文件系统误删除文件恢复

任务名称	FAT32 文件系统误删除文件恢复	学时		班级	
学生姓名		小组成员		小组任务成绩	
				个人任务成绩	
使用工具	WinHex	学习场地	实训机房	日期	
任务需求	赵老师在整理工作资料的时候，删除了一批文件，不小心把一份前不久才写的工作文档误删除了，该文档存放在 U 盘中，且分区格式为 FAT32 文件系统，对于此类的误删除，在没有发生对文件数据与目录项覆盖的情况下，其数据还是有恢复的可能性的，此次任务就是完成 FAT32 文件系统文件删除后的恢复				
任务目的	1）能分析 FAT 文件分配表。 2）能编辑文件系统信息恢复文件。 3）能使用计算机读取文件数据恢复文件。 4）通过文件数据，全面提升分析、计划、实施和监控数据备份与恢复任务的能力				
计划与决策	1）根据任务需求，提供可行的解决方案。 2）能够创建虚拟磁盘并划分分区，模拟实验环境，检验是否与真实情况相符。 3）根据文件目录项和文件分配表信息，具有手工恢复文件数据的能力				
任务实施	**1. 知识链接** （1）文件分配表（FAT） 文件分配表 FAT 是用来描述文件系统内存储单元的分配状态及文件内容的前后链接关系的表。FAT 表由 FAT 表项构成，FAT32 文件系统中每个 FAT 表项占用 4 字节，每个 FAT 表项都有一个固定的编号，并且从 0 开始编号，编号信息如图 3-8 所示。  图 3-8 FAT 表项				

(2) FAT32 文件系统删除原理

在操作系统中删除文件或文件夹有两种方式，一种是永久性删除（快捷键〈Shift+Delete〉），另一种是先放到回收站再将回收站清空。

1）对于文件的删除。

① 文件目录项的首字节改为"E5"，作为删除标志。

② 文件目录项的 FAT 表的簇链清零。

③ 永久性删除文件时，文件目录项中起始簇号的高位两字节会被清空（超过 65535 号簇时占用高位两字节）。

④ 先将文件放到回收站之后再清空时，文件目录项中起始簇号的高位两字节不会被清空。

2）文件删除后的恢复思路。

① 文件删除后，如果文件的起始簇号不超过 65535 号簇，那么文件目录项中记录的文件起始簇号的高位两字节就无数据，此时文件删除后就容易恢复，如果删除文件时文件目录项的高两位字节存在数据，那么该文件的起始簇号也就丢失了，这种文件比较难恢复，此时只能通过还原文件起始簇号的高位两字节的数据进行恢复，由于文件删除后的创建时间、修改时间不会发生改变，因此可以找到与被删除的文件创建时间相近的文件，参考它们的起始簇号高位两字节。

② 文件删除后，FAT 表中的簇链会被清零，如果文件有碎片（文件大小至少占用两个簇且文件的簇号不连续），此时只能恢复文件第一部分连续簇中的数据。

③ 文件删除后，其所占用的簇会被释放，如果此时被其他文件占用该簇，将会导致被删除的文件内容被覆盖，这种情况下的数据无法恢复。

3）对于文件夹的删除。

① 文件夹与文件夹下的所有目录项的首字节改为"E5"。

② 文件夹与文件夹下的所有目录项 FAT 表的簇链清零。

③ 文件夹目录项中的起始簇号的高位两字节会被清空。

④ 文件夹下的所有目录项的起始簇号的高位两字节不会被清空。

4）文件夹删除后的恢复思路。

① 文件夹删除后，由于文件夹下的所有目录项的高位簇不会被清空，因此文件夹下的非碎片文件都能够恢复出来。

② 文件夹删除后，如果文件有碎片或者文件内容被覆盖，这种情况下数据较难恢复。

2. 任务实施步骤

1）创建一个大小为 16 GB 的动态虚拟磁盘，并将其初始化成 MBR 类型磁盘，再格式化成 FAT32 文件系统。

2）在划分完成的分区根目录中写入 1 个文件与 1 个文件夹，文件名如图 3-9 所示，并向"001"文件夹中写入 3 个文件，其文件名如图 3-10 所示，文件中的内容可任意，需要注意的是要先将写入的文件与文件夹创建好，再粘贴到该分区中来，并将原文件进行备份。

名称	修改日期	类型	大小
001	2022/4/9 18:32	文件夹	
002.txt	2022/4/9 18:27	文本文档	46 KB

图 3-9　根目录中的数据

名称	修改日期	类型	大小
1.xlsx	2022/4/9 18:32	Microsoft Excel ...	9 KB
2.xls	2022/3/23 14:03	Microsoft Excel ...	28 KB
3.xls	2022/3/23 14:03	Microsoft Excel ...	28 KB

图 3-10　"001"文件夹中的数据

3）对根目录下的文件与文件下进行永久性删除（快捷键〈Shift+Delete〉），永久删除提示如图 3-11 所示。

4）对删除后的文件进行恢复。

接下来对"002.txt"文件进行数据恢复，使用 WinHex 打开 FAT32 逻辑分区，根据 DBR 中的 BPB 参数定位到根目录所在扇区位置，并将记录填写到表 3-4 中。

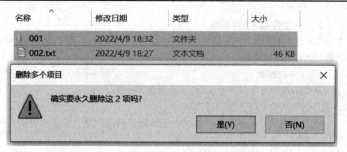

图 3-11 对文件与文件夹进行永久删除

表 3-4 重要参数信息

每扇区字节数	
每簇扇区数	
保留扇区数	
FAT 表所在扇区数	
根目录首簇号	
分区的总扇区数	
根目录所在扇区号	

任务实施

5）跳转到计算出来的根目录所在扇区号，在根目录中找到"002.txt"文件目录项，并填写以下信息。
① "002.txt" 文件属性：_____ H
② "002.txt" 文件起始簇号：_____ D
③ "002.txt" 文件大小字节数：_____ D
④ "002.txt" 文件起始扇区号：_____ D

6）跳转到计算出来的"002.txt"文件起始扇区号，根据目录项中记录的文件大小将数据提取出来，再与原文件对比，查看文件内容是否一致。

7）对删除后的文件夹进行恢复。
在根目录中找到删除后的"001"文件夹目录项，并填写以下信息。
① "001" 文件夹属性：_____ H
② "001" 文件夹的起始簇号：_____ D
③ "001" 文件夹起始扇区号：_____ D

8）跳转到"001"文件夹起始扇区号，并将文件目录项的相关信息填写到表 3-5 中。

表 3-5 起始扇区文件目录项信息

	起始簇号（十进制）	大小字节数（十进制）	起始扇区号
1. xlsx			
2. xls			
3. doc			

9）最后将文件夹下的所有文件提取出来，完成后与原文件内容对比，检验是否一致。

任务评估

1. 请根据任务完成的情况，对自己的工作进行自我评估，并提出改进意见。
(1)
(2)
2. 教师对学生工作情况进行评估，并进行点评。
(1)
(2)
3. 总结。

考核评价	自我评价	共 10 分，分值标准：0~10	
	组内互评	共 20 分，分值标准：0~20	
	小组互评	共 20 分，分值标准：0~20	
	教师评价	共 50 分，分值标准：0~50	
	总分		

项目 4 exFAT 文件系统数据恢复

任务 4.1 exFAT 文件系统结构分析

任务名称	exFAT 文件系统结构分析	学时		班级	
学生姓名		小组成员		小组任务成绩	
				个人任务成绩	
使用工具	WinHex	学习场地	实训机房	日期	
任务需求	李先生在使用 U 盘的时候计算机突然遭遇停电,当来电后再次打开计算机,插入 U 盘时,屏幕提示该分区未格式化,该 exFAT 文件系统分区无法访问。李先生做了初步检查,发现该分区的引导扇区被破坏了,导致在打开分区的时候,系统无法识别。李先生想要尽快恢复数据,同时能保持该分区中原有的目录结构,因此决定对该分区的引导扇区进行修复,从而恢复系统对该分区的正常访问。本次任务是完成对 exFAT 文件系统的 DBR 重建				
任务目的	1) 能分析 exFAT 文件系统结构。 2) 能利用备份和重要参数重建 DBR 引导扇区。 3) 能计算出数据区起始扇区,全面提升分析、计划、实施和监控数据备份与恢复任务的能力				
计划与决策	1) 根据任务需求,提供可行的解决方案。 2) 能够创建虚拟磁盘并划分分区,模拟实验环境,检验是否与真实情况相符。 3) 能够根据 exFAT 文件系统结构、DBR 扇区组成、目录项分析、簇位图分析、BPB 参数分析等方式计算数据区起始扇区、簇的大小,并恢复 exFAT 文件系统分区数据				
任务实施	**1. 知识链接** (1) exFAT 文件系统结构 exFAT 文件系统由 DBR 及保留扇区、FAT、簇位图文件、大写字符文件、用户数据区 5 个部分组成,其大致结构如图 4-1 所示。 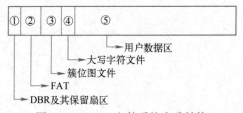 图 4-1 exFAT 文件系统大致结构 (2) exFAT 文件系统的 DBR exFAT 文件系统的 DBR 由跳转指令、OEM 代号、BPB 参数、引导程序和结束标志 5 部分组成,结构如图 4-2 所示。 (3) exFAT 文件系统 DBR 重要的 BPB 参数 exFAT 文件系统 DBR 重要的 BPB 参数如下。 1) 隐藏扇区数(分区的相对开始扇区号)。 2) 扇区总数(也就是分区大小)。 3) FAT 起始扇区号。 4) FAT 扇区数。 5) 首簇起始扇区号。 6) 总簇数。				

7) 根目录首簇号。
8) 每簇扇区数。

```
            Offset   0  1  2  3  4  5  6  7  8  9  A  B  C  D  E  F      ANSI ASCII
          000000000 EB 76 90 45 58 46 41 54 20 20 20 00 00 00 00 00   ëv EXFAT              
跳转指令  000000010 00 00 00 00 00 00 00 00 00 00 00 00 00 00 00 00                         ———OEM代号
          000000020 00 00 00 00 00 00 00 00 00 00 00 00 00 00 00 00
          000000030 00 00 00 00 00 00 00 00 00 00 00 00 00 00 00 00
          000000040 00 08 00 00 00 00 00 00 00 E8 FF 07 00 00 00 00              èÿ
          000000050 00 08 00 00 00 00 00 00 00 18 00 00 00 FF 07 00              Ðÿ         ———BPB参数
          000000060 04 00 00 00 E5 59 0D 72 00 01 00 00 09 08 01 80          åY r       €
          000000070 00 00 00 00 00 00 00 00 33 C9 8E D1 8E C1 8E D9          3ÉŽÑŽÁŽÙ
          000000080 BC D0 7B BD 00 7C 88 16 6F 7C B4 41 BB AA 55 CD     ¼Ð{½ |^ o|´A»ªUÍ
          000000090 13 72 69 81 FB 55 AA 75 F6 C1 01 74 5E FE 06       ri ûUªuöÁ t^þ
          0000000A0 02 7C 66 50 B0 65 E8 A6 00 66 58 66 B8 01 00 00     |fP°eè¦ fXf¸
          0000000B0 00 8A 0E 66 D3 E0 66 89 46 26 66 D3 E8 66 0F       Š m|fóàf‰F&fÓèf
          0000000C0 00 00 8A 0E 6C 7C 66 D3 E0 66 89 46 D8 66 A1 40      Š l|fÓàf‰FØf¡@
          0000000D0 7C 66 40 BB 00 7E B9 01 00 66 50 E8 41 00 66 58     |f@» ~¹  fPèA fX
          0000000E0 66 40 B8 00 B9 01 00 E8 34 00 66 50 66 58 66       f@¸ ¹  è4 fPfXe
          0000000F0 5D 00 66 58 E9 09 01 A0 FC 7D EB 05 A0 FB 7D EB     ] fXé  ü}ë  û}ë
          000000100 00 B4 7D 8B F0 AC 98 40 74 0C 48 74 0E B4 0E BB       ´}‹ð¬˜@t Ht ´ »
          000000110 07 00 CD 10 EB EF A0 FD 7D EB E6 CD 16 CD 19 66       Í ëï ý}ëæÍ Í f
          000000120 60 66 6A 00 66 50 06 53 66 68 10 00 01 00 B4 42     `fj fP Sfh     ´B
          000000130 B2 80 8A 16 6F 7C 8B F4 CD 13 66 58 66 58 66 58     ²€Š o|‹ôÍ fXfXfX
          000000140 66 58 EB 33 66 13 B1 03 5E D8 66 40 49 75 D1 C3 66     fXëfart ^Øf@IuÑÃf
          000000150 60 B4 0E BB 07 00 B9 01 00 CD 10 66 61 C3 42 00     `´ »   ¹  Í faÃB
          000000160 4F 4F 4F 00 54 00 4D 00 47 00 52 00 0D 0A 52 65     O O O T M G R  Re
          000000170 6D 6F 76 65 20 64 69 73 6B 73 20 6F 72 20 6F 74     move disks or ot
          000000180 68 65 72 20 6D 65 64 69 61 2E FF 0D 0A 44 69 73     her media.ÿ  Dis
          000000190 6B 20 65 72 72 6F 72 FF 0D 0A 50 72 65 73 73 20     k errorÿ  Press
          0000001A0 61 6E 79 20 6B 65 79 20 74 6F 20 72 65 73 74 61     any key to resta
          0000001B0 72 74 0D 0A 00 00 00 00 00 00 00 00 00 FF FF         rt             ÿÿ
          0000001C0 FF FF FF FF FF FF FF FF FF FF FF FF FF FF FF FF     ÿÿÿÿÿÿÿÿÿÿÿÿÿÿÿÿ
          0000001D0 FF FF FF FF FF FF FF FF FF FF FF FF FF FF FF FF     ÿÿÿÿÿÿÿÿÿÿÿÿÿÿÿÿ
          0000001E0 FF FF FF FF FF FF FF FF FF FF FF FF FF FF FF FF     ÿÿÿÿÿÿÿÿÿÿÿÿÿÿÿÿ
          0000001F0 FF FF FF FF FF FF FF FF FF FF FF FF 6C 8B 98 55 AA  ÿÿÿÿÿÿÿÿÿÿÿÿl‹˜U ª ———结束标志
```

引导程序

图 4-2　exFAT 文件系统的 DBR 组成结构

(4) 首簇起始号扇区的计算

由于 FAT 表后面就是首簇号，但它并不是连续的，中间还有大小不确定的保留扇区数，所以计算首簇起始扇区时是不能用 FAT 表起始扇区号加上 FAT 表大小的。首簇起始扇区号的计算方法是找到簇位图文件的开始位置，因为簇位图文件一般都占用第一个簇。可通过查找 "FF FF" 来找簇位图文件的起始位置，查找方式如图 4-3 所示。

任务实施

图 4-3　查找簇位图文件的起始位置

(5) 每簇扇区数的计算

簇位图文件后就是大写字符文件，大写字符文件的内容是固定的，前 4 个字节是 "00 00 01 00"，查找方式如图 4-4 所示，找到大写字符文件后，簇位图文件与大写字符文件之间的扇区差就是每簇扇区数。

(6) 根目录首簇号位置的计算

大写字符文件之后就是根目录，它们之间相差一个簇的大小。

(7) 总簇数计算

总簇数=(总扇区数-首簇起始号扇区)/每簇扇区数。

图 4-4　查找大写字符文件起始位置

（8）FAT 表扇区数

FAT 表扇区数 ≈（分区总簇数+2）×4/512。

2. 任务实施步骤

1）在磁盘管理工具中，创建 1 个 64 GB 的虚拟磁盘，将该分区格式化为 exFAT，并向该分区中存放适量文件。

2）使用 WinHex 工具打开虚拟磁盘的逻辑分区，使用随机数据将 0 号 DBR 扇区与 12 号备份 DBR 扇区这两部分填充。

3）将虚拟磁盘保存在 WinHex 工具中并退出，在磁盘管理工具中分离并重新附加该虚拟磁盘，到此就完成了 exFAT 文件系统 DBR 的破坏。

4）实验环境搭建好后，使用 WinHex 打开该虚拟磁盘（通过分区打开不能识别文件系统），双击虚拟磁盘结构中的分区 1，进入该分区的起始扇区，可看到被破坏的 DBR 扇区。

5）下面完成对 exFAT 文件系统 DBR 的修复，由于该分区的备份 DBR 也遭到破坏，要想恢复只能通过手工重建该分区的 DBR，需要将完好的 exFAT 文件系统中的 DBR 数据写入到被破坏的 DBR 位置，再修改其中 DBR 扇区的 8 个重要参数，分别是隐藏扇区数、每簇扇区数、FAT 起始扇区号、FAT 扇区数、首簇起始扇区号、分区的总扇区数、总簇数和根目录首簇号。

6）接下来分析 exFAT 文件系统的分区结构，在 DBR 中修改 8 个重要参数的偏移位置与值，并将这些信息填写到表 4-1 中，保存后再重新加载虚拟磁盘，到此就完成了 exFAT 文件系统 DBR 的修复。

表 4-1　exFAT 文件系统 DBR 重要参数信息

	偏移位置	十六进制值	十进制值
隐藏扇区数			
每簇扇区数			
FAT 起始扇区号			
FAT 扇区数			
首簇起始扇区号			
分区的总扇区数			
总簇数			
根目录首簇号			

3. 总结

1）exFAT 文件系统的逻辑结构由哪几部分组成？

任务实施	2）exFAT 文件系统的 DBR 扇区由哪几部分组成？
	3）简述 exFAT 文件系统与 FAT32 文件系统的区别。

任务评估	1. 请根据任务完成的情况，对自己的工作进行自我评估，并提出改进意见。 （1） （2） 2. 教师对学生工作情况进行评估，并进行点评。 （1） （2） 3. 总结。

考核评价	自我评价	共 10 分，分值标准：0~10	
	组内互评	共 20 分，分值标准：0~20	
	小组互评	共 20 分，分值标准：0~20	
	教师评价	共 50 分，分值标准：0~50	
	总分		

任务 4.2　exFAT 文件目录项结构分析

任务名称	exFAT 文件目录项结构分析	学时		班级	
学生姓名		小组成员		小组任务成绩	
				个人任务成绩	
使用工具	WinHex	学习场地	实训机房	日期	
任务需求	工程师小王安装了一个文件夹加密程序，只要运行这个程序就能将 exFAT 分区中的某些文件夹隐藏，要访问的话需要运行加密程序，隐藏的文件夹才会显示出来。原理是对 exFAT 分区文件目录项中的属性值进行修改，最终使得文件夹成为隐藏文件，本次任务是完成对 exFAT 文件系统的目录项结构的分析				
任务目的	1）熟练分析 exFAT 文件目录项。 2）根据文件目录项，计算文件数据实际扇区位置。 3）在文件目录项中操作文件属性，实现文件的隐藏。 4）通过创建和删除特异目录，全面提升分析、计划、实施和监控数据备份与恢复任务的能力				
计划与决策	1）根据任务需求，提供可行的解决方案。 2）能够创建虚拟磁盘并划分分区，模拟实验环境，检验是否与真实情况相符。 3）根据 exFAT 文件系统中文件目录项，实现文件的定位、属性的设置以及特异目录的处理				
任务实施	**1. 知识链接** （1）exFAT 文件系统文件目录项概述 文件目录项对于 exFAT 文件系统来讲是非常重要的组成部分，主要是用来描述文件或文件夹的属性、大小、起始簇号和时间、日期等信息。 （2）exFAT 文件目录项类型 exFAT 文件目录项类型占用大小为 32N 字节（N 为正整数）。				

1）卷标目录项。
2）簇位图文件的目录项。
3）大写字符文件的目录项。
4）用户文件的目录项。
（3）卷标目录项
卷标目录项的特征值为"83H"，如果将卷标删除，该特征值为"03H"。
（4）簇位图文件的目录项
簇位图文件目录项的特征值为"81H"，簇位图文件的目录项的参数含义见表4-2。

表4-2 簇位图文件的目录项的参数含义

字节偏移	字段长度/字节	内容及含义
0x00	1	目录项的类型
0x01	1	保留
0x02	18	保留
0x14	4	起始簇号
0x18	8	文件大小

（5）大写字符文件的目录项
大写字符文件目录项的特征值为"82H"，大写字符文件目录项的参数含义见表4-3。

表4-3 大写字符文件目录项参数含义

字节偏移	字段长度/字节	内容及含义
0x00	1	目录项的类型
0x01	3	保留
0x08	14	保留
0x14	4	起始簇号
0x18	8	文件大小

（6）用户文件的目录项
用户文件的目录项由"属性1""属性2"和"属性3"构成。
1）用户文件目录项的"属性1"用来描述文件的属性与文件的创建、修改、访问等相关信息，该属性的特征值为"85H"，占用32字节，"属性1"的参数含义见表4-4，其中文件属性的具体含义见表4-5。

表4-4 "属性1"的参数含义

字节偏移	字段长度/字节	内容及含义
0x00	1	目录项的类型
0x01	1	附属目录项数
0x02	2	校验和
0x04	4	文件属性
0x08	4	文件创建时间
0x0C	4	文件最后修改时间
0x10	4	文件最后访问时间
0x14	1	文件创建时间，精确至10 ms
0x15	3	保留
0x18	8	保留

表 4-5 文件属性的具体含义

二进制值	属性含义	二进制值	属性含义
00000000	读/写	00001000	卷标
00000001	只读	00010000	子目录
00000010	隐藏	0100000	存档
00000100	系统		

2）用户文件目录项的"属性 2"用来描述文件的碎片标志、文件的大小与文件的起始簇号等信息，该属性的特征值为"C0H"，占用 32 字节，"属性 2"的参数含义见表 4-6。

表 4-6 "属性 2"的参数含义

字节偏移	字段长度/字节	内容及含义
0x00	1	目录项的类型
0x01	1	文件碎片标志
0x02	1	保留
0x03	1	文件名字符数 N
0x04	2	文件名 Hash 值
0x06	2	保留
0x08	8	文件大小 1
0x10	4	保留
0x14	4	起始簇号
0x18	8	文件大小 2

3）用户文件目录项的"属性 3"用来描述文件名信息，大小为 32 字节的整数倍，该属性的特征值为"C1H"，"属性 3"的参数含义见表 4-7。

表 4-7 "属性 3"的参数含义

字节偏移	字段长度/字节	内容及含义
0x00	1	目录项的类型
0x01	1	保留
0x02	2N	文件名

2. 任务实施步骤

1）使用 WinHex 打开一个 exFAT 文件系统逻辑分区，转到根目录位置，其中十六进制数值如图 4-5 所示。

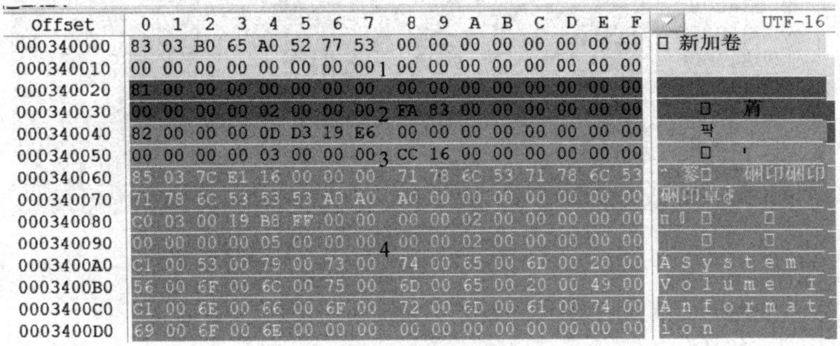

图 4-5 根目录十六进制数值

2）根据图 4-5 的信息填写以下数据。

第 1 部分目录项类型：_____

第 2 部分目录项类型：_____

第 3 部分目录项类型：_____

第 4 部分目录项类型：_____

3）分析以下文件目录项并完成相关信息填写。

① 卷标目录项，如图 4-6 所示。

Offset	0 1 2 3 4 5 6 7 8 9 A B C D E F	UTF-16
000340000	83 03 B0 65 A0 52 77 53 00 00 00 00 00 00 00 00	□新加卷
000340010	00 00 00 00 00 00 00 00 00 00 00 00 00 00 00 00	

图 4-6　卷标目录项

根据图 4-6 中的信息填写以下数据。

特征值：_____H

卷标名（UTF-16）：_____

② 簇位图目录项，如图 4-7 所示。

Offset	0 1 2 3 4 5 6 7 8 9 A B C D E F	UTF-16
000340020	81 00 00 00 00 00 00 00 00 00 00 00 00 00 00 00	
000340030	00 00 00 00 02 00 00 00 FA 83 00 00 00 00 00 00	□荩

图 4-7　簇位图目录项

根据图 4-7 中的信息填写以下数据。

特征值：_____H

簇位图起始簇号：_____H

簇位图大小簇数：_____H

③ 大写字符目录项，如图 4-8 所示。

Offset	0 1 2 3 4 5 6 7 8 9 A B C D E F	UTF-16
000340040	82 00 00 00 0D D3 19 E6 00 00 00 00 00 00 00 00	끡
000340050	00 00 00 00 03 00 00 00 CC 16 00 00 00 00 00 00	□'

图 4-8　大写字符目录项

根据图 4-8 中的信息填写以下数据。

特征值：_____H

大写字符起始簇号：_____H

大写字符大小簇数：_____H

④ 用户目录项，如图 4-9 所示。

Offset	0 1 2 3 4 5 6 7 8 9 A B C D E F	UTF-16
000340060	85 03 7C E1 16 00 00 00 71 78 6C 53 71 78 6C 53	″蓼□ 砸叩砸叩
000340070	71 78 6C 53 53 53 A0 A0 A0 00 00 00 00 00 00 00	砸叩卓ゞ
000340080	C0 03 00 19 B8 FF 00 00 00 00 00 00 00 00 00 00	п□　□
000340090	00 00 00 00 05 00 00 00 00 00 02 00 02 00 00 00	
0003400A0	C1 00 53 00 79 00 73 00 74 00 65 00 6D 00 20 00	Á system
0003400B0	56 00 6F 00 6C 00 75 00 6D 00 65 00 20 00 49 00	Volume I
0003400C0	C1 00 6E 00 66 00 6F 00 72 00 6D 00 61 00 74 00	Á nformat
0003400D0	69 00 6F 00 6E 00 00 00 00 00 00 00 00 00 00 00	ion

图 4-9　用户目录项

根据图 4-9 中的信息填写以下数据。

文件名：_____

目录项数：_____D

文件属性：_____

任务实施

任务实施	是否存在文件碎片：_____ 文件起始簇号：_____H 文件大小字节数：_____H **3. 总结** 1）卷标目录项最多能记录多少个 Unicode 字符数？ 2）一个用户目录项至少占用多少个字节？ 3）FAT32 与 exFAT 文件系统所能存储的最大的单个文件的字节数分别是多少？
任务评估	1. 请根据任务完成的情况，对自己的工作进行自我评估，并提出改进意见。 (1) (2) 2. 教师对学生工作情况进行评估，并进行点评。 (1) (2) 3. 总结。

考核评价	自我评价	共 10 分，分值标准：0~10	
	组内互评	共 20 分，分值标准：0~20	
	小组互评	共 20 分，分值标准：0~20	
	教师评价	共 50 分，分值标准：0~50	
	总分		

任务 4.3　exFAT 文件系统删除文件恢复

任务名称	exFAT 文件系统删除文件恢复	学时		班级	
学生姓名		小组成员		小组任务成绩	
				个人任务成绩	
使用工具	WinHex	学习场地	实训机房	日期	
任务需求	某客服在整理工作资料的时候，不小心把一份前不久才写的工作文档误删除了，发生这种情况，建议对误删除文件的分区做保护，禁止再往里面写入文件，通过对文件系统结构信息的掌握，能够把删除文件的数据内容复制出来。由于这个文档占用了不止一个簇，而且很有可能是非连续存放，因此要仔细分析。本次任务是完成对 exFAT 文件系统删除原理分析以及对删除后的数据进行恢复				
任务目的	1）理解 exFAT 文件系统删除原理。 2）能恢复 exFAT 文件系统删除的数据。 3）能计算出数据区起始扇区，全面提升分析、计划、实施和监控数据备份与恢复任务的能力				
计划与决策	1）根据任务需求，提供可行的解决方案。 2）能够创建虚拟磁盘并划分分区，模拟实验环境，检验是否与真实情况相符。 3）根据 exFAT 文件系统结构，能够分析用户目录项、遍历用户数据、FAT 表分析、簇位图文件分析，并恢复 exFAT 文件系统所删除的数据				

1. 知识链接

对于 exFAT 文件系统的永久删除，其文件对应的簇位图会被清零，文件目录项第一个字节的最高位会改为 0，其他都未发生变化，因此对于 exFAT 文件系统的删除操作还是较好恢复的。

对于删除文件或文件夹的方式存在两种情况，第一是删除到回收站，这种删除方式可以直接在回收站中将文件还原回来，回收站是系统隐藏的一个文件夹，想要打开回收站必须在操作系统里面打开"系统隐藏文件夹可见"功能。第二种删除是永久性的删除，这种删除是直接删除，可以将占用空间返还，对于 exFAT 文件系统永久性的删除到底改变了哪些地方，下面来看一个例子，在 exFAT 文件系统中创建一个 shujuhuifutest.txt 文件，然后将其永久性删除，删除前的目录项如图 4-10 所示，删除后的目录项如图 4-11 所示。

```
Offset     0  1  2  3  4  5  6  7  8  9  A  B  C  D  E  F  /  ANSI ASCII
0003403E0  85 03 69 70 20 00 00 00 C0 51 FC 50 BD 51 FC 50   ..ip ÀQüP½QüP
0003403F0  C0 51 FC 50 64 00 A0 A0 A0 00 00 00 00 00 00 00   ÀQüPd
000340400  C0 03 00 12 66 F7 00 00 1D 00 00 00 00 00 00 00   À   f÷
000340410  00 00 00 00 7D 01 00 00 00 00 00 00 00 00 00 00       }
000340420  C1 00 73 00 68 00 75 00 6A 00 75 00 68 00 75 00   Á s h u j u h u
000340430  69 00 66 00 75 00 74 00 65 00 73 00 74 00 2E 00   i f u t e s t .
000340440  C1 00 74 00 78 00 74 00 00 00 00 00 00 00 00 00   Á t x t
000340450  00 00 00 00 00 00 00 00 00 00 00 00 00 00 00 00
```

图 4-10 文件 "shujuhuifutest.txt" 删除前目录项

```
Offset     0  1  2  3  4  5  6  7  8  9  A  B  C  D  E  F  /  ANSI ASCII
0003403E0  05 03 69 70 20 00 00 00 C0 51 FC 50 BD 51 FC 50   ..ip ÀQüP½QüP
0003403F0  C0 51 FC 50 64 00 A0 A0 A0 00 00 00 00 00 00 00   ÀQüPd
000340400  40 03 00 12 66 F7 00 00 1D 00 00 00 00 00 00 00   @   f÷
000340410  00 00 00 00 7D 01 00 00 1D 00 00 00 00 00 00 00       }
000340420  41 00 73 00 68 00 75 00 6A 00 75 00 68 00 75 00   A s h u j u h u
000340430  69 00 66 00 75 00 74 00 65 00 73 00 74 00 2E 00   i f u t e s t .
000340440  41 00 74 00 78 00 74 00 00 00 00 00 00 00 00 00   A t x t
000340450  00 00 00 00 00 00 00 00 00 00 00 00 00 00 00 00
```

图 4-11 文件 "shujuhuifutest.txt" 删除后目录项

任务实施

经过 "shujuhuifutest.txt" 文件删除前后的目录项对比可以发现，文件删除后只是每个目录项的首字节发生了变化，由原来的 "85H" "C0H" "C1H" 分别改变为 "05H" "40H" "41H"，其他字节没有任何改变，文件的起始簇号、大小、文件名这些关键信息都完好地存在。

该文件原来存放在 381 号簇，现在跳转到 381 号簇，其内容如图 4-12 所示。

```
Offset     0  1  2  3  4  5  6  7  8  9  A  B  C  D  E  F  /  ANSI UTF-8
003260000  45 58 46 41 54 E6 96 87 E4 BB B6 E7 B3 BB BB BB   EXFAT 文 件 系 统
003260010  9F E5 88 A0 E9 99 A4 E5 88 86 E6 9E 90 00 00 00   删 除 分 析 □□□
003260020  00 00 00 00 00 00 00 00 00 00 00 00 00 00 00 00
003260030  00 00 00 00 00 00 00 00 00 00 00 00 00 00 00 00
003260040  00 00 00 00 00 00 00 00 00 00 00 00 00 00 00 00
003260050  00 00 00 00 00 00 00 00 00 00 00 00 00 00 00 00
```

图 4-12 381 号簇内容

很明显文件 "shujuhuifutest.txt" 的内容还在这里，即删除文件时并没有清空其数据区。当然，因为文件 "shujuhuifutest.txt" 只占一个簇，不可能有碎片，所以其在 FAT 表中也就没有记录项，但该文件在簇位图文件中对应的位上会被清零，以表示文件 "shujuhuifutest.txt" 所占用的簇已被释放。既然删除文件后文件名、起始簇号、大小及数据内容这些信息都没有损坏，所以只需要定位到这些信息并且另外保存就相当于恢复了被删除的文件。不过，如果文件原来没有连续存放，也就是存在碎片，那么该文件在 FAT 表中就有簇链。当文件被删除后，这些簇链会被清零，所以有碎片的文件删除后也不容易恢复。

2. 任务实施步骤

1) 创建 1 个虚拟磁盘，大小为 38 GB，并格式化成 exFAT 文件系统。
2) 向该分区根目录中复制 1 个文件与 1 个文件夹，文件名如图 4-13 所示，其中 "B" 文件夹中存放 3 个文件，文件名如图 4-14 所示，文件中的内容可任意，需要注意的是要先将写入的文件与文件夹创建好，再粘贴到该分区中来，并将原文件进行备份。

名称	类型	总大小
B	文件夹	39,824,38
A01.doc	Microsoft Word 97 - 2003 文档	39,824,38

图 4-13 根目录数据

名称	修改日期
B01.docx	2021/4/25 18:04
B02.docx	2021/4/26 16:51
B03.docx	2021/4/26 16:30

图 4-14 子目录中的数据

3）使用 WinHex 分析以上 4 个文件与文件夹的目录项，记录它们所在的起始簇号、文件大小与所占用簇数，并将信息填写到表 4-8 中，以十进制值表示。

表 4-8 目录项信息

文件名	起始簇号	文件大小/字节	占用哪几个簇
A01.doc			
B			
B01.docx			
B02.docx			
B03.docx			

任务实施

4）下面将文件 A01.doc 与文件夹 B 永久性删除，注意删除之后不可再向分区中写入数据。

5）删除完成后使用 WinHex 软件定位到文件与文件夹的目录项，记录删除后的目录项数据、簇位图数据、FAT 表数据，并将信息填写到表 4-9 中，以十进制值表示。

表 4-9 删除文件和文件夹后的目录项信息

文件名	起始簇号	文件大小/字节	簇位图	FAT 表
A01.doc				
B				
B01.docx				
B02.docx				
B03.docx				

6）恢复所有被删除的文件，完成之后与原文件对比，检查内容是否一致。

任务评估

1. 请根据任务完成的情况，对自己的工作进行自我评估，并提出改进意见。
（1）
（2）
2. 教师对学生工作情况进行评估，并进行点评。
（1）
（2）
3. 总结。

考核评价

自我评价	共 10 分，分值标准：0~10
组内互评	共 20 分，分值标准：0~20
小组互评	共 20 分，分值标准：0~20
教师评价	共 50 分，分值标准：0~50
总分	

项目 5　NTFS 文件系统数据恢复

任务 5.1　NTFS 文件系统结构分析

任务名称	NTFS 文件系统结构分析	学时		班级	
学生姓名		小组成员		小组任务成绩	
				个人任务成绩	
使用工具	WinHex	学习场地	实训机房	日期	
任务需求	某客户在打开移动硬盘时出现了"使用驱动器 G:中的光盘之前需要将其格式化"与"无法访问 G:\"的提示，已知该客户没有进行格式化操作，只是划分了一个分区，其文件系统为 NTFS，对于这种情况一般是该分区的 DBR 遭到破坏，本次任务是完成对 NTFS 文件系统引导扇区 DBR 的重建				
任务目的	1）分析 NTFS 文件系统引导扇区结构。 2）手工重建 NTFS 文件系统引导扇区。 3）全面提升分析、计划、实施和监控数据备份与恢复任务的能力				
计划与决策	1）根据任务需求，提供可行的解决方案。 2）创建虚拟磁盘并划分分区，模拟实验环境，检验是否与真实情况相符。 3）根据 NTFS 分区结构信息，具有手工恢复分区数据的能力				
任务实施	**1. 知识链接** （1）NTFS 文件系统概述 　　在 NTFS 文件系统中，磁盘上的所有数据都是以文件的形式出现的，这些文件是元文件与用户文件，其中每个文件都有一个固定大小的文件记录项来描述该文件。在 NTFS 文件系统中最重要的是 $MFT 元文件，它决定了 NTFS 文件系统中所有文件或者文件夹在 NTFS 卷上的位置，也可以用来记录卷上所有文件记录项的内容，也称为主文件表。NTFS 文件系统的总体布局大致如图 5-1 所示。 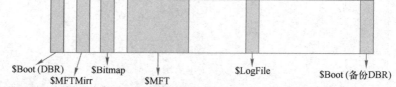 图 5-1　NTFS 文件系统结构图示 （2）NTFS 文件系统的引导扇区 　　NTFS 文件系统的引导扇区是分区的第一个扇区，简称 DBR，也是 $Boot 元文件的重要组成部分，其作用是完成对 NTFS 卷中的 BPB 参数的定义，将操作系统调入到内存中。NTFS 文件系统的引导扇区包括跳转指令、OEM 代号、BPB 参数、引导程序和结束标志。图 5-2 是一个完整的 NTFS 文件系统的 DBR。 　　在 NTFS 文件系统的引导扇区中，BPB 参数记录了 NTFS 文件系统的重要信息，其中各个参数的含义见表 5-1。 　　在重建 NTFS 文件系统的 DBR 时，需要计算 BPB 的参数见表 5-2。				

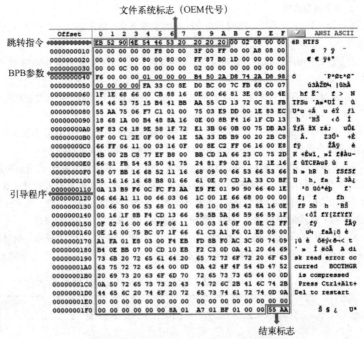

图 5-2 NTFS 文件系统的引导扇区

表 5-1 NTFS 文件系统 BPB 参数的含义

字节偏移	字段长度/字节	字段名和含义	字节偏移	字段长度/字节	字段名和含义
0x0B	2	每扇区字节数	0x24	4	NTFS 未使用，总为 80008000
0x0D	1	每簇扇区数	0x28	8	扇区总数
0x0E	2	未用	0x30	8	$MFT 的起始簇号
0x10	3	总是 0	0x38	8	$MFTMirr 的起始簇号
0x13	2	NTFS 未使用，为 0	0x40	1	文件记录的大小描述
0x15	1	介质描述符	0x41	3	未用
0x16	2	总为 0	0x44	1	索引缓冲的大小描述
0x18	2	每磁道扇区数	0x45	3	未用
0x1A	2	磁头数	0x48	8	卷序列号
0x1C	4	隐藏扇区数	0x50	4	校验和
0x20	4	NTFS 未使用，为 0			

表 5-2 需要计算的 NTFS 文件系统中 DBR 的 BPB 参数

字节偏移	字段长度/字节	含义
0x0D	1	每簇扇区数
0x1C	4	隐藏扇区数
0x28	8	扇区总数
0x30	8	元文件 $MFT 的起始簇号
0x38	8	元文件 $MFTMirr 的起始簇号
0x40	1	每个 $MFT 记录大小的描述
0x44	1	每个索引大小的描述

任务实施	**2. 任务实施步骤** 1) 在磁盘管理工具中，创建 1 个 32 GB 的虚拟磁盘，将该分区格式化为 NTFS，并向该分区中存放适量文件。 2) 使用 WinHex 工具打开虚拟磁盘的逻辑分区，使用随机数据将 0 号 DBR 扇区与备份 DBR 扇区（分区最后一个扇区）这两部分填充。 3) 将虚拟磁盘保存在 WinHex 工具中并退出，在磁盘管理工具中分离并重新附加该虚拟磁盘，到此就完成了 NTFS 文件系统 DBR 的破坏。 4) 实验环境搭建好后，使用 WinHex 打开该虚拟磁盘（通过分区打开不能识别文件系统），双击虚拟磁盘结构中的分区 1，进入该分区的起始扇区，可看到被破坏的 DBR 扇区。 5) 下面完成对 NTFS 文件系统 DBR 的修复，由于该分区的备份 DBR 也遭到破坏，要想恢复只能通过手工重建该分区的 DBR，需要将完好的 NTFS 文件系统中的 DBR 数据写入到被破坏的 DBR 位置，再修改其中 DBR 扇区的 7 个重要参数，分别是每簇扇区数、隐藏扇区数、扇区总数、元文件 $MFT 的起始簇号、元文件 $MFTMirr 的起始簇号、每个 $MFT 记录大小的描述和每个索引大小的描述。 6) 接下来分析 NTFS 文件系统的分区结构，在 DBR 中修改 7 个重要参数的偏移位置与值，并将这些信息填写到表 5-3 中，保存后再重新加载虚拟磁盘，到此就完成了 NTFS 文件系统 DBR 的修复。 表 5-3 NTFS 文件系统 DBR 重要参数信息 |	偏移位置	十六进制值	十进制值
---	---	---	---
每簇扇区数			
隐藏扇区数			
扇区总数			
元文件 $MFT 的起始簇号			
元文件 $MFTMirr 的起始簇号			
每个 $MFT 记录大小的描述			
每个索引大小的描述				
任务评估	1. 请根据任务完成的情况，对自己的工作进行自我评估，并提出改进意见。 (1) (2) 2. 教师对学生工作情况进行评估，并进行点评。 (1) (2) 3. 总结。

考核评价	自我评价	共 10 分，分值标准：0~10	
	组内互评	共 20 分，分值标准：0~20	
	小组互评	共 20 分，分值标准：0~20	
	教师评价	共 50 分，分值标准：0~50	
	总分		

任务 5.2　NTFS 文件记录项分析

任务名称	NTFS 文件记录项分析	学时		班级	
学生姓名		小组成员		小组任务成绩	
				个人任务成绩	
使用工具	WinHex	学习场地	实训机房	日期	
任务需求	在 NTFS 文件系统中，每个文件都通过文件记录进行管理，不论是元文件还是用户数据文件，它们都有文件记录项。本次任务就是对 NTFS 文件记录项的结构进行分析				
任务目的	1）分析 MFT 文件记录项结构。 2）分析 30H、80H 属性。 3）全面提升分析、计划、实施和监控数据备份与恢复任务的能力				
计划与决策	1）根据任务需求，提供可行的解决方案。 2）创建虚拟磁盘并划分分区，模拟实验环境，检验是否与真实情况相符。 3）根据 NTFS 分区结构信息，具有手工搜寻指定的文件记录项的能力。 4）根据文件目录项，分析文件属性的能力				
任务实施	**1. 知识链接** （1）文件记录的结构 　　NTFS 文件系统中每个文件都通过文件记录进行管理，不论是元文件还是用户数据文件，它们都有文件记录，文件记录的大小为两个扇区，也就是 1KB，不管簇的大小是多少。这些文件记录全部都存放主文件记录表（MFT）中，该主文件记录表在物理上是连续的，其中文件记录项从 0 开始依次按顺序编号。 　　文件记录由文件记录头与属性列表两部分构成，通过 WinHex 查看 $MFT 文件的文件记录，结构如图 5-3 所示。 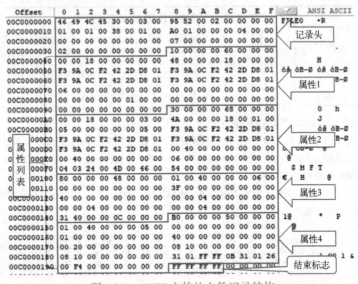 图 5-3　$MFT 文件的文件记录结构 （2）文件记录头的结构 　　文件记录头的结构一般是固定的，从偏移地址 0x00 开始到 0x37 结束，共计 56 字节，下面来看看文件记录头的信息，如图 5-4 所示为一个文件记录的记录头信息。 图 5-4　NTFS 的文件记录头				

NTFS 文件记录头信息的含义见表 5-4。

表 5-4　NTFS 文件记录头信息

字节偏移	字段长度/字节	字段名和含义
0x00	4	文件记录标识，字符串的值为"FILE"
0x04	2	更新序列号的偏移
0x06	2	更新序列号的个数与更新数组之和，一般为3，即1个更新序列号，2个更新数组
0x08	8	日志文件序列号
0x10	2	记录被使用和删除的次数
0x12	2	硬连接数，即有多少个目录指向该文件或目录
0x14	2	第一个属性的偏移地址，相对于文件记录头开始位置偏移
0x16	2	标志，0000H 表示文件被删除，0001H 表示文件正在使用，0002H 表示目录被删除，0003H 表示目录正在使用
0x18	4	文件记录的实际长度
0x1C	4	文件记录的分配长度
0x20	8	基本文件记录中的文件索引号，通常为0；不为0表示该文件存在多个文件记录，此处值就表示下一个文件记录号
0x28	2	下一属性 ID，当增加新的属性时，将该值分配给新属性，然后该值增加，如果 $MFT 记录重新使用，则将该值置为 0
0x2A	2	边界
0x2C	4	文件记录号，从 0 开始编号
0x30	2	更新序列号，注意这两个字节会同时出现在该文件记录第一个扇区的最后两个字节处及该文件记录第二个扇区的最后两个字节处
0x32	2	更新数组，这两个字节去更新文件记录第一个扇区的最后两个字节
0x34	2	更新数组，这两个字节去更新文件记录第二个扇区的最后两个字节

任务实施

(3) 文件记录中属性的结构

每个记录的文件记录头之后就是属性列表，它由多个属性构成，一般第 1 个属性是 10H 属性，10H 属性的偏移地址从 0x38 开始，接着后面就是第 2 个、第 3 个属性，直到结束标志就表示属性结束，一般结束标志的存储形式是"FF FF FF FF"。

每一个属性由属性头和属性体构成，通常属性头的大小为 18H。这里以 $MFT 文件自身的文件记录中的 30H 属性为例，其结构如图 5-5 所示。

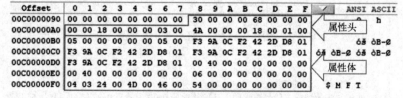

图 5-5　属性的属性头和属性体

(4) 30H 属性分析

30H 属性的类型名为 $FILE_NAME，即文件名属性，用于存储文件名信息，它总是常驻属性，一般紧跟在 10H 属性之后。其属性最小占用 68 字节，最大占用 578 字节，可容纳最大 255 个 Unicode 字符的文件名长度。如果文件名的长度超过 8 个字符，在记录中会存在两个 30H 属性，第一个 30H 属性描述的是短文件名，第二个 30H 属性描述的是长文件名，其结构见表 5-5。

表 5-5 30H 属性结构

字节偏移	字段长度/字节	含义	
0x00	4	属性类型（30H）	属性头
0x04	4	属性长度（属性头与属性体的长度）	
0x08	1	常驻标志（00 表示常驻，01 表示非常驻）	
0x09	1	属性名长度（00 表示无属性名）	
0x0A	2	属性名的开始偏移	
0x0C	2	标志（0001H：压缩，4000H：加密，8000H：稀疏）	
0x0E	2	属性 ID 标识	
0x10	4	属性体长度（L）	
0x14	2	属性体内容起始偏移	
0x16	1	索引标志	
0x17	1	填充	
0x18	8	父目录的文件参考号	属性体
0x20	8	文件创建时间	
0x28	8	文件修改时间	
0x30	8	MFT 修改时间	
0x38	8	文件最后访问时间	
0x40	8	文件分配大小	
0x48	8	文件实际大小	
0x50	4	标志，如目录、压缩、隐藏等	
0x54	4	EAS（扩展属性）和 Reparse（重解析点）使用	
0x58	1	文件名长度（字符数 L）	
0x59	1	文件名命名空间（Filename Namespace）	
0x5A	2L	Unicode 文件名	

（左侧：任务实施）

（5）80H 属性分析

80H 属性分为常驻属性与非常驻属性。80H 常驻属性分为属性头和属性体两部分，其中属性体的内容全部存储在文件记录项中，80H 常驻属性结构见表 5-6。

表 5-6 80H 常驻属性结构

字节偏移	字段长度/字节	含义	字节偏移	字段长度/字节	含义
0x00	4	属性类型（80H，对象 ID 属性）	0x0E	2	属性 ID 标识
0x04	4	该属性长度（包括文件属性头头部本身）	0x010	4	属性体长度（L）
0x08	1	是否为常驻标志，此处为 00，表示常驻	0x014	2	属性内容起始偏移
0x09	1	属性名的名称长度，00 表示没有属性名	0x016	1	索引标志
0x0A	2	属性名的名称偏移	0x017	1	填充
0x0C	2	标志（压缩、加密、稀疏等）	0x018	L	文件内容

80H 非常驻属性的属性体的内容存储在其他簇中，80H 非常驻属性结构见表 5-7。

表 5-7 80H 非常驻属性结构

字节偏移	字段长度/字节	含义
0x00	4	属性类型（80H）
0x04	4	包括属性头在内的本属性的长度（字节）
0x08	1	常驻与非常驻标志，此处为 01，即表示非常驻
0x09	1	文件名长度（00 表示没有属性名），此处为 0，即表示未命名
0x0A	2	名称偏移值（没有属性名），此处为 00
0x0C	2	压缩、加密、稀疏标志；0001H 表示该属性是被压缩的；4000H 表示该属性是被加密的；8000H 表示该属性是稀疏的
0x0E	2	属性 ID 标识
0x010	8	起始 VCN，此处为 00
0x018	8	结束 VCN，为所占簇数之和减 1
0x020	2	数据运行列表偏移地址
0x022	2	压缩单位大小（2 * 簇，如果为 0 表示未压缩）
0x024	4	填充
0x028	8	为流分配的单元大小（按分配簇的实际大小来计算），即系统分配文件的空间大小（单位：字节）
0x030	8	流的实际大小，即文件的实际大小（单位：字节）
0x038	8	流已初始化的大小，即文件压缩后的大小（单位：字节）
0x040		数据运行列表

（6）索引项

文件夹记录中记录了当前目录下的所有文件信息，这些文件信息以索引项的形式存在，其结构如表 5-8 所示。

表 5-8 索引项的结构

字节偏移	字段长度/字节	描述	字节偏移	字段长度/字节	描述
0x00	8	文件的 MFT 参考号	0x30	8	最后访问时间
0x08	2	索引项大小	0x38	8	文件分配大小
0x0A	2	文件名属性体大小	0x40	8	文件实际大小
0x0C	2	索引标志	0x48	8	文件标志
0x0E	2	填充（到 8 字节）	0x50	1	文件名长度（F）
0x10	8	父目录的 MFT 文件参考号	0x51	1	文件名命名空间
0x18	8	文件创建时间	0x52	2F	文件名
0x20	8	最后修改时间	2F+0x52	P	填充（到 8 字节）
0x28	8	文件记录最后修改时间	P+2F+0x52	8	子节点索引缓冲区的 VCN

2. 任务实施步骤

1）创建一个大小为 32 GB 的动态虚拟磁盘，并将其初始化成 MBR 类型磁盘，再格式化成 NTFS 文件系统。

2）在划分完成的分区根目录中写入 1 个文件与 1 个文件夹，文件名如图 5-6 所示，并向 "B001" 文件夹中写入 2 个文件，其文件名如图 5-7 所示，文件中的内容可任意，需要注意的是要先将写入的文件与文件夹创建好，再粘贴到该分区中来。

任务实施

名称 ^	修改日期	类型	大小
B001	2022/4/10 18:19	文件夹	
B004.txt	2022/4/10 18:18	文本文档	1 KB

图 5-6 根目录中的数据

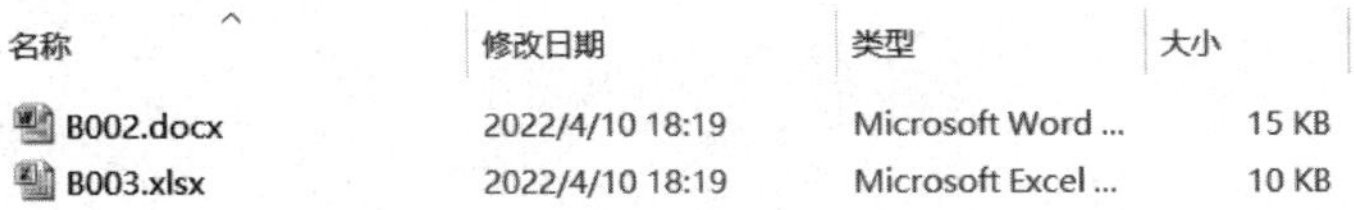

名称 ^	修改日期	类型	大小
B002.docx	2022/4/10 18:19	Microsoft Word ...	15 KB
B003.xlsx	2022/4/10 18:19	Microsoft Excel ...	10 KB

图 5-7 子目录 "B001" 中的数据

3）接下来使用 WinHex 软件打开该逻辑分区，然后跳转到 "B004.txt" 的文件记录位置，操作如图 5-8 所示。

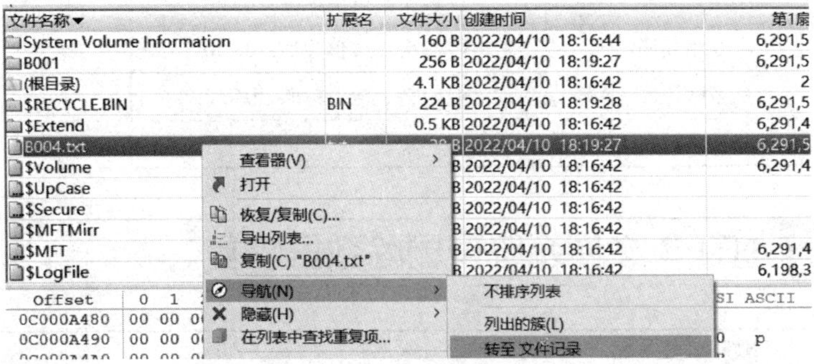

图 5-8 跳转至文件记录

4）跳转之后的数据就是 "B004.txt" 的文件记录，下面对其文件记录中的结构信息进行分析，并将相关数据填入到表 5-9。

表 5-9 "B004.txt" 的文件记录

文件记录实际大小字节数（十进制）	
文件标志（十六进制）	
文件记录号（十进制）	
文件记录头大小字节数（十进制）	
30H 属性大小字节数（十进制）	
80H 属性大小字节数（十进制）	
文件数据大小字节数（十进制）	

5）接下来跳转至 "B001" 文件夹的文件记录，对文件夹的文件记录进行分析，并将相关信息填入到表 5-10。

表 5-10 "B001" 文件夹的文件记录

文件记录实际大小字节数（十进制）	
文件标志（十六进制）	
文件记录号（十进制）	
文件记录头大小字节数（十进制）	
"B002.docx" 索引项大小字节数（十进制）	
"B002.docx" 文件记录号（十进制）	
"B002.docx" 文件实际大小（十进制）	
"B003.xlsx" 索引项大小字节数（十进制）	
"B003.xlsx" 文件记录号（十进制）	
"B003.xlsx" 文件实际大小（十进制）	

任务评估	1. 请根据任务完成的情况，对自己的工作进行自我评估，并提出改进意见。 （1） （2） 2. 教师对学生工作情况进行评估，并进行点评。 （1） （2） 3. 总结。		
考核评价	自我评价	共 10 分，分值标准：0~10	
	组内互评	共 20 分，分值标准：0~20	
	小组互评	共 20 分，分值标准：0~20	
	教师评价	共 50 分，分值标准：0~50	
	总分		

任务 5.3 NTFS 文件系统误删除数据恢复

任务名称	NTFS 文件系统误删除数据恢复	学时		班级	
学生姓名		小组成员		小组任务成绩	
				个人任务成绩	
使用工具	WinHex	学习场地	实训机房	日期	
任务需求	李先生的计算机中保存了一份重要的项目策划书，经过了多次修改。在最后一次修改后，本想把文件发给上司的，结果在清理临时文档的时候不小心删错了，其中数据存放在 NTFS 分区中，对于这种情况，如果是数据没有被覆盖的情况，其恢复的可能性还是很大的，本次任务就是完成对 NTFS 文件系统下误删除的数据恢复				
任务目的	1）掌握 NTFS 文件系统文件删除原理。 2）恢复 NTFS 文件系统下误删除的文件。 3）全面提升分析、计划、实施和监控数据备份与恢复任务的能力				
计划与决策	1）根据任务需求，提供可行的解决方案。 2）分析 NTFS 分区删除原理，读取用户文件属性检验是否与真实情况相符。 3）根据文件记录项、恢复 NTFS 分区文件数据。 4）注重工作流程和操作规范，能遵守数据恢复工程师职业操守和注意事项				
任务实施	**1. 知识链接——NTFS 文件系统文件删除原理** 对于 NTFS 文件系统下的删除可具体分为两种情况，第一种是删除时存到回收站。删除时存到回收站，这种删除方式可以直接在回收站中将文件还原回来，如果是非系统盘中的文件，可在"$RECYCLE.BIN"文件夹下找到删除的文件，注意该文件夹是系统隐藏属性，要访问该文件时需要在"文件夹选项"下的"高级设置"中取消"隐藏受保护的操作系统文件（推荐）"复选框，如图 5-9 所示。 第二种删除是永久性的删除，这种删除是直接删除，可以将占用空间返还。下面举例说明，在 NTFS 分区中创建一个"NTFS_Del_Test.txt"文件，然后将其永久性删除，删除前该文件的 $MFT 文件记录项如图 5-10 所示，删除后文件的 $MFT 文件记录项如图 5-11 所示。从图 5-11 中可以看出，"NTFS_Del_Test.txt"的文件记录的状态字节已经由 01（文件在使用中）变为 00（文件被删除），而 30H 属性中的文件名、80H 属性中的文件大小、Run List、数据内容等重要信息则没有任何改变。				

任务实施

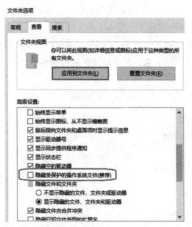

图 5-9　取消“隐藏受保护的操作系统文件（推荐）”复选框

Offset	0	1	2	3	4	5	6	7	8	9	A	B	C	D	E	F	ANSI ASCII
0C0009800	46	49	4C	45	30	00	03	00	87	7A	80	00	00	00	00	00	FILE0 ‡z€
0C0009810	02	00	01	00	38	00	01	00	88	01	00	00	00	04	00	00	8 ˆ
0C0009820	00	00	00	00	00	00	00	00	06	00	00	00	26	00	00	00	&
0C0009830	05	00	00	00	00	00	00	00	10	00	00	00	60	00	00	00	`
0C0009840	00	00	00	00	00	00	00	00	48	00	00	00	18	00	00	00	H
0C0009850	86	54	3D	D8	F8	46	D7	01	FD	64	09	1A	F9	46	D7	01	†T=ØøF× ýd ùF×
0C0009860	FD	64	09	1A	F9	46	D7	01	FD	64	09	1A	F9	46	D7	01	ýd ùF× ýd ùF×
0C0009870	20	00	00	00	00	00	00	00	00	00	00	00	00	00	00	00	
0C0009880	00	00	00	00	0C	01	00	00	00	00	00	00	00	00	00	00	
0C0009890	00	00	00	00	00	00	00	00	30	00	00	00	80	00	00	00	0 €
0C00098A0	00	00	00	00	00	00	05	00	64	00	00	00	18	00	01	00	d
0C00098B0	05	00	00	00	00	00	05	00	86	54	3D	D8	F8	46	D7	01	†T=ØøF×
0C00098C0	86	54	3D	D8	F8	46	D7	01	11	47	8D	EC	F8	46	D7	01	†T=ØøF× G ìøF×
0C00098D0	86	54	3D	D8	F8	46	D7	01	00	00	00	00	00	00	00	00	†T=ØøF×
0C00098E0	00	00	00	00	00	00	00	00	20	00	00	00	00	00	00	00	
0C00098F0	11	00	4E	00	54	00	46	00	53	00	5F	00	44	00	65	00	N T F S _ D e
0C0009900	6C	00	5F	00	54	00	65	00	73	00	74	00	2E	00	74	00	l _ T e s t . t
0C0009910	78	00	74	00	00	00	00	00	40	00	00	00	28	00	00	00	x t @ (
0C0009920	00	00	00	00	00	00	04	00	10	00	00	00	18	00	00	00	
0C0009930	3C	1D	9A	F0	BC	B2	EB	11	86	91	80	E8	2C	DA	04	CD	< šð¼²ë †'€è,Ú Í
0C0009940	80	00	00	00	40	00	00	00	00	00	18	00	00	00	01	00	€ @
0C0009950	25	00	00	00	18	00	00	00	4E	54	46	53	E6	96	87	E4	% NTFSæ–‡ä
0C0009960	BB	B6	E7	B3	BB	E7	BB	9F	E8	AF	AF	E5	88	A0	E9	99	»¶ç³»ç»Ÿè¯¯åˆ é™
0C0009970	A4	E6	81	A2	E5	A4	8D	E6	A1	88	E4	BE	8B	00	00	00	¤æ ¢å¤ æ¡ˆä¾‹
0C0009980	FF	FF	FF	FF	82	79	47	11	00	00	00	00	00	00	00	00	ÿÿÿÿ‚yG

图 5-10　永久删除前的“NTFS_Del_Test. txt”文件记录项

Offset	0	1	2	3	4	5	6	7	8	9	A	B	C	D	E	F	ANSI ASCII
0C0009800	46	49	4C	45	30	00	03	00	F6	7B	80	00	00	00	00	00	FILE0 ö{€
0C0009810	03	00	01	00	38	00	00	00	88	01	00	00	00	04	00	00	8 ˆ
0C0009820	00	00	00	00	00	00	00	00	06	00	00	00	26	00	00	00	&
0C0009830	06	00	00	00	00	00	00	00	10	00	00	00	60	00	00	00	`
0C0009840	00	00	00	00	00	00	00	00	48	00	00	00	18	00	00	00	H
0C0009850	86	54	3D	D8	F8	46	D7	01	FD	64	09	1A	F9	46	D7	01	†T=ØøF× ýd ùF×
0C0009860	FD	64	09	1A	F9	46	D7	01	FD	64	09	1A	F9	46	D7	01	ýd ùF× ýd ùF×
0C0009870	20	00	00	00	00	00	00	00	00	00	00	00	00	00	00	00	
0C0009880	00	00	00	00	0C	01	00	00	00	00	00	00	00	00	00	00	
0C0009890	00	00	00	00	00	00	00	00	30	00	00	00	80	00	00	00	0 €
0C00098A0	00	00	00	00	00	00	05	00	64	00	00	00	18	00	01	00	d
0C00098B0	05	00	00	00	00	00	05	00	86	54	3D	D8	F8	46	D7	01	†T=ØøF×
0C00098C0	86	54	3D	D8	F8	46	D7	01	11	47	8D	EC	F8	46	D7	01	†T=ØøF× G ìøF×
0C00098D0	86	54	3D	D8	F8	46	D7	01	00	00	00	00	00	00	00	00	†T=ØøF×
0C00098E0	00	00	00	00	00	00	00	00	20	00	00	00	00	00	00	00	
0C00098F0	11	00	4E	00	54	00	46	00	53	00	5F	00	44	00	65	00	N T F S _ D e
0C0009900	6C	00	5F	00	54	00	65	00	73	00	74	00	2E	00	74	00	l _ T e s t . t
0C0009910	78	00	74	00	00	00	00	00	40	00	00	00	28	00	00	00	x t @ (
0C0009920	00	00	00	00	00	00	04	00	10	00	00	00	18	00	00	00	
0C0009930	3C	1D	9A	F0	BC	B2	EB	11	86	91	80	E8	2C	DA	04	CD	< šð¼²ë †'€è,Ú Í
0C0009940	80	00	00	00	40	00	00	00	00	00	18	00	00	00	01	00	€ @
0C0009950	25	00	00	00	18	00	00	00	4E	54	46	53	E6	96	87	E4	% NTFSæ–‡ä
0C0009960	BB	B6	E7	B3	BB	E7	BB	9F	E8	AF	AF	E5	88	A0	E9	99	»¶ç³»ç»Ÿè¯¯åˆ é™
0C0009970	A4	E6	81	A2	E5	A4	8D	E6	A1	88	E4	BE	8B	00	00	00	¤æ ¢å¤ æ¡ˆä¾‹
0C0009980	FF	FF	FF	FF	82	79	47	11	00	00	00	00	00	00	00	00	ÿÿÿÿ‚yG

图 5-11　永久删除后的“NTFS_Del_Test. txt”文件记录项

2. 任务实施步骤

1) 创建一个大小为 32 GB 的动态虚拟磁盘,并将其初始化成 MBR 类型磁盘,再格式化成 NTFS 文件系统。

2) 在划分完成的分区根目录中写入 1 个文件与 1 个文件夹,文件名如图 5-12 所示,并向"B001"文件夹中写入 2 个文件,其文件名如图 5-13 所示,文件中的内容可任意,需要注意的是要先将写入的文件与文件夹创建好,再粘贴到该分区中来,并将原文件进行备份。

图 5-12 根目录中的数据

图 5-13 子目录"B001"中的数据

3) 对根目录下的文件与文件下进行永久性删除(快捷键〈Shift+Delete〉)。

4) 对删除后的文件进行恢复。接下来对"B004.txt"文件进行数据恢复,使用 WinHex 打开 NTFS 逻辑分区,根据 DBR 中的 BPB 参数定位到 $MFT 的起始簇号,并将 BPB 参数相关信息填写到表 5-11。

表 5-11 BPB 参数信息

每簇扇区数	
隐藏扇区数	
扇区总数	
元文件 $MFT 的起始簇号	
每个 $MFT 记录大小的描述	
每个索引大小的描述	

5) 跳转至 $MFT 的起始位置,下面需找到"B004.txt"的文件记录,可以通过文本查找方式进行搜索,具体搜索方式如图 5-14 所示。

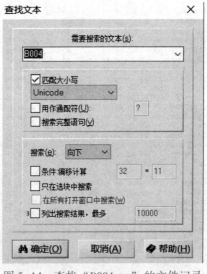

图 5-14 查找"B004.txt"的文件记录

任务实施	6）搜索完成后即可找到"B004.txt"的文件记录，将文件记录头中相关信息填入到表 5-12，下面通过分析该文件记录中的 80H 属性，进行数据的提取，并将 80H 属性中的相关信息填到表 5-13。

表 5-12　文件记录头信息

文件记录实际分配大小字节数（十进制）	
文件标志（十六进制）	
文件记录号（十进制）	

表 5-13　80H 属性信息

80H 属性大小字节数（十进制）	
是否为常驻属性	
非常驻属性的簇流列表	
文件实际大小字节（十进制）	

7）将"B004.txt"文件的数据提取出来，然后与原文件对比，检查内容是否一致。
8）恢复"B001"文件夹下的文件，同样通过找到"B001"文件夹的文件记录，并将该文件记录中的相关信息填到表 5-14。

表 5-14　"B001"文件夹的文件记录信息

"B001"文件标志（十六进制）	
"B001"文件记录号（十进制）	
"B002.docx"文件记录号（十进制）	
"B002.docx"文件实际大小（十进制）	
"B003.xlsx"文件记录号（十进制）	
"B003.xlsx"文件实际大小（十进制）	

9）通过"B001"文件夹中记录的索引项找到被删除文件的文件记录号，然后跳转到要恢复的文件记录号，与恢复"B004.txt"文件方法一样提取被删除的数据，然后与原文件进行数据对比。这里需要注意的是，知道了文件记录号后，可以直接跳转至对应的扇区，计算公式：y 号文件记录号所占扇区 = $MFT 的起始扇区号 +(y 号文件记录号+1)×2。 |
| 任务评估 | 1. 请根据任务完成的情况，对自己的工作进行自我评估，并提出改进意见。
（1）
（2）
2. 教师对学生工作情况进行评估，并进行点评。
（1）
（2）
3. 总结。 |

考核评价	自我评价	共 10 分，分值标准：0~10	
	组内互评	共 20 分，分值标准：0~20	
	小组互评	共 20 分，分值标准：0~20	
	教师评价	共 50 分，分值标准：0~50	
	总分		

项目 6 常用文件修复

任务 6.1 JPG 图像格式分析

任务名称	JPG 图像格式分析	学时		班级	
学生姓名		小组成员		小组任务成绩	
				个人任务成绩	
使用工具	WinHex	学习场地	实训机房	日期	
任务需求	某客户将手机上的 JPG 格式的图像复制到 U 盘中,然后将照片打包发送给朋友,朋友接收到照片后发现打开该图像时提示结构损坏,现需完成对该 JPG 格式图像的底层数据结构分析并对其进行修复				
任务目的	1) 分析 JPG 图像格式结构。 2) 利用工具对损坏的 JPG 图像进行修复。 3) 掌握 JPG 图像的修复方法,全面提升分析、计划、实施和监控数据备份与恢复任务的能力				
计划与决策	1) 根据任务需求,提供可行的解决方案。 2) 创建虚拟磁盘并划分分区,模拟实验环境,检验是否与真实情况相符。 3) 根据 JPG 图像结构,掌握段类型、段标识、文件头等参数的分析,图像基本信息参数分析,图像数据大小计算,修改图像分辨率信息				
任务实施	**1. 知识链接** (1) JPG 图像结构 　　JPG 图像是采用段来存储数据的,每个段由段标识、段类型、段长度、段内容四部分组成,各段的主要类型有 SOI 文件头、APP0 图像识别信息、DQT 定义量化表、DHT 定义 Huffman 表、SOS 扫描行开始、EOI 文件尾,其中段的结构如图 6-1 所示,段类型如图 6-2 所示。 | 段标识 | 段类型 | 段长度 | 段内容 | 图 6-1 段的结构 | SOI 文件头 | APP0 图像识别信息 | DQT 定义量化表 | DHT 定义 Huffman 表 | SOS 扫描行开始 | EOI 文件尾 | 图 6-2 段类型 (2) 段的一般结构 其参数含义见表 6-1。 表 6-1 段结构参数含义 | 名称 | 字节数 | 说明 | |---|---|---| | 段标识 | 1 | 每个新段的开始标识,固定为 FF | | 段类型 | 1 | 类型编码(称作"标记码")| | 段长度 | 2 | 包括段内容和段长度本身,不包括段标识和段类型 | | 段内容 | | ≤65533 字节 | **注意**:JPG 图像均采用 Big-endian 格式。				

(3) SOI 文件头

全称为 Start of Image，表示图像开始，标记代码为固定值 0xFFD8，如图 6-3 阴影部分所示。

```
Offset    0  1  2  3  4  5  6  7  8  9  A  B  C  D  E  F
00000000  FF D8 FF E0 00 10 4A 46 49 46 00 01 01 01 00 60
```

图 6-3　SOI 文件头

(4) APP0 图像识别信息

APP0 全称为 Application0，应用程序保留标记 0，标记代码为固定值 0xFFE0，用 2 字节表示，APP0 图像识别信息，如图 6-4 阴影部分所示。

```
Offset    0  1  2  3  4  5  6  7  8  9  A  B  C  D  E  F
00000000  FF D8 FF E0 00 10 4A 46 49 46 00 01 01 01 00 60
00000010  00 60 00 00 FF DB 00 43 00 02 01 01 02 01 01 02
```

图 6-4　APP0 图像识别信息

(5) DQT 定义量化表

全称 Define Quantization Table，定义量化表，标记代码为固定值 0xFFDB，一般图像都有两个量化表，如图 6-5 阴影部分所示。

```
00000010              00 60 00 00 FF DB 00 43 00 02 01 01 02 01 01 02
00000020  02 02 02 02 02 02 02 03 03 05 03 03 03 03 06 04
00000030  04 03 05 07 06 07 07 07 06 07 07 08 09 0B 09 08
00000040  08 0A 08 07 07 0A 0D 0A 0A 0B 0C 0C 0C 07 09 0E
00000050  0E 0F 0D 0C 0E 0B 0C 0C FF DB 00 43 01 02 02
00000060  02 03 03 03 06 03 03 06 0C 08 07 08 0C 0C 0C 0C
00000070  0C 0C 0C 0C 0C 0C 0C 0C 0C 0C 0C 0C 0C 0C 0C 0C
00000080  0C 0C 0C 0C 0C 0C 0C 0C 0C 0C 0C 0C 0C 0C 0C 0C
00000090  0C 0C 0C 0C 0C 0C 0C 0C 0C 0C 0C 0C 0C 0C FF C0
```

图 6-5　DQT 定义量化表

(6) DHT 定义 Huffman 表

全称 Define Huffman Table，定义 Huffman 表，标记码为 0xFFC4，如图 6-6 阴影部分所示，其中存在两个 Huffman 表。

```
000000B0        01 FF C4 00 1F 00 00 01 05 01 01 01 01 01 00
000000C0  00 00 00 00 00 00 00 01 02 03 04 05 06 07 08 09
000000D0  0A 0B FF C4 00 B5 10 00 02 01 03 03 02 04 03 05
```

图 6-6　DHT 定义 Huffman 表

(7) SOF0 帧图像开始

全称为 Start of Frame，表示帧图像开始，标记代码为固定值 0xFFC0；该段后面存储的就是压缩后的图像数据，如图 6-7 阴影部分所示。

```
00000260        FA FF DA 00 0C 03 01 00 02 11 03 11 00 3F 00 FD
```

图 6-7　SOF0 帧图像开始

(8) EOI 文件尾

全称为 End of Image，图像结束，标记代码为 0xFFD9。

2. 任务实施步骤

1) 在系统自带的画图工具中，创建 1 个任意的 JPG 图像文件。
2) 使用 WinHex 工具打开该图像文件，在十六进制数值中找到"APP0 图像识别信息"段。
3) 将数据解释器更改为 Big-endian 模式，右键单击"数据解释器"，选择"Big-endian"，即可完成。
4) 将该段的段标识、段类型、段长度、段内容划分出来，分别读取里面的数据。
填写以下数据。
① 段标识：_____H
② 段类型：_____H
③ 段长度：_____D
④ 段内容：_____H
5) 将该图像的文件头数据更改为 0000H，保存后查看图像文件能不能被打开，完成后将该图像的文件头数据改回原来的值。
6) 在"APP0 图像识别信息"段中查看该图像的分辨率并填写相关数据，然后再与图像的分辨率进行对比，查看内容是否一致。

任务实施

任务实施	填写以下数据。 ① 水平方向的像素：_____ D ② 垂直方向的像素：_____ D 7) 修改 "APP0 图像识别信息" 段中的分辨率，观察图像是否发生了变化。 **3. 总结** 1) JPG 图像结构主要由哪几部分组成？ 2) 如果在 JPG 图像文件中隐藏了另一张图像，并且需要保证原图像能正常显示，应该如何操作？
任务评估	1. 请根据任务完成的情况，对自己的工作进行自我评估，并提出改进意见。 (1) (2) 2. 教师对学生工作情况进行评估，并进行点评。 (1) (2) 3. 总结。

考核评价	自我评价	共 10 分，分值标准：0~10	
	组内互评	共 20 分，分值标准：0~20	
	小组互评	共 20 分，分值标准：0~20	
	教师评价	共 50 分，分值标准：0~50	
	总分		

任务 6.2　PNG 图像格式分析

任务名称	PNG 图像格式分析	学时		班级	
学生姓名		小组成员		小组任务成绩	
				个人任务成绩	
使用工具	WinHex	学习场地	实训机房	日期	
任务需求	现有一张 PNG 图片格式的文件，打开时提示"似乎不支持此文件格式"，对于这种情况，说明该图像文件的文件数据结构损坏，比如说图像文件标识丢失、关键数据块等损坏，要修复此类的故障图像，需先将其文件结构修复好，保证图像能打开，然后再修复其他故障。本次任务就是对该 PNG 图像格式的文件结构进行分析				
任务目的	1) 分析 PNG 图像格式结构。 2) 利用工具对损坏的 PNG 图像进行修复。 3) 掌握 PNG 图像文件的修复方法，全面提升分析、计划、实施和监控数据备份与恢复任务的能力				
计划与决策	1) 根据任务需求，提供可行的解决方案。 2) 创建虚拟磁盘并划分分区，模拟实验环境，检验是否与真实情况相符。 3) 根据 PNG 图像结构，掌握 PNG 文件结构的组成、PNG 关键数据块、PNG 数据块的结构、图像数据大小的计算方法，修改图像分辨率信息				
任务实施	**1. 知识链接** (1) PNG 图像结构 PNG 图像是采用数据块来存储数据的，数据块分为关键数据块与辅助数据块，若要显示图像只要掌握其中关键数据块即可，辅助数据块可有可无，并不影响图像的显示，PNG 图像的大致组成结构如图 6-8 所示。				

| PNG 标识符 | 文件头数据块 | 图像数据块 | 图像结束数据块 |

图 6-8　PNG 图像的大致组成结构

（2）数据块的组成结构
PNG 图像中的数据块由四部分组成，组成结构如图 6-9 所示，其中数据块的参数含义见表 6-2。

| 数据域长度 | 数据块符号 | 数据域 | CRC 校验码 |

图 6-9　PNG 数据块结构

表 6-2　数据块的参数含义

名称	字段长度/字节	说明
数据域长度	4	指定数据块中数据域的长度
数据块符号	4	数据块符号由 ASCII 码（A~Z 和 a~z）组成的"数据块符号"
数据域	可变长度	存储按照 Chunk Type Code 指定的数据
CRC 校验码	4	存储用来检测是否有错误的循环冗余码

（3）PNG 文件标识
PNG 文件标识由 8 字节组成，为 PNG 格式的标识符，它的十六进制值固定为 89 50 4E 47 0D 0A 1A 0A。
（4）文件头数据块（IHDR）
文件头数据块包含 PNG 文件中存储的图像数据的基本信息，其中记录了图像分辨率信息，其参数含义如表 6-3 所示。

表 6-3　文件头数据块的参数含义

域的名称	字段长度/字节	说明
数据域长度	4	指定数据域的长度，以字节为单位
数据块符号	4	49 48 44 52，是"IHDR"的 ASCII 码
图像宽度	4	图像宽度，以像素为单位
图像高度	4	图像高度，以像素为单位
颜色深度	1	灰度图像：1、2、4、8 或 16 真彩色图像：8 或 16 索引彩色图像：1、2、4 或 8 带 α 通道数据的灰度图像：8 或 16 带 α 通道数据的真彩色图像：8 或 16
颜色类型	1	灰度图像：0 真彩色图像：2 索引彩色图像：3 带 α 通道数据的灰度图像：4 带 α 通道数据的真彩色图像：6
压缩方法	1	压缩方法（LZ77 派生算法），规定此字节为 0
滤波器方法	1	滤波器方法，通常此字节为 0
隔行扫描方法	1	非隔行扫描：0 Adam7（7 遍隔行扫描方法）：1
CRC 校验	4	循环冗余检测（校验数据块符号与数据域的数据）

（5）图像数据块 IDAT
图像数据块 IDAT 存储压缩后的实际数据，在数据流中可包含多个连续顺序的图像数据块，数据块符号是"IDAT"。
（6）图像结束数据块
它用来标记 PNG 文件或者数据流已经结束，并且必须放在文件的尾部，数据块符号是"IEND"。
注意：PNG 图像文件使用 Big-endian 方式存储数据。

2. 任务实施步骤
1）在系统自带的画图工具中，创建 1 个任意的 PNG 图像文件。

任务实施	2）使用 WinHex 软件打开该图像文件，在十六进制数值中找到"文件头标识符"，将这些值修改成任意字符，看图像是否能正常显示，完成后修改回原来的值。 3）找到"文件头数据块（IHDR）"，读取其中的数据域长度、数据块符号、数据域、CRC 校验码并填写以下数据。 ① 数据域长度：_____D ② 数据块符号：_____（ASCII 编码） ③ 数据域：_____H ④ CRC 校验码：_____H 4）在"文件头数据块（IHDR）"中查看该图像的分辨率并填写相关数据，然后再与系统中显示的图像分辨率进行对比，看是否一致。 ① 水平方向的像素：_____D ② 垂直方向的像素：_____D 5）读取"图像数据块 IDAT"，并填写以下数据，如果存在多个"图像数据块 IDAT"，只用填写第一个数据块的内容。 ① 数据域长度：_____D ② 数据块符号：_____（ASCII 编码） ③ CRC 校验码：_____H 6）创建一个"图像数据块 IDAT"至少为两块的图像，分析其中图像数据块的数据域长度，并完成表 6-4 的数据填写。 表 6-4 "图像数据块 IDAT" 基本信息 	IDAT 图像数据块	数据域长度（十六进制）	数据域长度（十进制）
---	---	---
第一块图像数据块		
第二块图像数据块		
第三块图像数据块		
第四块图像数据块			 7）将第二块图像数据块的数据域长度修改为 0，查看图像能否正常显示。 **3. 总结** 1）将"图像结束数据块"删除是否会对图像有影响？ 2）如果在 PNG 图像文件中隐藏了另一张图像，并且需要保证原图像能正常显示，应该如何操作？
任务评估	1. 请根据任务完成的情况，对自己的工作进行自我评估，并提出改进意见。 （1） （2） 2. 教师对学生工作情况进行评估，并进行点评。 （1） （2） 3. 总结：
考核评价		自我评价	共 10 分，分值标准：0~10	
---	---	---	---
	组内互评	共 20 分，分值标准：0~20	
	小组互评	共 20 分，分值标准：0~20	
	教师评价	共 50 分，分值标准：0~50	
	总分			

任务 6.3 BMP 图像格式分析

任务名称	BMP 图像格式分析		学时		班级	
学生姓名			小组成员		小组任务成绩	
					个人任务成绩	
使用工具	WinHex		学习场地	实训机房	日期	
任务需求	一张 BMP 格式的图片文件,打开时发现文件内容只能显示下半部分,这种情况一般是该图像的数据没读取完成导致的,想要修复好该类型的图像文件,就必须掌握该图像文件的底层数据结构,本次任务为分析 BMP 图像格式及结构					
任务目的	1) 分析 BMP 图像格式结构。 2) 利用工具对损坏的 BMP 图像进行修复。 3) 掌握 BMP 图像的修复方法,全面提升分析、计划、实施和监控数据备份与恢复任务的能力					
计划与决策	1) 根据任务需求,提供可行的解决方案。 2) 创建虚拟磁盘并划分分区,模拟实验环境,检验是否与真实情况相符。 3) 根据 BMP 图像结构,掌握 BMP 文件结构的组成、BMP 位图文件头、BMP 位图信息头、图像数据大小的计算方法,修改图像分辨率信息					
任务实施	**1. 知识链接** (1) BMP 图像结构 BMP 图像由位图文件头、位图信息头、位图数据三部分组成,其组成结构如图 6-10 所示。  图 6-10 BMP 图像组成结构 (2) 位图文件头 位图文件头用来记录文件标识符、文件大小与图像数据起始位置等相关信息,其具体的参数含义见表 6-5。 表 6-5 位图文件头参数含义 	字段名	地址偏移	字段长度/字节	说明
---	---	---	---
bfType	0000H	2 字节	文件标识符,固定为 "BM",即 42 4DH
bfSize	0002H	4 字节	整个 BMP 文件的字节大小
bfReserved1	0006H	2 字节	保留,一般为 0
bfReserved2	0008H	2 字节	保留,一般为 0
bfOffBits	000AH	4 字节	文件起始位置到图像数据的字节偏移量 | (3) 位图信息头 位图信息头主要用来记录 BMP 图像的分辨率、每像素位数与位图数据的大小信息,其具体的参数含义见表 6-6。 表 6-6 位图信息头参数含义 | 字段名	地址偏移	字段长度/字节	说明
---	---	---	---
biSize	0x0E~0X11	4	位图信息头的大小
biWidth	0X12~0X15	4	位图的宽度,以像素为单位
biHeight	0x16~0x19	4	位图的高度,以像素为单位
biPlanes	0x1A~0x1B	2	位图的位面数,也是图像的帧数,一般为 1
biBitCount	0x1C~0x1D	2	每个像素的位数,一般为 24
biCompression	0x1E~0x21	4	压缩说明,一般为 0
biSizeImage	0x22~0x25	4	位图数据的大小					

(续)

字段名	地址偏移	字段长度/字节	说明
biXPelsPerMeter	0x26~0x29	4	水平分辨率,一般情况下为0
biYPelsPerMeter	0x2A~0x2D	4	垂直分辨率,一般情况下为0
biClrUsed	0x2E~0x31	4	位图使用的颜色数,一般情况下为0
biClrImportant	0x32~0x35	4	指定重要的颜色数,一般情况下为0

(4) 位图数据

位图数据就是图像的实际数据,记录了位图的每一个像素值,记录顺序是在扫描行内从左到右,扫描行之间从下到上。位图的像素值所占的字节数的几种情况如下。

当 biBitCount=1 时,8 个像素占 1 个字节;

当 biBitCount=4 时,2 个像素占 1 个字节;

当 biBitCount=8 时,1 个像素占 1 个字节;

当 biBitCount=24 时,1 个像素占 3 个字节;

一个扫描行所占的字节数=(图像宽度×记录像素的位数+31)/8;

位图数据的大小(不压缩情况下)=一个扫描行所占的字节数×图像高度;

位图数据信息大小字节数=(图像宽度×图像高度×记录像素的位数)/8。

2. 任务实施步骤

1) 现有一张完好的 BMP 图像,使用 WinHex 软件打开该图像文件,部分十六进制数值如图 6-11 所示。

```
Offset    0  1  2  3  4  5  6  7   8  9  A  B  C  D  E  F    ANSI ASCII
00000000  42 4D 26 F2 0E 00 00 00  00 00 36 00 00 00 28 00   BM&ò      6   (
00000010  00 00 68 02 00 00 12 02  00 00 01 00 18 00 00 00     h
00000020  00 00 F0 F1 0E 00 C4 0E  00 00 C4 0E 00 00 00 00     ðñ  Ä   Ä
00000030  00 00 00 00 00 00 00 00  00 00 00 00 00 00 00 DA                   Ú
00000040  DA DA DA DA DA DA DA DA  DA DA DA DA DA DA DA DA   ÚÚÚÚÚÚÚÚÚÚÚÚÚÚÚÚ
00000050  DA DA DA DA DA DA DA DA  DA DA DA DA DA DA DA DA   ÚÚÚÚÚÚÚÚÚÚÚÚÚÚÚÚ
00000060  DA DA DA DA DA DA DA DA  DA DA DA DA DA DA DA DA   ÚÚÚÚÚÚÚÚÚÚÚÚÚÚÚÚ
00000070  DA DA DA DA DA DA DA DA  DA DA DA DA DA DA DA DA   ÚÚÚÚÚÚÚÚÚÚÚÚÚÚÚÚ
00000080  DA DA DA DA DA DA DA DA  DA DA DA DA DA DA DA DA   ÚÚÚÚÚÚÚÚÚÚÚÚÚÚÚÚ
00000090  DA DA DA DA DA DA DA DA  DA DA DA DA C2 C2 C2 C2   ÚÚÚÚÚÚÚÚÚÚÚÚÂÂÂÂ
000000A0  A6 A6 A6 A6 A6 A6 A6 A6  A6 A6 A6 A6 A6 A6 A6 A6   ¦¦¦¦¦¦¦¦¦¦¦¦¦¦¦¦
000000B0  A6 A6 A6 A6 A6 A6 A6 A6  A6 A6 A6 A6 A6 A6 A6 A6   ¦¦¦¦¦¦¦¦¦¦¦¦¦¦¦¦
000000C0  A6 A6 A6 A6 A6 A6 A6 A6  A6 A6 A6 A6 A6 A6 A6 A6   ¦¦¦¦¦¦¦¦¦¦¦¦¦¦¦¦
000000D0  A6 A6 A6 A6 A6 A6 A6 A6  A6 A6 A6 A6 A6 A6 A6 A6   ¦¦¦¦¦¦¦¦¦¦¦¦¦¦¦¦
000000E0  A6 A6 A6 A6 A6 A6 A6 A6  A6 A6 A6 A6 A6 A6 A6 A6   ¦¦¦¦¦¦¦¦¦¦¦¦¦¦¦¦
000000F0  A6 A6 A6 A6 A6 A6 A6 A6  A6 A6 A6 A6 A6 A6 A6 C2   ¦¦¦¦¦¦¦¦¦¦¦¦¦¦¦Â
00000100  C2 C2 96 96 96 96 96 96  96 96 96 96 96 96 96 96   ÂÂ--------------
00000110  96 96 96 96 96 96 96 96  96 96 96 96 96 96 96 96   ----------------
00000120  96 96 96 96 96 96 96 96  96 96 96 96 96 96 96 96   ----------------
00000130  96 96 96 96 96 96 96 96  96 96 96 96 96 96 96 96   ----------------
00000140  96 96 96 96 96 96 96 96  96 96 96 96 96 96 96 96   ----------------
00000150  96 96 96 96 96 96 96 96  96 96 96 96 96 96 96 96   ----------------
00000160  96 96 96 96 96 96 96 96  96 96 96 96 96 96 96 96   ----------------
00000170  96 96 96 96 96 96 96 96  96 96 96 96 96 96 96 96   ----------------
```

图 6-11 BMP 图像的部分十六进制数值

2) 位图文件头分析,图 6-12 的阴影部分为位图文件头的十六进制值。

```
Offset    0  1  2  3  4  5  6  7   8  9  A  B  C  D  E  F    ANSI ASCII
00000000  42 4D 26 F2 0E 00 00 00  00 00 36 00 00 00 28 00   BM&ò      6   (
```

图 6-12 位图文件头

根据图 6-12 完成以下位图文件头的相关数据填写。

① 文件标识符:_____(ASCII 编码)

② BMP 文件的大小字节数:_____ D

③ 位图文件头的大小:_____ D

3) 位图信息头分析,图 6-13 的阴影部分为位图信息头的十六进制值。

```
Offset    0  1  2  3  4  5  6  7   8  9  A  B  C  D  E  F    ANSI ASCII
00000000  42 4D 26 F2 0E 00 00 00  00 00 36 00 00 00 28 00   BM&ò      6   (
00000010  00 00 68 02 00 00 12 02  00 00 01 00 18 00 00 00     h
00000020  00 00 F0 F1 0E 00 C4 0E  00 00 C4 0E 00 00 00 00     ðñ  Ä   Ä
00000030  00 00 00 00 00 00 00 00  00 00 00 00 00 00 00 DA                   Ú
```

图 6-13 位图信息头

任务实施	根据图 6-13 完成以下位图信息头的相关数据填写。 ① 位图信息头的大小：_____ D ② 位图的宽度：_____ D ③ 位图的高度：_____ D ④ 每个像素的位数：_____ D ⑤ 位图数据的大小字节数：_____ D ⑥ 每个像素的位数：_____ D 4）位图数据区大小计算 现知道一张 BMP 图像是分辨率为 1920×1080 像素的 16 色图像，尝试计算图像数据区的大小字节数与 BMP 图像的文件大小字节数。 ① 图像数据区的大小字节数 = _____ D ② BMP 图像的文件大小字节数 = _____ D **3. 总结** 1）BMP 图像由哪三部分组成？ 2）BMP 图像格式中位图信息头的作用？ 3）试分析 BMP 格式图像文件打开后只能显示 1/3 的原因？
任务评估	1. 请根据任务完成的情况，对自己的工作进行自我评估，并提出改进意见。 （1） （2） 2. 教师对学生工作情况进行评估，并进行点评。 （1） （2） 3. 总结。

考核评价	自我评价	共 10 分，分值标准：0~10	
	组内互评	共 20 分，分值标准：0~20	
	小组互评	共 20 分，分值标准：0~20	
	教师评价	共 50 分，分值标准：0~50	
	总分		

任务 6.4　ZIP 文件格式分析

任务名称	ZIP 文件格式分析	学时		班级	
学生姓名		小组成员		小组任务成绩	
				个人任务成绩	
使用工具	WinHex	学习场地	实训机房	日期	
任务需求	在办公时我们为了节约存储空间通常使用压缩软件对大量文件进行压缩，但有时会遇到压缩文件无法解压的情况，原因一般是压缩文件的底层数据结构遭到破坏，此时要修复好该压缩文件就需要掌握文件的组成结构，本次任务就来对 ZIP 文件格式的结构进行分析				

任务目的	1）分析 ZIP 文件格式结构。 2）利用工具对损坏的 ZIP 文件进行修复。 3）掌握 ZIP 文件的修复方法，全面提升分析、计划、实施和监控数据备份与恢复任务的能力
计划与决策	1）根据任务需求，提供采用提供可行的解决方案。 2）创建虚拟磁盘并划分分区，模拟实验环境，检验是否与真实情况相符。 3）根据 ZIP 文件结构，掌握 ZIP 文件结构的组成、ZIP 文件头、ZIP 目录结构
任务实施	**1. 知识链接** （1）ZIP 文件结构 ZIP 文件由压缩源文件数据区、压缩源文件目录区、压缩源文件目录结束标志三部分组成，其结构如图 6-14 所示。 	压缩源文件 数据区	压缩源文件 目录区	压缩源文件 目录结束标志
---|---|---| 图 6-14 ZIP 文件的组成结构 （2）压缩文件源数据 压缩文件源数据用来记录文件压缩后的实际数据，其参数含义见表 6-7。 表 6-7 压缩文件源数据参数含义 | 偏移量	字段长度/字节	内容含义
---	---	---
0x00~0x03	4	头文件标记
0x04~0x05	2	解压文件所需要的 pkware 版本
0x06~0x07	2	全局方式位标志
0x08~0x09	2	压缩方式
0x0A~0x0B	2	表示最后修改时间
0x0C~0x0D	2	表示最后修改日期
0x0E~0x11	4	校验方式
0x12~0x15	4	文件压缩后的大小
0x16~0x19	4	文件压缩前的大小
0x1A~0x1B	2	文件名的长度
0x1C~0x1D	2	扩展记录长度
0x1E~0x1E+m	m	文件名（m 由文件名长度决定）
0x1E+m~0x1E+m+n	n	扩展记录（n 由扩展记录长度决定） | （3）压缩目录数据区 压缩目录数据区用来记录压缩前的目录结构，其参数含义见表 6-8。 （4）目录结束标志 目录结束标志表示压缩文件结束，主要记录了目录区的相关信息，其参数含义见表 6-9。 表 6-8 压缩源文件目录区参数含义 | 偏移量	字段长度/字节	内容含义
---	---	---
0x0B~0x0E	4	为"压缩源文件目录区"的标志
0x0F~0x10	2	压缩使用的 pkware 版本
0x11~0x12	2	解压文件所需 pkware 版本
0x13~0x14	2	全局方式位标记，是判断加密和伪加密的关键
0x15~0x16	2	压缩方式
0x17~0x18	2	表示最后修改文件时间	

（续）

偏移量	字段长度/字节	内容含义
0x19~0x1A	2	表示最后修改文件日期
0x1B~0x1E	4	校验方式位 CRC-32
0x1F~0x22	4	文件的压缩后大小
0x23~0x26	4	文件压缩前的大小
0x27~0x28	2	文件名长度
0x29~0x2A	2	扩展字段长度
0x2B~0x30	6	以两个字节为一组从左到右分别代表文件、注释长度、磁盘开始号、内部文件属性
0x31~0x34	4	外部文件属性
0x35~0x38	4	局部头偏移量
0x39~0x(39+m)	m	文件名
0x(39+m)~0x(39+m+n)	n	文件扩展名
0x(39+m+n)~0x(39+m+n+k)	k	文件注释

表6-9 目录结束标志参数含义

偏移量	字段长度/字节	内容含义
0x0A~0x0D	4	压缩文件目录结束，这4个字节是固定的
0x0E~0x0F	2	当前磁盘编号，一般情况下为0
0x10~0x11	2	目录区开始磁盘编号，一般情况下为0
0x12~0x13	2	当前磁盘上的记录总数
0x14~0x15	2	目录区中的记录总数
0x16~0x19	4	目录区的尺寸大小
0x1A~0x1D	4	目录区对第一张磁盘的偏移量
0x1E~0x1F	（长度不定）	ZIP 文件的注释长度

2. 任务实施步骤

1）现有一个完好的压缩文件 2010.ZIP，使用 WinHex 软件打开该文件，部分十六进制数值如图 6-15 所示，下面对其文件结构进行分析。

```
Offset     0  1  2  3  4  5  6  7   8  9  A  B  C  D  E  F    ANSI ASCII
00000000  50 4B 03 04 14 00 00 00  08 00 E6 A5 6C 53 57 CF   PK       æ¥lSWÏ
00000010  EA AD 08 00 00 00 00 06  00 00 00 0B 00 00 32 30   ê-            20
00000020  32 31 31 31 31 32 2E 74  78 74 2B 4E 4C 49 4C 29   211112.txt+NLIL)
00000030  06 00 50 4B 01 02 1F 00  14 00 00 00 08 00 E6 A5     PK          æ¥
00000040  6C 53 57 CF EA AD 08 00  00 00 06 00 00 00 0C 00   lSWÏê-
00000050  24 00 00 00 00 00 00 00  20 00 00 00 00 00 00 00   $
00000060  32 30 32 31 31 31 31 32  2E 74 78 74 0A 00 20 00   20211112.txt
00000070  00 00 00 00 01 00 18 00  4E F7 DA 69 C3 D7 D7 01           N÷ÚiÃ×× 
00000080  4E F7 DA 69 C3 D7 D7 01  DB 0C 3D 5C C3 D7 D7 01   N÷ÚiÃ×× Û =\Ã×× 
00000090  50 4B 05 06 00 00 00 00  01 00 01 00 5E 00 00 00   PK          ^
000000A0  32 00 00 00 00                                     2
```

图 6-15 ZIP 文件十六进制数值

2）压缩源文件数据区分析。根据图 6-15 完成以下压缩文件内容源数据相关信息的填写。

源数据文件头标记：_____ H

压缩后的文件大小字节数：_____ D

压缩前的文件大小字节数：_____ D

文件名的长度：_____ D

扩展记录长度：_____ D

文件名：_____ D

扩展记录：_____ D

	3）压缩源文件目录区分析。根据图6-15完成以下压缩目录数据区相关信息的填写。
	目录文件标记：_____ H
	压缩后的文件大小字节数：_____ D
	压缩前的文件大小字节数：_____ D
	文件名的长度：_____ D
	扩展记录长度：_____ D
	文件名：_____ D
	扩展记录：_____ D
任务实施	4）压缩源文件目录结束标志。根据图6-15完成以下文件目录结束标记相关信息的填写。
	目录结束标记：_____ H
	目录区记录总数：_____ D
	目录区大小字节数：_____ D
	目录区偏移量：_____ D
	3. 总结
	ZIP文件格式由哪三部分组成？

	1. 请根据任务完成的情况，对自己的工作进行自我评估，并提出改进意见。
	（1）
	（2）
	2. 教师对学生工作情况进行评估，并进行点评。
	（1）
任务评估	（2）
	3. 总结。

考核评价	自我评价	共10分，分值标准：0~10	
	组内互评	共20分，分值标准：0~20	
	小组互评	共20分，分值标准：0~20	
	教师评价	共50分，分值标准：0~50	
	总分		